Carsten Kluth

12 FARBEN GRÜN

Eine Entdeckungsreise
durch die Natur

HarperCollins

1. Auflage 2021
Originalausgabe
© 2021 by HarperCollins
in der HarperCollins Germany GmbH, Hamburg
Gesetzt aus der Stempel Garamond
von GGP Media GmbH, Pößneck
Druck und Bindung von CPI books GmbH, Leck
Printed in Germany
ISBN 978-3-7499-0015-2
www.harpercollins.de

INHALT

»In nichts anderem als in der Zartheit und
dem Reichtum der äußeren Wahrnehmungs-
welt besteht die innere Tiefe des Subjekts.«

Horkheimer/Adorno,
Dialektik der Aufklärung[1]

JANUAR

Gegenüber dem Haus, jenseits der Kreisstraße, öffnet sich eine sechs Meter tiefe Kerbe, in die sich der Entwässerungsbach des Dorfes ergießt. Bis auf die letzten fünfzig Meter ist dieses Tal mit Eschen, Buchen, Eichen, Kirschen, Weiden, Ahorn, Weißdorn und Holunder bewachsen, von denen einige sechzig, siebzig Jahre alt sein mögen. Dazwischen an der Böschung zur Straße Haseln, Pfaffenhütchen, Brombeeren, Efeu mit pfostendicken Lianenkörpern, die sich wie Würgeschlangen an die Bäume klammern, dreißig Meter in die Höhe kriechen und im Winter als gigantische Figuren vor ihren kahlen Stützen sichtbar werden. Dann kommen der Sumpf, die Erlen und wenige Eschen, die mehr Nässe vertragen als die meisten anderen Bäume. Die Erlen strecken ihre Wurzeln ins Wasser und fühlen sich wohl, die Eschen nehmen es mit Gleichmut hin, ihre Wurzeln sind wie verschüttete Tinte auf einer Tischplatte, ein ausgedehntes, unüberschaubares Geflecht, das weit vom Stamm mit mächtigen Wülsten aus dem Boden steht und ihnen Halt gibt. Die anderen Bäume verlieren ihn und stürzen um, sie ersticken, wenn das Wasser steht, sie keimen erst gar nicht. Im Sumpf herrschen Erlen, Eschen und die Brunnenkresse.

Bis zum Tod des Urgroßvaters gab es diesen Wald nicht. Noch heute heißen die zehntausend Quadratmeter im Osten der »Busch«, weil damals alle sieben Jahre alles auf den Stamm gesetzt wurde. Sieben Jahre wartete man, dann schnitt man wieder, stapelte die Stämme auf der Auffahrt vor dem Haus, verarbeitete sie übers erste Jahr, lagerte ein, verbrannte die Scheitchen im Kachelofen und in der Küche; dort konnte man das dünne Holz gut gebrauchen. Mein Urgroßvater zog in den 1920er-Jahren in dieses Haus. Alle seine Kinder wurden vorher im alten Hof gegenüber geboren, seine Frau starb jung, im Kindbett, er überlebte sie um fast fünfzig Jahre. Sieben mal sieben Jahre, stelle ich mir vor, siebenmal den Busch auf den Stamm gesetzt, siebenmal den Berg aus dünnem Holz verarbeitet, siebenmal zugesehen, wie sich ein neuer Busch bildete. Siebenmal. So ging der Rhythmus, bis auf Öl und Kohle und noch später auf Gas umgestellt wurde. So wurde es mir erzählt. Das Zyklische und das Lineare. Der Kreis und die Linie.

Einmal besuchten uns alte Freunde in der ersten Januarwoche mit ihren Kindern. O., mit dem ich aufgewachsen war, schlief schon eine ganze Weile lang schlecht. Er brauche Ruhe und Entspannung. Am ersten Morgen ihres Aufenthaltes tranken wir Kaffee, dann gingen wir in das kleine Wäldchen jenseits der Kreisstraße und begannen, abgestorbene Eschen zu fällen, die nicht dicker waren als ein Männeroberschenkel, wir schnitten morsche Haselstämme und Hainbuchen. Um die Mittagszeit schwitzte der Freund so stark, dass er trotz Minusgraden ohne Jacke weiterarbeitete. Nach dem Mittagessen fällten wir weitere Eschen, eine Kirsche, noch ein paar Haseln, dann räumten wir auf, bis es dämmerte. Am Spätnachmittag fuhren wir nach Lübeck, nur O. nicht, der es sich vor dem offenen Kamin bequem machte. In der zweiten Nacht schlief er besser. Am nächsten Tag nahmen wir uns zwei Eschen vor, die ebenfalls abgestorben, aber doppelt so dick waren, und wir fällten eine Wildkirsche, die vom Sturm in eine Eiche gedrückt worden war. Wir entasteten die Bäume, zerkleinerten die Stämme, wobei mal der eine, mal der andere sie anhob und ein schon gesägtes Rundstück darunter schob, während der andere die Motorsäge hielt. Wir benutzten eine Stihl mit einem Halbmeterblatt. Wir hatten eine große Bügelsäge, eine große Axt. Wir hatten eine Schubkarre für die Holzstücke, um sie auf die andere Seite über die Kreisstraße zum Holzschuppen zu bringen, wo wir sie stapelten, um sie später spalten zu können. Dann und wann entdeckten wir eine besondere Form im Holz: einen dreibeinigen Hocker, ein Gesicht, ein vielarmiges Monster, und bewahrten sie auf. Man findet dauernd etwas. Man riecht das frisch gesägte Holz, man spürt die Kälte an den Wangen wie einen Orden, das Gewicht des Holzes zieht einen durch die Stunden. An diesem Tag fuhren wir am Spätnachmittag nach Travemünde, nur der Freund nicht, der sich wieder ein Feuer im Kamin machte, einen Grog aufgoss und Gitarre spielte. In der Nacht schlief er durch und wurde erst um neun wach. Drei weitere Tage gingen wir in das Wäldchen, arbeiteten dort jeden Tag etwa sechs bis acht Stunden. Es war kalt, aber erst am letzten Tag fiel Schnee und deckte die Spuren zu, die wir hinterlassen hatten, die Späne des frischen Holzes, die Aststückchen, die Rindenblättchen, unsere Fußabdrücke, die Schleifspuren der Äste, die ich in den Wald zog, wo ich sie schichtete, während die Freunde das gesägte Holz in die Schubkarre luden und im Hühnerhagen aufstapelten. Kirschholz, dessen Rinde wie Haut war, lange Haseln, Eschenholz, das durch den Pilz noch dichter und härter wird, weil die Bäume ihre Adern von innen verstärken, um den Pilz an einer Ausbreitung zu hindern, wodurch sich aber ihre

Fähigkeit vermindert, Wasser nach oben zu leiten. Nach fünf Tagen sah man im Wald und an der Böschung wenig von unserer Arbeit, dafür prangten auf der Hausseite fünf Reihen Rundholz, gut acht Kubikmeter. Genug, um im nächsten Jahr den Kachelofen täglich und den offenen Kamin dann und wann zu heizen. Der Freund schlief gut und tief. Als sie abreisten, war der nächste Besuch schon abgemacht.

Was war es, das meinem Freund den Schlaf wiedergeschenkt hat? Man möchte sofort sagen: die Arbeit, die Erschöpfung. Oder: der Wald. Man kann heute Waldkuren machen, man liest, dass die Japaner schon eh und je ein Wort besaßen, das »Walddusche« bedeutet. Oder war es das Brennholzmachen, vielleicht in Kombination mit dem Verbrennen des Holzes am Nachmittag und Abend? Holzmachen ist in allen seinen Schritten eine Übung in Achtsamkeit und Meditation; wie man den Baum ansägt, die Kerbe setzt, damit er – hoffentlich – in die geplante Richtung fällt, das erfordert Aufmerksamkeit, aber gleichzeitig ist das Entasten, das Kleinsägen, das Transportieren, Stapeln und Spalten von Holz eine repetitive, rhythmische Arbeit, die den Körper zum Schwingen und der Seele Ruhe bringt. Und da ist noch etwas anderes: Beim Holzmachen wird man in einen Zusammenhang gestellt, der vollkommen sinnvoll ist. Es ist kalt, im Holz ist Wärme, man hat die Wärme vor sich, man muss sie in handhabbare Portionen teilen und sie zum und am Ende ins Haus bringen. Holzmachen ist befriedigend direkt, so wie Essen oder Ernten oder Sex, es ergibt einen ganz unmittelbaren, einfachen und umfassenden Sinn, wie es sonst nur noch wenige Tätigkeiten tun, und das mit den einfachsten Mitteln: dem eigenen Körper, ein paar Werkzeugen, alles an einem Ort, der tief in uns allen steckt, den die Zellen und Nerven sofort erkennen: im Wald. Dazu kommt die Kette an Ereignissen, in deren Gesamtheit man nun ein Teil ist: Sonnenlicht, das aus der Mitte unseres Planetensystems heraus in etwa elf Minuten die Erde erreicht hat, wird von Bäumen in Holz mit durchschnittlich 3,2 Kilowattstunden Wärmeenergie pro Kilogramm umgewandelt. Wir trugen also in diesen fünf Tagen im Januar nicht nur knapp zwei Tonnen Holz über die Straße, einen kleinen Teil der Sonne, sondern auch etwas über 6.000 Kilowattstunden, eine Menge, mit der ein Jahr lang vielleicht nicht das ganze Haus, aber ein guter Teil davon beheizt werden kann. All das ließ meinen Freund besser schlafen.

Nichts ist natürlich, das Land ist überzogen von Spuren. Zweimal die Woche treffe ich mich zum Joggen im Riesebusch vor einer nicht mehr existierenden Burg, auf deren einstmaliges Vorhandensein kaum noch etwas hindeutet, nur Wellen auf einem Hügel voller Buchen, von der Schwartau umflossen, die zwischen der Hobbersdorfer Mühle und Bad Schwartau nicht mehr begradigt, ausgehoben, von hineingestürzten Bäumen gesäubert wird. Dreimal war einer der zwei Wege, die zum Dorf führen, schon überschwemmt, dreimal waren die beiden Brücken bis zur Unterkante ihres Gewölbes gefüllt mit schlammigem Wasser, einmal sogar waren beide Wege vom Wasser übernommen worden, so wie die Wiesen am Fluss, der sich auf fünffache Breite ausgedehnt hatte. Durch die Nässe, die das ganze Jahr nicht schwand, verloren die Bäume der Niederung an Halt, neigten sich erst und stürzten schließlich in den Fluss. In wenigen Monaten veränderte sich dieser, es war die Geschwindigkeit, die so erstaunlich war. Nicht so schnell, wie es Weisman in manchen

Kapiteln von »Die Welt ohne uns«² schildert, aber doch eindrücklich. Wenn wir jetzt auf den Hängen laufen und ins Tal und auf die Sumpfwiesen, die Schilfflächen sehen, dann sind die Drainagen deutlich erkennbar, aber auch die Einbrüche des Flusses, die Spuren der Überschwemmungen, Äste, Schlick und Gestein, das sich anlagert und Ufer bildet. So haben die Menschen von der Burg im Riesebusch herabgeblickt und die, die innerhalb eines Palisadenzaunes davor siedelten. Vor achthundert Jahren war dort, wo jetzt mächtige Buchen und Eichen stehen und ein paar Douglasien, die vielleicht etwas über hundert Jahre alt sind, kein Wald, und der Wald um die Burg herum war licht und luftig, weil die Tiere hineingetrieben wurden. Wahrscheinlich glaubten die Menschen, dass es bis zum Jüngsten Tag immer so sein würde. Die Wälder waren größer und belebter, voller, Schweine und Menschen wanderten unter den Kronen großer Bäume. Das Unterholz, das Dickicht der Räuber, Aussteiger, Aufwiegler, war wahrscheinlich nicht viel ausgedehnter als heute und trotzdem allgegenwärtig in den Erzählungen, den Ängsten und Träumen. Menschen lebten in den Wäldern, sie passten auf das Vieh auf, sie verbrannten die Wälder zu Kohle, sie tanzten in den Wäldern, sie zogen sich in die Wälder zurück wie sich heute die Menschen in die Therapien und Yogakurse und Kurkliniken zurückziehen, dann kamen sie wieder und jeder wusste, gut, der ist im Wald gewesen. Das ist der ganze Unterschied, aber er ist gewichtig, denn heute kann sich der Mensch nur zum Menschen zurückziehen, es ist eine ganze Dimension verloren gegangen, ein ganzer Teil des Menschen ist nicht mehr zugänglich, der Wald selbst ist Teil des Menschen geworden, er ist Bestandteil der Freizeit, der Ökonomie, des Naturschutzes, aber nicht mehr Ort der Sammlung. Seit ich mit dem Freund durch den

Wald laufe, habe ich keinen einzigen Menschen stillsitzen gesehen. Keine Zwiesprache gibt es, nur Funktionskleidung und rote Gesichter und Personal Fitness Coaches und heimliche Paarungen.

Hier und da und dort, überall strecken sich die Früchte der gigantischen Netzwerker, der heimlichen Koordinatoren dieser Welt an die Luft, der Pilze, die die abenteuerlichsten Formen annehmen, uringelbe Becher, neonrote Terrassen, hausschuhbraune Fladen, steinhart, voller Grundstoff für Detonationen spiritueller und ganz handfester Art.

Wie wundersam die Allgegenwart der Motoren ist, wie kurz ihre Herrschaft erst dauert, zeigen ältere Fotos von Pferdeschlitten, Fahrradfahrern, Kindern, die im Straßenschnee spielen, Fußgängern auf der schneebedeckten Fahrbahn der noch nicht ausgebauten Straße. Verwirrend, diese Unordnung, das Kurvige, sich Vermengende. Wie oft kam ein Auto durch? Noch in meiner Kindheit waren vorbeifahrende Autos, wenn schon nicht mehr Ausnahme, so doch besonders genug, dass wir innehielten. Kam eine Feuerwehr vorbei oder ein Krankenwagen, dann rannten wir nach vorne. Niemand rennt heute mehr. Das Spektakel ist der Normalfall, die Ruhe die Ausnahme. Gibt es in diesem Land einen Ort, an dem noch nicht mal entferntes Rauschen des Verkehrs zu hören ist? Keine Laubbläser, keine Sägemotoren, keine Dudelmusik?

Als Andrea Hejlskov[3] mit ihrer Familie mitten im Winter zu einem Kapitän genannten Mann in die schwedischen Wälder zieht, müssen sie zunächst für Brennholz sorgen. Weil sie es sofort verheizen müssen, kommt ausschließlich Totholz infrage. Wenn man totes Holz braucht, gibt es in diesen Jahren vor allem Eschenholz. *Hymenoscyphus pseudoalbidus* oder Falsches Weißes Stängelbecherchen heißt der Pilz, der aus Japan eingeschleppt, 2002 erstmals in Europa beobachtet und nachgewiesen wurde und nun nach der Ulme, die in unserer Gegend ebenfalls durch einen Pilz in den 1990er-Jahren flächendeckend getötet worden ist, die nächste klassische Baumart Mitteleuropas an den Rand des Aussterbens bringt. Im Fall der Esche hat möglicherweise der Klimawandel etwas damit zu tun, wie meistens auch der globale Handel, der eben auch ein globaler Austausch von Krankheiten ist, ob für Bäume, Tiere oder Menschen.

Im Frühjahr sah es nach der ganz großen Katastrophe aus, so wie bei den Ulmen, als innerhalb von drei Jahren der halbe Wald kahl gewesen war. Aber Eschen treiben fast als letzte Bäume aus, und als der Frühsommer kam, wurden die meisten Bäume doch grün, wenn auch häufig eigentümlich buschig und schütterer als sonst.

Hier ist es die Wipfelsonne, so beginnt es im Januar, wenn durch die kahlen Stämme des Buschs der rote Ball überm Horizont auftaucht. In der Stadt war es die Pannierstraßensonne, dann die Firstsonne, die Ende Januar ab zehn Uhr ein paar Viertelstunden lang Hoffnung gab. In der Stadt strahlte die Sonne aus Richtung Moskau in die Westostachse und schob den Wind vor sich her, der sich in die Stirnhöhlen fraß; hier liegt die Sonne gegen den Wind, der aus Westen, von der Nordsee her drückt. Bringt er Wolken, dann strahlt der Himmel auf dem Weg zur Kita und schon der Junge weiß, dass das schlechtes Wetter bedeutet. In Berlin war die Kälte trocken, hier ist sie feucht, durchdringt alles, legt die Blätter schwer auf den Boden, bildet Morast, der nach Moder riecht, wenn man ihn lüftet. Der

Moder ist mir vertraut, wie auch der harte Lehm, der den Löss grundiert auf den Ebenen hinter der Alb, wo ich herkomme. Im Norden und Süden ist die Luft klarer, der Boden fester, das Auge findet leichter Halt. In Berlin ist der Boden sandig, haltlos, im Sommer ist die Luft erfüllt von feinem Staub, der sich in die Augen und in die Lungen setzt. In diesen Sommerstaub hatte ich mich verliebt, je weiter Richtung Osten, desto drängender und schmerzhafter wurde dieses Gefühl von Weite und Verständnislosigkeit und Tändelei. Ahnung einer Welt des plötzlichen Umschlags vom Brüten in die Aktion, einer Welt, in der die Grenzen unsicher werden, in der die Menschen sich in Wölfe und Kiefern und Mücken verwandeln und wieder zurück.

In einem alten Gartenbuch verweist Dahl auf die schöne Möglichkeit, in thematisch unterschiedenen Gärten ganz eigenartige Kombinationen von Pflanzen anzubauen. Am schönsten führt er die Idee eines Hexengartens aus, in dem er, inspiriert von mittelalterlichen Spekulationen über die Inhaltsstoffe der Flugsalben, ein paar Quadratmeter für die Aufzucht von Schierling, Kalmus, Kriechendem Fingerkraut, Mohn, Eisenhut, Tollkirsche, Nachtschatten, Schwarzem Bilsenkraut, Taumel-Lolch und Stechapfel im Garten reserviert.[4] Diese Sammlung einiger der giftigsten und berauschendsten Pflanzen unserer Vegetationszone wird es natürlich niemals in einen Garten schaffen, der von Kindern bespielt und von Müttern überwacht wird (auch wenn niemand diese Pflanzen erkennen, geschweige denn beim Anblick um deren Giftigkeit wissen würde). Eiben stehen in Privatgärten neben Sandkästen, Goldregen hängt über Spielhäusern, Maiglöckchen locken in Gartenecken, Oleander wiegen sich in Kübeln auf Terrassen – überall sind giftigste Pflanzen ganz selbstverständlich dabei, aber wehe, irgendwo am Gehölzrand wächst ein Fliegenpilz – oder ein Flugsalbengarten wird bekannt.

Weiß der Vegetarier, dass die Pflanze in den meisten ihrer Teile nicht gegessen werden will und sich deshalb mit allen nur denkbaren Abwehrwaffen wappnet, worunter die Gifte wohl das allgemeine Mittel der Wahl sind? Mit einigen Pflanzen hat der Mensch einen unheimlichen Pakt geschlossen: Gegen Pflege, Schutz und Weiterverbreitung darf er ungestraft zugreifen und die Gifte herauszüchten, zumindest in Maßen, ohne dass die Pflanzen sich eine Alternative suchen. So geht es den Karotten, den Kartoffeln, den Gräsern, dem Obst, dem Kohl, dem Salat. Es sind Bündnisse, die etwas Unangenehmes haben, so wie manche Freunde in ihren Ehen verschwinden, sich aber in ihren Kindern, in ihrem gesellschaftlichen Einfluss ausbreiten, vom Gestutztwerden auf andere Weise profitieren. Nie hätte das chilenische Gewächs, die Kartoffel, ihren Siegeszug um die ganze Welt ohne den Menschen antreten können; trotzdem bleibt selbst die gekochte oder frittierte Knolle dem Menschen in gar nicht so großen Mengen giftig. Und so geht es mit allen Pflanzen, die der Mensch domestiziert hat; sie halten still, solange es ihnen nützt, sie führen den Menschen an der langen Leine, berauschen, beruhigen, erregen, nähren, heilen ihn, damit er sie weitertrage, ihnen einen Vorteil verschaffe. Manchmal kommt sich der Mensch dann allmächtig vor, spricht vom Anthropozän, dabei bedürfte es nur eines anderen Bündnisses, eines Konkurrenten, eines Außerirdischen, einer intelligenten Maschine, einer radikalen Veränderung der Umwelt, die den Pflanzen etwas Besseres oder einfach nur schieres Überleben anbieten könnte, und schon wäre es mit der Herrlichkeit der Gattung *Homo sapiens* vorbei.

Das Jahr beginnt mit dem ersten Grün, das sich überall aus dem Boden schiebt: den lang gezogenen, umgedrehten Herzen des Bärlauchs, den vertikalen Schlangenmünden der Narzissen, den Stäbchen der Traubenhyazinthen, den Büscheln der Schneeglöckchen, die dazu schon erstes, noch eingerolltes Weiß leuchten lassen. Gleich der nächste Schritt aber sind die Wolken, die in den kahlen Wäldern auf einmal hängen wie eine verirrte Nebelwand, nur lebendiger, gelbgolden, das sind die Haselkätzchen, die schon im Vorjahr gebildet, sich nun bald öffnen werden, sobald sich die weiblichen Blüten, die oberhalb der männlichen an den Ästen sitzen, in, hier ist keine Übertreibung möglich, herrlichstem Purpurrot öffnen, eine Pracht, die man suchen muss, denn die Blüte ist bis auf den Griffel versteckt. Fährt ein leichter Wind durch einen großen Haselbusch, können Wirbel von goldenem Staub die Luft für Momente trüben; später im Jahr variieren die Weiden dieses visuelle Spiel akustisch; auch hier muss man nahe heran, um das Summen und Brummen der Insekten zu hören, die eine blühende Weide zu Zehntausenden besuchen. Das nahe Stillstehen – eine gewinnbringende Fertigkeit hier bei uns.

Aus dem Badezimmerfenster gesehen verläuft die Spur von links unten aufwärts, bis sie aus dem Bild, das der Fensterrahmen begrenzt, herausführt. Die Spur hat die Form eines schräg gelegten S; sie entspringt zwischen Waschküche und Kräutergarten, nähert sich der Terrasse des Wintergartens und dem großen Johannisbeerstrauch an, dann führt sie in die Mitte des Rasens zwischen altem Kirsch- und nicht so altem Glockenapfelbaum und dem Falschen Jasmin, läuft in dieser Kurve auf den zerfallenen Gartenzaun und die daraus hervorgeschossenen Hofschlehen zu, einer Kreuzung aus Schlehe und Pflaume, bevor sie sich neben den Schneeglöckchenfeldern zum Hühnerhagen wendet. Weiter kann ich ihr von hier aus nicht folgen, aber ich weiß, dass sie sich an der Feuerstelle gabelt: Ein matschiger Weg führt weiter nach links, erst hinunter in den Graben, in dem die Weide steht, die keine fünfzehn Jahre alt, aber schon ein mächtiger Baum ist, kurz davor, morsch zu werden und dicke Äste zu verlieren, auf dass sie im Matsch neue Wurzeln schlagen, eine ihrer Fortpflanzungsarten, die nur noch abseits der vom Menschen bearbeiteten Flächen funktioniert, dort aber zu Weidenwäldern führen kann, einer Gemeinde von Klonen, gewissermaßen eine krankheitsanfällige Sackgasse, wenn auch eine gebietsweise äußerst erfolgreiche (und, man ziehe die Analogie zum Menschen oder zum Tier: Was wäre das für ein Wesen, das, Körperteile verlierend, sich fortpflanzt? Wäre das schrecklich? Oder ein Grund zur Hoffnung?); dann geht es zum Feld hinauf, das jetzt kein Feld mehr, sondern ein Rasen (Mischung Berliner Tiergarten) mit einem Teich darin ist, abgetrennt durch einen Jägerzaun, der Kinder wegen, unserer, der Enkelkinder des ehemaligen Bauern, aber am wahrscheinlichsten der guten Nachbarschaft wegen, die dem Volksmund zufolge von Zäunen profitiert. Dann an diesem Zaun entlang bis zum Ursprung des Bachs. Dort verliert sich der Weg im Gestrüpp, bis er ein wenig weiter hinten wiederauftaucht, schwierig zu erkennen, aber den Füßen intuitiv zu eigen, schlängelt er sich am Bach entlang bis zu einer der Hütten, die die Kinder hier und da aus alten Brettern errichten. Hier ist diese Abzweigung wirklich zu Ende, ein Pfad ist kein Pfad mehr, wenn es beliebig viele Wege neben ihm gibt, wenn keine vorzügliche Benutzung erkennbar ist. Geht man zurück, dorthin, wo sich der Weg gegabelt hat, dann steht man vor einem ähnlichen Problem: Mehrere Möglichkeiten tun sich auf, kein Pfad, eine

Fläche bietet sich an, die aber hier und da wieder Wege gebiert, dann, wenn die Umgebung nichts anderes zulässt oder der Untergrund es vorgibt. Solcherart Pfade folgen der Topografie genauso wie sie dem glitschigen Untergrund ausweichen, aber auch herabhängenden Ästen (wie bei der zweiten Rechtskurve des s-förmigen Wegstücks) oder Winden, Schneeglöckchenbüscheln oder Arealen zu freien Sichtfeldern für die Nachbarn, die Kinder, den Partner, Zonen der Schutzlosigkeit, denen der Pfad ausweicht. Wege legen sich nicht auf Landschaften (oder Gärten), sie werden gelegt von den Landschaften (oder Gärten), sie werden gefordert. Menschen formen Landschaften, wie das Wort selbst schon anzeigt. Aber geschaffen wird das Land nicht nur dem menschlichen Willen nach, sondern den Anforderungen, die es an den Menschen stellt, den Gelegenheiten, die es anbietet. Der herabhängende, den Pfad zur Kurve zwingende Zweig des Apfelbaumes ist eine solche Gelegenheit, die den geraden Weg versperrt. Solche Landschaften sind häufiger an obskuren Rändern zu entdecken: an Bahndämmen, auf Baustellen wie in Baulücken, an Uferrändern, in Parkanlagen, wo sich Trampelpfade schräg zwischen die vorgesehenen Wege schieben. Asphalt und Stein weisen ebensolche Wege auf, sie sind nur nicht sichtbar, so wie die virtuellen Wege in den Codes ablesbar sind, in den Statistiken. Ein Land zu verstehen, mag durch das Abwandern seiner Wege nicht am allerschlechtesten gelingen, wobei die Erkenntnisse von der Art der Wege abhängen. Spontane Pfade durchs Gelände zeigen etwas anderes, sie sind in höherem Grad Geplänkel zwischen Welt und Mensch als gepflasterte oder geteerte, also geplante Wege oder Straßen, und diese wiederum mehr als Gänge durch die Virtualität.

Beim Einräumen der Holzscheite vom letzten Jahr in den kleinen Schuppen, aus dem ich sie dann während des kommenden Winters ins Haus holen werde, entdecke ich auf einem Kirschholzscheit einen beigefarbenen Puschel, groß wie ein Fingerglied, von watteartiger Konsistenz. Ein Pilz, denke ich zunächst, dann aber, bei genauem Hinsehen, zeigt er sich am Boden durchsetzt mit kleinen Kügelchen von gleicher Farbe. Vielleicht das Gelege einer Spinne? Einer Raupe? Ich bringe das Scheit in die Werkstatt und nehme mir vor, es bald zurechtzusägen und den Teil mit dem Puschel in ein Schraubglas zu tun, um zu sehen, was möglicherweise daraus schlüpfen wird. Das eine tun, aber schon an anderes denken – Darwin war so sicher nicht, aber ich habe auch nicht vor, eine Theorie zu entwickeln. Ich beobachte, lasse mich leiten. Die eine Beobachtung führt zum nächsten Gedanken, von der tierischen zur pflanzlichen Wucherung. Ja, zu Pflanzen, deren Gesamtheit den meisten Menschen als eine Wucherung erscheint, die aber einfach bloß in einer kleineren Dimension bereitstellen, wovon die meisten Menschen träumen. Der Winter ist die Jahreszeit der Moose, Flechten und Pilze und hier draußen im Garten, drüben in der Klamm oder bei meinen Läufen durch den Riesebusch begegne ich überall diesen weltenschöpfenden Pflanzen. Weltenschöpfend, weil sie wie kaum eine andere Pflanze nicht nur sich selbst, sondern eine ganze Landschaft darstellen, eine ganze Welt. *Cladonia fimbriata*, die Trompetenflechte, die ich am um 90 Grad gedrehten Wurzelstock eines vor Jahren von Wind und Wasser umgedrückten Baumes emporwachsen finde, stellt dem Betrachter eine Szene wie aus einem Science-Fiction-Film vor Augen: Gleichmäßige graugrüne Türmchen erheben sich und enden in ebenmäßigen Schalen, in denen bequem ein kleines Raumfahrzeug parken könnte. Eine andere Vertreterin, die jeder von Steinfugen in Gehwegplatten kennt, ist *Tortula muralis*, das Mauer-Drehzahnmoos, das ursprünglich auf Kalkfelsen wuchs, aber auch nichts gegen den Beton der Mauern, Gehwege, Parkhäuser hat. Auch nicht besonders viel gegen den Ruß in der Großstadtluft, weswegen nicht nur in Stuttgart mit Mooswänden zur Luftreinigung experimentiert wird und man vorgefertigte Mooswandelemente für das eigene Wohnzimmer kaufen kann. Jeder mit wenig Platz und einem schattigen Eckchen sollte sich ein *Tortula* besorgen und eine Lupe. Aus der Nähe betrachtet, sieht man einen exotischen Wald, eine eigentümliche Wiese oder etwas ganz anderes, in jedem Fall eine ganze Landschaft. Auf einem Brocken herabgefallenen Mauerwerks wächst es vorzüglich, solange man es feucht hält. Ergänzt man das Biotop um ein totes Stück Holz, dann lockt man Verwandte an; fügt man außerdem ein paar Blätter, im Herbst mitgebracht, zerbröselt an den Rand dazu, kann man mit dem Beobachten beginnen. Hat man keinen Balkon, dann kann man ein Stück Moos samt Stein oder Holz in ein Glas legen, ein wenig Wasser dazugeben und experimentieren. Keine volle Sonne, nicht zu warm – und dann einfach beobachten. So hat man den eigenen Wald in einem Marmeladenglas und versteht möglicherweise gleichzeitig ein wenig die Welt aus der Moosperspektive. Unsere Städte, diese sehr schnell wachsenden, kalkhaltigen Kleingebirge voller geeigneter Wuchsflächen, sind ein Geschenk an *Tortula* und Konsorten. Das mag ein wenig beruhigen, wenn man gerade einen Artikel über Bodenversiegelung oder die Luftverschmutzung in den Städten liest.

Wirklichkeit der Selbstversorgung. Wer weiß schon, woher der Strom kommt, der das Wasser für den Kaffee erhitzt? Das ist eines der vielen Geheimnisse, die innerhalb eines halben Jahrhunderts um uns herum erwachsen sind. Überall kappen wir Verbindungen, wir merken es nicht einmal. Alles ist so neu, überall Gespenster. Im Warmhaltefach des Ofens steht der Teekessel. Zweimal am Tag fülle ich ihn nach, mindestens eineinhalb Liter heißes Wasser schütte ich täglich aus ihm in den Wasserkocher, der mit 1600 Watt die letzte Differenz überbrückt, bis das Wasser kocht. Es ist nicht viel, aber jeden Tag spare ich auf diese Weise 0,07 kWh, etwa zwei Cent, nicht viel, aber immerhin 26 kWh im Jahr, etwa 0,5 Prozent unseres Stromverbrauchs, nicht ganz acht Euro. Das hört sich schwäbisch an, ist aber eigentlich nur ein kleines bisschen mehr an Sein, denn ich weiß, wie diese acht Euro entstanden sind, und das ist eine ganze Menge.

Und schon beginnt der Kopf nach weiteren Nischen zu suchen, weiteren Orten der Mäßigung, des Eigenen, und es macht überhaupt nichts, dass das Ersparte eines Vierteljahres ohne Probleme in einer einzigen Berliner Nacht wieder zum Teufel geht.

Die Rinde des Eschenholzes, das ich Ende des Monats zu verfeuern beginne, ist durchlöchert von *Anobium punctatum*, dem Gemeinen Nagekäfer, besser bekannt als Holzwurm. Das Holz ist mit Staub bedeckt. Löst man die Rinde ab, eröffnet sich ein Labyrinth aus kurvigen Gängen. Nur ab und zu findet man eines der Tiere außen sitzen. Wie *Tortula* ist auch dieses Wesen dem Menschen auf der Spur, denn es ernährt sich fast ausschließlich von Totholz. Holzstapel und verbautes Holz liebt es, vorzugsweise in feuchten, kühlen Räumen. Ursprünglich war es Teil der

Putzkolonnen, die tagein, tagaus am Aufräumen sind. Es gibt die Müllproduzenten und die Müllwerker. Dieses Tierchen verhindert, dass die Erdoberfläche unter einer Schicht aus Tod versinkt. Es zerkleinert unermüdlich, verarbeitet Material, damit andere es weiterverarbeiten können. Leise und effizient setzt diese Wertvernichtungskette ihr Werk fort, wie die Fliegen und die Bakterien und die Pilze, Agenten der Entropie allesamt, Vertreter der Ruhe, der Gleichheit, des Friedens auf Erden. Denn den Krieg beginnen nicht diejenigen, die ihre Eier in Leichen legen, nicht die, die Kot fressen, sondern die, die Bücher schreiben oder Musik, die Bilder malen und Paläste bauen, die forschen und Gott erfinden. Mit Flammenwerfern, schreibt Nossack[5], mussten die Leichenräumer durch die rauchenden Trümmer Hamburgs sich die Wege freibrennen, durch die Wolken riesiger Schmeißfliegen, die von den Leichenbergen aufstoben. Fingerlange Maden krochen darüber, riesige Ratten huschten drum herum. Die Flammen waren unerlässlich, um die Toten bergen zu können, ohne zu ersticken, ohne zu erblinden vor der Unzahl an Insekten, die auch in ihnen den Tod witterten.

Nackt liegt das Land, eine in sich eingezogene Nacktheit, die Stillleben produziert, wo man auch hinsieht. Blättergerippe, wie zur Faust geballtes Laub, ein bleicher Kieferknochen, verblasste Hortensienblüten am Strauch, leuchtend rote Hagebutten. Hier und da bückt sich der Mensch und birgt einen Schatz, nutzt einen Moment, sich zu öffnen. Solche Funde sind nicht immer flüchtig, manche verbringen Jahre und Jahrzehnte in einem Winkel, in einer Kiste, einer Tasche, in einem Karton. Findet man jetzt ein im Überfluss des Vorjahrs in ein Buch gelegtes Rosenblatt, reicht schon der Anblick, um den Geruch lebhaft – nicht

zu erinnern, nein, wahrzunehmen. Der Dunkelheit draußen setzen die Dinge Netze aus Erinnerungen entgegen.
Man hätte Blütenblätter sammeln und auf Flaschen ziehen
müssen, die man dann zusammen mit Freunden am Ofen
bei Wein geöffnet hätte.

FEBRUAR

Kein Mensch kennt den Torpor aus eigener Erfahrung, diese Fähigkeit der winterschlafenden Säugetiere, den Kreislauf stunden- bis monateweise auf ein Minimum herunterzufahren, keine oder kaum noch Nahrung zu sich zu nehmen, selbst auf Flüssigkeit lange verzichten zu können. Am nächsten kommt der Mensch diesem Zustand sicherlich über den Umweg der seelischen Zerrüttung, dann nämlich, wenn ihn die Niedergeschlagenheit erstarren lässt, ein Stupor, ein Zustand der Bewegungslosigkeit, des fehlenden Antriebs. Eine Freundin schrieb einmal über die Tage, an denen sie auf dem Sofa saß und nicht in der Lage war, die Vorhänge zu öffnen, der Stoffwechsel der Seele heruntergefahren. Ein Tier im Torpor hat in diesem Zustand Chancen, den Winter zu überleben (allerdings sterben trotzdem die meisten Mäuse und kleinen Vögel, ganz zu schweigen von den Insekten in ihrer Winterstarre, die vom Tod nur durch ein wenig Zucker geschützt sind, der den Frost in den Arterien bis zu einigen Minusgraden verhindern kann); ein Mensch im Stupor überlebt schon den Sommer kaum ohne Hilfe, den Winter gar nicht. Der menschliche Körper produziert ununterbrochen Wärme, und der Mensch kann diese Wärme durch Kleidung, Decken, Hauswände zu einem guten Teil davon abhalten, für immer verloren zu gehen, und muss doch ab einem gewissen Punkt zusätzliche

Wärme erschaffen, sobald er sich in Gebieten aufhält, die seine Körpertemperatur langfristig absenken. Mit einem Wort: Er braucht Holz, das er verbrennen kann, und in diesem Bedürfnis liegt einer der großen Unterschiede zwischen dem Mängelwesen Mensch und dem vollständigen Tier. Der Mangel an tierischen Überlebensfähigkeiten und der Ersatz, den der Mensch findet, das ist gerade das spezifisch Menschliche. Es sind die Ausdifferenzierungen, die jede Ersatzhandlung erfährt, die den Menschen besonders machen und seine – oft verderbliche Art – der Naturformung bedingen. Wie weit es ist von einem offenen Lagerfeuer bis zu einem modernen Kamin mit einem Wirkungsgrad von 90 Prozent! Das Tier muss sich einverleiben, was der Mensch außer sich verwandelt, um sich im Prozess der Verdauung und der Verbrennung zu wärmen. Nichts ist an einem Ofen natürlich. Ein Ofen, das darin brennende und wärmende Holz, das Wissen um Feuer, Rauchgase, Trocknungsmethoden, das alles sind urmenschliche Eigenschaften. Dem Tier und seinen Methoden begegnet der Mensch nur am Tiefpunkt seiner Existenz, in der Krankheit. Im Menschen ist die Evolution nach außen getreten, in die Beziehung, in die Geheimnisse der Zusammenhänge, in die Wissenschaft und in die Institutionen.

Der Kobold, der in einen Ahornast gefahren ist und sein Bild erstarrt zurückgelassen hat, steht seit einem Jahr auf einer Ecke meines Schreibtisches. Die Wärme hat ihn getrocknet, die Trockenheit gespalten, aber immer noch sieht man sein faltiges, ärgerliches Gesicht und die aufgerissenen, muskulösen Hinterbacken mit dem offenen Anus. Überall findet der aufmerksame Blick solche Nachbilder der Waldbewohner, meist Gesichter, seltener vollständige Körper. Beim Gang durch die Wälder entdeckt man überall Spuren, manche stabiler als andere. Wenig Gemeinsamkeiten haben sie; faltig sind sie meist, schlecht gelaunt oft, manchmal sind ihre Gesichtszüge grausam, verächtlich, hinterhältig. Warum die Bäume diese Fähigkeit besitzen, Momente einzufangen, weiß niemand, aber sie besitzen sie und bezeugen so eine Welt, die ansonsten nur den Empfindungen wirklich ist, wenn eine plötzliche Wut, ein schadenfroher Gedanke, eine Intrigenmöglichkeit uns ereilt. Auch im Menschen blitzen diese Züge regelmäßig auf, werden aber nur sehr unzureichend konserviert.

Die Au ist seit dem Sommer außer Rand und Band. Wo sie am Wald entlangfließt, da fallen die Bäume reihenweise, sie löst das Erdreich, erstickt die Wurzeln, und die Stürme tun ein Übriges. Das Wasser der Au ist schlammig, schmutzig beige rollt es durchs Tal. An den Brücken gurgelt es in wilden Strudeln. Einer der beiden Wege, die zum Dorf führen, war dieses Jahr ein halbes Dutzend Mal überschwemmt. Selbst wenn das Wasser zurückgeht, passt es nicht mehr in den alten Lauf. Es ist so viel Wasser da, die Wiesen sind überschwemmt, die Au hat viele breite Arme. Ein Fluss ist viele. Überall schickt er seine Botschafter vor, lässt sie auskundschaften, wo es sich auszubreiten lohnen könnte, wo die Schwachpunkte sind. Ein Fluss ist nicht, sondern wird. Jeder Regenschauer, jedes bisschen Schnee, die Ausscheidungen der Sterne, der Tau. Immer wieder fließt das Wasser der Au in die Trave, die Ostsee, verdunstet, steigt, ballt sich zu Wolken, regnet übers Land. Der Regen, der Tau, der Dunst – die Moleküle, die in Kühen und in Menschen, im Wein und im Speichel der Widerworte gewesen sind, alle fließen, sickern, brausen erneut in die Au, testen die Hänge und überwälzen die Sümpfe.

Immer und immer wieder.

Auf einem Schild im Riesebusch, das vor dem Betreten des dahinterliegenden Weges warnt, weil aus Renaturierungsabsicht keine forstliche Wegesicherung mehr unternommen wird, wird spekuliert, dass die menschlichen Spuren, vor allem der Weg selbst, bald nicht mehr zu erkennen sein werden. Selbst da, wo sich der Mensch zurückzieht, über- oder unterschätzt er sich. Dieser Weg wird noch sehr lange zu sehen sein, so wie die Wälle der alten Burg noch nach achthundert Jahren zu sehen sind, so wie in dem amerikanischen Ostküstenwald die Protagonisten in Updikes Erzählungen Spuren ihrer Vorgänger in Form von lang gezogenen Hügeln finden, die wie Narben Gewesenes im Wald verdecken.

Lange und halb vergessen lag es, bis ich ihm wiederbegegnet bin, ein Gedicht über eine Handvoll Schneckeneier, die ich vor nicht ganz vier Jahren auf der Datsche in Treptow beim Kompostwenden gefunden hatte. War es so kalt gewesen, dass ich den ganzen Winter über nicht an den Haufen gegangen war? War die Erinnerung an den einmal dort vom Freund aufgespießten Igel so frisch? Wie auch immer, ich arbeitete mich mit der Grabgabel langsam vor und fand etwa in der Mitte, eher am Rand eine Kugel, groß wie ein Tischtennisball, die wiederum aus lauter kleinen, blendend weißen Kügelchen bestand. Nie zuvor hatte ich Schneckeneier gesehen, diese hier, wie ich später herausfand, von einer Nacktschnecke stammend. Ich wusste nicht, was ich da vor mir hatte, aber gleich fiel mir ein, dass die alte Weisheit, kein eiweißhaltiges Leben halte es im Innern eines Komposthaufens aus, weil die Temperaturen dort angeblich über 70 Grad ansteigen, nicht stimmt. Aber wie meistens, wenn mir eine Erkenntnis dämmert, hatte diese schon jemand vor mir gehabt, in

diesem Fall niemand Geringeres als Darwin, der den Mythos vom sterilisierenden Komposthaufen einfach durch
die Entnahme von zwei Händen Komposterde erledigte,
die er in steriler Anzuchterde keimen ließ und sämtliche
beobachtbaren tierischen und pflanzlichen Spezies auf-
listete.

Wie meistens, wenn ich einen Fund mache, steckte ich
ihn ein, um ihn später weiter zu beobachten. In der Pra-
xis vergesse ich meistens, was ich eingesteckt habe, außer,
es handelt sich um kiloschwere Steine oder verfaulende
Früchte, wie neulich die gefrorenen Früchte eines der
Ginkgobäume vor dem Bundeswirtschaftsministerium, die
im Bus auf dem Weg zum Hermannplatz plötzlich wie eine
Tasche voll ungewaschener Socken rochen, als sie aufzu-
tauen begannen. Mit den Schneckeneiern, schon bevor ich
sie als solche sicher erkannt hatte, musste ich vorsichtiger
verfahren. Die Konsistenz meines Fundes ähnelte über-
dimensionierten Kaviarkügelchen, sie waren bestimmt
sehr empfindlich, und ich konnte mich nicht überwinden, eine davon platzen zu lassen. Also verstaute ich sie
in einem leeren Instantkaffeeglas und nahm sie mit nach
Hause, wo ich sie in eine Ecke des Schreibtischs stellte, sie
nachmittags den Kindern zeigte, um dann jeden Tag ein
paarmal hineinzusehen. Dann, ein oder zwei Wochen später schlüpften die ersten winzigen Schnecken. Ich machte
gleich mehrere unter dem Deckel aus, vielleicht waren sie
über Nacht aus den Eiern gekrochen. Ich nahm den Deckel ab und betrachtete sie, halbtransparent, die Organe
erahnbar. Ich gab ihnen ein welkes Salatblatt, klickte den
Deckel wieder zu, zeigte auch diese neue Entwicklung den
Kindern – und dann vergaß ich das Glas langsam. Nicht
sofort, aber nach und nach. Und so nahm das Schicksal
seinen Lauf, die Schneckenkinder fraßen, was sie fanden,

dann war es vorbei. Als ich das Glas entsorgte, war von den Schneckchen nicht mehr geblieben als einige Schleimspuren am Glasrand.

Noch viel später lieh ich das Schnecken-Buch von Florian Werner aus.[6] Im ersten Sommer auf dem Land sammelte ich so viele Schnecken ein und grub so viele Eier aus, dass der Zauber verflog. Zu Unrecht, denn ein Wunder bleiben diese Tiere mit ihren rein von Muskelkraft und Säften erhaltenen Hydroskeletten ohne Zweifel: kriechende Schwellkörper, vollkommen kontrollierte, bewegliche Ganzkörperpenisse, wie Werner schreibt.

Ist man erst mal dabei zu beobachten, findet man überall den mit Experimenten beschäftigten Menschen. Aus Lupinen soll europäisches Eiweiß werden, Sojaersatz. Man muss ihnen nur die Bitterkeit herauszüchten und schon könnten die Blumen, die jedes Jahr wie Harlekine an den Böschungen der Autobahn stehen und die letztes Jahr hier bei uns von den Schnecken ratzekahl aufgefressen wurden, den Feldern dieses Landes einen provenzalischen Farbton verpassen, ein blaueres Blau noch als das des Lavendels.

Im Wald entdecke ich Zunderschwämme an kranken Buchen. Hart wie Stein sind sie, wenn man darauf klopft. Irgendwann einmal werde ich versuchen, einen abzuschneiden und ihn zu entnehmen. Im Netz findet man komplizierte Herstellungsverfahren für die sogenannten Feuerschwämme, aber vielleicht geht es auch einfacher.

All das sind tastende Versuche, eine vergangene Geisteshaltung zu verstehen. So hoch spezialisiert wie heute sind wir noch nicht sehr lange. Und Spezialisierung, so notwendig sie auch ist für eine komplexe Gesellschaft, ist der Rückzug in die Höhle. Ins Vertraute, zu dem, was man noch kennt, erkennt, überhaupt noch sehen kann. Immer weniger sehen, das ist nicht, was ich will. Mehr sehen will ich, direkter leben. Anfassen können. Heute entfernen sich Realität und Wirklichkeit, indem wir die Wirkungen wahrnehmen, aber immer weniger verstehen. Und weil wir die Wirkungen der Dinge, ihren wilden Tanz, nicht mehr verstehen, ihn noch nicht einmal mehr fühlen, werden die Magier wiederkommen, denen wir dann vertrauen müssen, weil wir es nicht mehr anders wissen und können.

In die Wälder gehen, in den Garten, Erde greifen, Früchte, Wucherungen ist das Gegenrezept. Die Dinge durch Anschauung, Anordnung und Mischungen in Schwingung versetzen, sie mit menschlichem Geist aufzuladen. Auf solche Art, im Greifen, geschieht das Begreifen.

Am 3. Februar fusselten die ersten Flocken im Licht am Holzstall, den darauffolgenden Tag schneite es frühmorgens. Der Tag blieb weiß, aber auf zurückhaltende Art. In der Nacht auf den 5. Februar schneite es weiter, diesmal waren es fünf Zentimeter Neuschnee. Der Winter ist endlich da, nach einem langen, unentschlossenen Anlauf. Aber es ist ein anderer Winter, als er es im Dezember gewesen wäre oder im Januar, jetzt, da die Schneeglöckchen in Sträußen unter den Büschen stehen und zusehen, wie sich die Elemente spreizen.

Wir sind am Ende der Neugier. Der Schnee wurde angekündigt durch das Reiben eines Hochs im Norden und eines Tiefs im Süden und kam verlässlich. Das Wetter ist eine Lage, die bewältigt werden muss. Uns wird eine Aufgabe gestellt, die abgearbeitet werden will. Kinder helfen für Momente, wenn sie einen zu einer Schneeballschlacht drängen oder zum Bau von Schneemännern; in solchem

Spiel muss dann nichts mehr bewältigt werden, darin erhebt man sich auf eine ebenbürtige Ebene. Die Edda berichtet von Skadi, der Göttin des Schnees, der Jagd und des Skifahrens, die ihr Element liebte, die weiten, klaren Landschaften, die Lichteffekte in der Kristallunendlichkeit. Sie war mit Njörd, dem Gott des Meeres verheiratet, eine unglückliche Verbindung, denn Skadi mochte das Meer so wenig wie Njörd den Schnee und die heulenden Wölfe der Berge. Das Paar versuchte es mit abwechselnden Wohnsitzen, was Skadi so zur Verzweiflung brachte, dass sie das Ehebett entzweibrach und sich dessen Latten als Skier unter die Füße schnallte, um so schnell als möglich zurück in den Schnee zu gelangen. Die alten Geschichten waren vielleicht schon immer weniger am Glauben als an der Verbindung interessiert – so wie der angekündigte Schnee für seinen Zauber die Nacht und das schwache Morgenlicht brauchte. Sie waren interessiert am Sinn, der zuallererst darin lag, das Beste daraus zu machen, sich einzulassen auf das Äußere. Vorpsychologische Zeiten waren das, durchlässige Zeiten. Skadi, die über die Schneeflächen streift, während ihre Cousine, die Lichtgöttin Brigid, schon ihr erstes Fest gefeiert hat, in der Nacht vom ersten auf den zweiten Februar. Die Göttinnen greifen ins Weite und ins Tiefe, auf den Straßen der kleinen Stadt aber sitzen die Menschen in beheizten Höhlen.

Ein Bild aus Gartenfarben malen. Winterträume. Für das Blau könnte ich die Beeren der Mahonie nehmen oder des Schwarzen Holunders, die beide an der Straße wachsen. Verschiedene gelbe Farbtöne würden Rainfarn, Schafgarbe, Ringelblume, Wiesen-Kerbel, Schöllkraut oder die innere Rinde der Mahonie liefern. Helena Arendt empfiehlt auch die Kanadische Goldrute, die Nemesis der Teltower

Datschenbesitzer.[7] Sumpfdotterblumen stehen am kleinen Teich und im sumpfigen Teil des Busches, sie sollen angeblich einen orangenen Farbton ergeben, genauso wie Mädchenauge und die einfache Zwiebel. Zum Grünfärben soll die Brennnessel dienen, von der hier mehr als genug sprießt. Blutweiderich wächst ebenfalls am Bach und Teich, er ergibt einen Rotton. Der rote Amarant genauso wie die Rote Bete aus dem Gemüsebeet, Himbeeren und Johannisbeeren sind weitere Rotlieferanten. Braune Töne schenken die Walnussschale, der Dost, der sonst als Oregano auf die Pizza kommt, die Pfingstrose und das Schöllkraut, das hier wie überall an Wegrändern wächst und an seinem orangefarbenen Milchsaft zu erkennen ist, der angeblich von Schwalbeneltern dazu benutzt wird, die geschlossenen Augen ihres Nachwuchses zu öffnen. Schwarz schließlich färbt die Rinde der Edelkastanie (aus deren Früchten man auch Waschpulver machen können soll) und die der Eiche. Alle diese Pflanzen wachsen in einem Umkreis von fünfzig Metern um mich herum. Oder vielmehr werden wachsen. Und die Frage ist, oder viele Fragen sind, wann sind sie reif zum Ernten der Farben und wie ernte ich, wie extrahiere und trenne ich die Farben von den nicht gewünschten Pflanzenstoffen, das Fasrige vom Flüssigen, das Färbende vom nur Nässenden. Wie mache ich die Farben haltbar, welche mische ich beispielsweise mit Asche, welche sind aus sich selbst heraus stabil, denn wenn ich malen will oder färben, dann müssen alle Stoffe ja gleichzeitig vorhanden sein.

Nicht, dass ich wüsste, was ich malen sollte.

Nicht, dass mich das sonderlich interessieren würde, angesichts der Tatsache, dass sich Garten und Grundstück als ein großes Depot einer Farbenmanufaktur erweisen könnten.

Der stöhnende, knirschende See. Das ächzende Eis, das wie ein gespanntes Drahtseil singende Eis, das grollende, donnernde Eis, das gurgelnde Wasser, seiner Metamorphose schmerzhaft bewusst. Das singende, klatschende, jubelnde Wasser auf dem weichenden Eis. Der raschelnde, wiederkehrende, wieder fliehende Winter. Das Wasser in seinen tausend Formen, dieses unergründliche Element, das Wasser in seiner magischen, alles grundierenden Dipolarität. Der See, der Gefährte, der See, die Schatzkammer, der Austeiler, der Geizhals, der Verschwender, der See, der Maler, der Lockende, der Verderbende, der alles Verwischende, alles auf sich Ziehende, der See, die zerstoßene, zerflossene, aufgeweichte Symphonie. Der tönende See, der krachende, berstende, knirschende See. Der summende, knicksende, pfeifende, wirbelnde, klackernde See, das Monster, die Sirene, die klare Jungenstimme, die Stimme der Liebe, der Weite, das Schaben der Winde, das Heulen der Hexen, das Gurgeln der Ungeheuer, das Zerschmettern der Wellen unter den Rümpfen des Wahns, das heisere Heulen der Wölfe an seinen Ufern, das Zischen des Hasses, des Zerreißens von gläsernem Eis, die Erinnerungen der Kristalle, die Zwischenzeiten des Staubes, das Kreischen der Motorschlitten der Fischer, das Motorenwummern der schweren SUVs der Oligarchen, das trockene Ploppen der Schüsse und Korken, die Töne der Trunkenheit, das Pfeifen der Egos, die Rufe der Männer beim Sprung ins Eisloch, das Pochen der Herzen, das Pulsen des Blutes, das Flüstern der Gedanken.

Das Krächzen eines Raben über flaschengrünen zentimetertiefen Pfützen. Das Flüstern, Reiben und Stauben der Haselkätzchen (gibt's die da?), die Schreie, das Schreien, der eine Schrei, das Bild, die Bilder, der See, der Frühling, die Wärme, das Blut, das in Fingerspitzen und Eichel schießt. So, stelle ich mir vor, war's, als Tesson[8] ein halbes Jahr in Sibirien am Baikalsee gelebt hat, all diese Töne, die Laute, das Japsen. Zusammengedrängt in einem Gefühl und gedämpft ist alles auch hier, an dem kleinen See des Bauern gegenüber, den er im Spätsommer hat ausbaggern lassen, als »gestaltendes Element der Hofanlage«, wie er mir erklärte, umfasst mit einem Jägerzaun auf unserer und mit billigen Baumarktelementen auf seiner Seite, dazu Rasen. Kaum einmal geht einer ans Ufer von drüben, das Wasser lockt nicht, das Wasser ist Gefahr, ist Teil eines Ensembles. Einmal, im Januar, verlor der See innerhalb weniger Tage fast einen Meter Wasser, als ob er sich davonmachen wollte; er hatte eine alte Drainageleitung entdeckt und geöffnet, sprudelnd erschien er auf unserer Seite, lustig quoll er auf wie ein bräunlicher Pudding im Bachlauf. Der Nachbar kam später auf das Grundstück, ohne zu fragen, ihm gehört zwar nicht, was er betritt, er ist aber souverän auf diesen 30 Hektar rund um sein Haus. Er fängt den See wieder ein, Tage später ist das Rohr entfernt und der See läuft wieder voll. Ich erzähle ihm von Tessons Tagebuch und dem See in Sibirien und welche Sprache dort gesprochen wird. Es ist auch seine Sprache, leiser, weniger dramatisch, aber mit ähnlichem Vokabular. Jetzt, nach Einbruch der Kälte, zieht sich am Nachmittag eine dünne Folie über die Wasserfläche. Sie erstarkt über Nacht, schmilzt in Teilen an den Tagen ein, wie Zinn auf dem heißen Löffel verschwindet das Feste in sich selbst, so wie der Trunkene in sich selbst verschwindet. Gibt es ein Wort für das kalte Wasser, das nicht gefriert? Das seltsamste der Elemente. Das Eis ist nicht begehbar, aber es schabt und kratzt und bewegt sich, es ist das gleiche Element, auf einer anderen Bühne zwar, aber mit dem gleichen Potenzial.

Die Kälte zieht am Ofen, der jetzt zwei Stunden weniger die Wärme hält. Bis zum Morgen sinkt die Temperatur im Flur auf 16, im Wohnzimmer auf 18 Grad ab. Ich verbrenne nun so viel Holz, dass der Kessel kocht, ich höre ihn sieden, und die Räume sind bald selbst auf Schreibtischhöhe 25 Grad warm. Ich sitze im T-Shirt am Schreibtisch, draußen minus 6 Grad. Ein Geruch wogt in den Raum hinein, ein Gewebegeruch, pflanzliches, tierisches und menschliches Gewebe. Aber der Geruch braucht auf zweierlei Art die Wärme als Trägermedium, den Pheromonen Beine zu machen und den Körper aufnahmefähig. Die Kinder kommen herein, ich hänge Schneehosen, Jacken, nasse Handschuhe, Schals und Mützen auf die Ofenklappen, stelle die Schuhe darauf, braue eine Atmosphäre aus Skikeller und 1970er-Jahren.

Draußen die Sonnenfarben des Februars, dieser milde Überdruss, diese Verheißungen der kommenden warmen Tage, dieses Gefühl, nicht vollkommen gemeint zu sein, dieser Moment, in dem ich erkenne, dass andere besser dazu geeignet sind, die Gelegenheiten zu packen und bis zur Neige auszukosten, diese Zeigerfarbe für Vollständigkeit und Fülle, die so schon über jedem Winterhorizont meines Lebens gestanden hat.

Vor ein paar Tagen habe ich begonnen, das Holz zu spalten, das wir im Januar geschlagen haben. Ich genieße es, gehe langsam vor, habe ein Wort mir selbst geschenkt: Zwei Würfe spalte und stapele ich jeden Tag, wobei ein Wurf genau der Menge entspricht, die man vom Rundholzstapel aus zum Hackklotz mit beiden Händen werfen kann, ohne außer Atem zu geraten. Ich achte auf meinen Atem. Wann ist es genug? Wann ist es noch ein Wurf, wann etwas anderes, wann ist es noch kein Wurf? Die Wörter schweben in Wolken aus Erfahrung, Vorurteilen, Erlebnissen, jedes Wort ist wie die DNA einer Zelle, die zusammen mit vielen anderen Zellen einen Körper bildet.

Zwei Würfe sind unter der frühen Februarsonne gehackt und aufgestapelt, bis diese hinterm Feld versinkt.

Die Grenze zwischen Schnee und Eis, die in der Nachmittagssonne tauen, und dem warmen Holz eines Apfelbaumes am Feldrand. Der Übergang zwischen der luftigen, harschen Schneedecke des Ackers und der nur von einigen Grasbüscheln, ein paar schmalen Horsten von Schneeglöckchen bestandenen Erde unter der Weißdornhecke. Die Inseln der Wärme an den Rändern der Klarheit, der Säuberung. Die Momentbäche auf den abschüssigen Wegen zum Riesebusch, die nur während ein paar Minuten am Nachmittag fließen, entlang dieser Grenze, die beidseitig verwurzelt ist. Dafür einen Begriff, der zwischen Frost und Tauen, zwischen Starrheit und Bewegung liegt, zwischen Hautwärme und Erdenjenseits. Ein rhythmisches Wort, den Gezeiten von Leben und Tod Rechnung tragend, Tag- und Nachtgrenze, Ebbe und Flut, Ruhe und Bewegung. Diese Orte, an denen diese ganz bestimmte Wärme herrscht, gibt es überall, besonders aber in Gegenden mit ausgeprägten Jahreszeiten und in solchen mit einem rauen Klima, im Hochgebirge, in den Nordländern. Solche Grenzen sind Symptome für das Leben, das noch schlummert, aber schon angefragt wird. Ein Zwischenspiel der Elemente und Strukturen. Ein Noch-nicht-ganz-aber-bald. Als ob man etwas an einen Pausenwert notierte, ohne die Pause selbst außer Kraft zu setzen. Was ist das? Was könnte das sein? Ein schlummernder Streifen, ein hypnagogischer Moment, ein Ort am Ausgang des

Schlafes, kurz vor dem Aufwachen, eine erwachende Rinde, ein erwachendes Stück Hecke, ein Stückchen Asphalt, ausgreifend, um dann doch wieder in der Kälte des frühen Abends zu versinken, traumverloren, schlafstarr.

Wie aber kann dieser Ort heißen, der so verheißungsvoll ist, dass man sich darein versenken kann, abgewandt von der Sonne ihn betrachten möchte, auf eine ganz andere Weise, als man das glitzernde Feld betrachtet? Es ist ein Mischort, ein Zwischenort, ein nicht sofort einhaltbares Versprechen, ein Vorgriff, ein Haken in der Zukunft, ein Tröster und ein Regulierer. Der Schnee verführt in die Weite, zu großen Plänen, der Mischort ist näher am Herzen, ist tiefer am Gewühle. Wie soll dieser Ort heißen? Für heute nenne ich diese schwankende Hoffnung das Frühjahrszittern, das ebenso abgeleitet von größeren Einflüssen ist wie zum Beispiel das Alpenglühen. Frühjahrszittern, Frühjahrsatmen, ein Rändern, Umranden des Geländes.

Die Samen der Pflanzen und ihre Helfer. Die bestäubenden Insekten und Winde. Die Tiere, an deren Fell, an deren Krallen sich Samen verfangen, ankleben, und mitreisen. Die Insekten, die sie in ihre Höhlen schleppen, als Vorrat, aus denen sie dann herauswachsen. Die Wellen, wieder die Winde, die die Samen verteilen, schließlich auch der Mensch, der sie über die Erde verbreitet, sie vor ihren Feinden beschützt. Und dann der Sammler, diese ganz spezielle Spezies, die von keinem Spaziergang ohne eine kleine oder größere Ausbeute zurückkehren kann. So gelangen Pflanzen in Gärten überall auf der Welt und werden von einer Privatgeschichte und einem Privatinteresse begleitet. Manchmal gelingt es nicht, die Art zu bestimmen, so wie dieses Mal, als ich von einem blattlosen Baum vor dem Naturkundemuseum Berlin, den ich für eine Lärche hielt, Zapfen aufsammelte, die Erlenzapfen ähnelten, allerdings Stiele zwischen zwei bis drei Zentimetern hatten. Also Monat für Monat zurückkehren und beobachten oder einen Kundigen finden. Leichter war es mit den gefrorenen, an Wildäpfel erinnernden Früchten vor dem Mauerdenkmal neben dem Wirtschaftsministerium, denn trotz Stadtreinigung und Winterstürmen hatten sich ein paar Blätter am Boden gehalten, und zwar in einer Form, die selbst der Laie nicht missverstehen kann: Ginkgo.

Später nahm ich noch eine Rispe der Kanadischen Goldrute mit, die im sympathisch überwucherten, von Buchsbaum eingefassten Rondell vor dem Hamburger Bahnhof stand. Zwei Tage später habe ich die Samenblättchen aus dem unbekannten Nadelbaum und die Goldrutenwatte in kleinen Korkengläschen verstaut. Die stinkenden Ginkgofrüchte habe ich am Hauptbahnhof weggeworfen.

Und noch einmal vor dem Naturkundemuseum, im Strom der Besucher, einem mäandernden, sich hier und da an Hindernissen (Kassen, Eingangstüren, Schülergruppen) stauenden Fluss, aus dessen Strudel die unterschiedlichsten Sprachen und Dialekte, Wünsche und Flüche hervorglucksten, versanken, vergingen, erblickte ich wieder die Lärche, ihre großschuppige, weich und warm erscheinende Rinde, ihre Äste, die an den Ausläufern voller Knubbel oder Knospenwarzen sind, dazwischen die runden Zapfen. Ein Baum, der den Atem leichter macht. Also stieg ich ans Ufer, auf den Rasen, bog einen Ast, sah, dass die Zapfen in der Sonne gespreizt und leer waren, neigte den Kopf und entdeckte die herabgefallenen Kugeln zwischen körnigem Schnee, und diese waren tatsächlich noch gefüllt. Beobachtete mich jemand? Möglicherweise. Aber was am Boden liegt, gehört der Gemeinde, und der

Sammler ist schnell und geschützt durch das Seltsame seiner Passion. Er verrichtet abseits der Menge seine Aufgabe, die taxonomisch und erwerbend ist, pflegend und vererbend. Manchmal wird die Geschichte einer der Pflanzen erzählt, in Einzelfällen sogar ganz ausführlich, manche Herkünfte überleben in Briefwechseln, meist jedoch wird vergessen, woher eine Pflanze stammt, wer sie warum woher hierhergebracht hat. So reiht sich der Mensch in die namenlose Schar der Verteiler ein, ist Teil des natürlichen Prozesses.

Als ich das Mutterkorn zum ersten Mal in natura sah, während einer Fahrradtour nach Plön, kannte ich es aus Büchern und Filmen und Erzählungen schon über ein Vierteljahrhundert. Wie eine vertrocknete Nacktschnecke sah der Pilz auf den ersten Blick aus und ich hätte ihn nicht beachtet, wenn mir nicht langweilig gewesen wäre. Langeweile ist eine unterschätzte Forschungsmethode. Der Pilz saß am Fruchtstand eines einzelnen Roggenhalmes am Rande eines Feldes in unserer Gegend. Ich wartete auf eine meiner Töchter, als ich ihn erkannte. Das war der Muttergottesbrand, von dem ich in »St. Petri-Schnee«[9] von Leo Perutz gelesen hatte, noch davor hatte ich eine Verfilmung mit Iris Berben gesehen, 1991. »St. Petri-Schnee« ist die Geschichte des Experiments eines westfälischen Legitimisten, eines Landadligen, der mithilfe der halluzinogenen Wirkung des Getreidepilzes St. Petri-Schnee die Sehnsucht nach Gott zurück in die Gesellschaft bringen will. Dieser Pilz, *Claviceps purpurea*, verusacht den sogenannten Ergotismus, der unter anderem als Antoniusfeuer oder Kriebelkrankheit bekannt war. Er befällt vor allem Roggen, weswegen Vergiftungen oder Massenräusche in der Antike kaum vorkamen, wenn aber, dann wohl absichtsvoll induziert wie bei den Mysterien von Eleusis. Perutz lässt einen seiner Protagonisten, den experimentierenden Baron von Malchin, im Versuch, den neuen jungen Dorfarzt für sich zu gewinnen, erklären, wie über die Jahrhunderte dieser Pilz die roggenverzehrenden Bevölkerungen Europas immer und immer wieder aufgeputscht hat. »Ich habe den Weg des Getreideparasiten durch die Jahrhunderte verfolgt – alle seine Wanderungen. Und ich habe festgestellt, dass alle die großen religiösen Bewegungen des Mittelalters und der Neuzeit – die Geißlerfahrten, die Tanzepidemien, die Ketzerverfolgung des Bischofs Konrad von Marburg, die Kirchenreform der Kluniazenser, der Kinderkreuzzug, das sogenannte ›heimliche Singen‹ am Oberrhein, die Vernichtung der Albigenser in der Provence, die Vernichtung der Waldenser im Piemont, die Entstehung des Annenkults, die Hussitenkriege, die Wiedertäuferbewegung, dass alle Glaubenskämpfe, alle ekstatischen Erschütterungen ihren Ausgang von jenen Gegenden genommen haben, in denen unmittelbar vorher der St. Petri-Schnee aufgetreten war.« Ziemlich zutreffend beschreibt Perutz die Wirkung nicht nur einer maßvollen Mutterkornvergiftung, er gibt mit seinen auf, nehme ich an, literarischem Weg gewonnenen Einsichten einen Vorgeschmack auf die Wirkung des LSD, über fünf Jahre, bevor Albert Hofmann es bei seinen Forschungen mit dem Mutterkorn entdeckte.

Wie hat er das wissen können?

Aus einer Biografie erfährt man zwar, dass Perutz selbst mit Haschisch experimentiert hat. Doch das taten viele, Walter Benjamin ist vielleicht einer der bekanntesten. Viel später lernte ich einen Freund kennen, dessen Mutter während ihres Pharmaziestudiums angeblich mit Kommilitonen zusammen Mutterkornsüppchen gekocht hatte. Damals fragte ich nicht genauer nach tatsächlichem Konsum, Erlebnissen, Fatalitäten, Dosierungen, aber noch einmal über zehn Jahre später nutzte ich diese Geschichte in einem eigenen Text, der dann aber nie erschienen ist. Vorher hatte ich, parallel zu dem Film *St. Petri Schnee* und noch bevor ich das Buch kannte, Ernst Jüngers Schilderungen in »Annäherungen. Drogen und Rausch«[10] über seine Experimente mit Albert Hofmann im Februar 1970 in Wilflingen gelesen. Hofmann, Wanderer zwischen den Welten exakter Chemie und semi-esoterischer Weltdeutung, kam mir viel später wieder unter, als ich ein Buch über die Mysterien von Eleusis von Wasson, Hofmann und Ruck[11] in die Hände bekam, die die Visionen während des Ritus unter anderem auf den Genuss von Kykeon, eines Getreideweines oder einer Getreide-Wasser-Mischung, zurückführen.

Wieder einige Jahre später las ich zum – tatsächlich – ersten Mal den Fachbegriff für die Vergiftung durch mit Mutterkorn versetztes Roggengetreide: Ergotismus. Bei Soentgen[12] steht, dass kein anderes Gift in Europa über die Jahrhunderte mehr Tote gefordert haben dürfte als die Alkaloide des *Claviceps purpurea*. Wer Brot aß, das aus verunreinigtem Getreide gebacken war – was in Hungerzeiten oft geschah –, dem stand ein Martyrium bevor, das, den zeitgenössischen Schilderungen zufolge, weit entfernt war von den religiösen Erweckungserlebnissen, wie sie Perutz geschildert hat, den gepflegten Drogenfahrten Jüngers oder den bewusstseinserweiternden Suppen der Mutter des Freundes. Man kann sich ein Bild von den Zuständen machen, wenn man die Darstellung eines vom heiligen Feuer Befallenen auf dem Isenheimer Altar betrachtet, einen von Furunkeln überzogenen Körper, oder Pieter Bruegels Gemälde *Der Kampf zwischen Karneval und Fasten*, auf dem ein Mann auf dem Boden hockend seine

Beinstümpfe in die Luft erhebt, denn eine Begleiterscheinung dieser speziellen Form des *Ergotismus gangraenosus* war der Verlust der Extremitäten. Den Baron Malchin interessierte eher der *Ergotismus convulsivus*, krampfhafte, visionenreiche Wahnvorstellungen. Schreiend, jammernd und sich krümmend brachen Menschen zusammen, rollten sich rädergleich durch die Gegend, krümmten sich in epileptischen Krämpfen. Verbreitet war das Gefühl, innerlich zu verbrennen, die Schmerzen trieben die Menschen sowohl in den religiösen als auch ganz banalen Wahnsinn.

Zum Trip der Sechziger- und Siebzigerjahre wurde LSD über den Umweg der Frauenheilkunde. Ich nehme an, dass irgendwann der Zusammenhang zwischen Roggenbefall, Brot und Vergiftung klar wurde und neben den drastischen Vergiftungserscheinungen auch medizinisch interessante Auswirkungen beobachtet wurden, so zum Beispiel, dass bei Schwangeren, die unter der Mutterkornkrankheit litten, die Wehen stärker ausfielen. So scheint es naheliegend, dass der Pilz unter Frauen weitergereicht wurde, zur Verstärkung der Wehen und wahrscheinlich auch zur Abtreibung. Anfang des 20. Jahrhunderts gelingt es Arthur Stoll, das Mutterkornalkaloid Ergotamin, das nachgeburtliche Blutungen stillt, zu isolieren. Hofmann klärt Ende der Zwanziger-, Anfang der 1930er-Jahre die chemische Struktur der Lysergsäure und landet im weiteren Verlauf schließlich beim Lysergsäurediethylamid, dem LSD.

Den Fruchtkörper des Mutterkorns, den ich im westlichen Ostholstein entdeckt hatte, hatte ich entgegen meiner Gewohnheit nicht mitgenommen. Als wir schon viel weiter waren und an Rückkehr zu diesem Feld nicht mehr zu denken war, fiel mir ein, dass ich es gerne eingepackt hätte, um es bis ins Frühjahr hinein aufzuheben, um sehen zu können, ob Soentgen recht hat mit der Beobachtung, dass das Korn im Frühjahr kleine violette Pilze hervorbringt. Aber wie immer, wenn der Blick erst einmal geschärft ist, wird mir das Korn häufiger begegnen, dieser Trick Gottes angesichts eines hartleibigen Menschengeschlechts.

Während einer Pause beim Äste-zu-Brennholz-Sägen höre ich den Kleibersound laut und deutlich, genau so, wie er in meinem Bestimmungsbuch beschrieben wird: »Tjük-tjük, tjük-tjük!«. Ich schaue nach oben und im kahlen Geäst ist das Tier von der doppelten Größe einer Faust, mit dem gelborangen Bauch und der bläulich-grauen Oberseite leicht zu erkennen. Kein Vertun ist möglich, als der Vogel leichtfüßig den Stamm hinunter- und wieder hinaufläuft. Das kann kein anderer Vogel. Er untersucht ein Spechtloch. Wenn er es nehmen sollte, dann wird er es anpassen, lese ich in meinem Bestimmungsbuch. Er wird das Loch mit Lehm verkleinern oder weiter aufhacken, mit kräftigen Schnabelschlägen. Aber solange ich ihm zusehe, ist er unentschlossen, wenigstens scheint es mir so, denn er läuft ständig zwischen Loch und dem nächsten Ast hin und her, der von einer der Eschen herüberragt und die tote Erle des Kleibers leicht berührt. Vielleicht ist er sich nicht sicher, wie stabil der Baum ist, ob er nicht ausgerechnet in diesem Frühjahr fallen wird, nachdem er die Herbst- und Winterstürme überlebt hat. Aber was weiß ich schon von den Gedankengängen eines Kleibers. Ich weiß noch nicht einmal, ob es ein Weibchen oder Männchen ist, ich weiß nur, dass der Vogel sich durch mich kein bisschen stören lässt. Er steht weit über mir. Ich stehe zehn Meter unter ihm. Kaum ein Passant kommt heran. Die Autos rauschen in ihrer monotonen Bräsigkeit vorüber, sie wissen selbst nicht, warum. Ich mache mich wieder ans Sägen.

Zwischen Vogel und Mensch gibt es keine falschen Töne, keine schiefen Gefühle. Er sucht ein Nest. Ich nutze die letzte halbe Stunde Tageslicht. Die Erle hätte ich beinahe gefällt, im Januar.

Die Meisen treiben in Gruppen durch den Garten, aus dem Augenwinkel ein gelb gesprenkelter Quilt; über die Straße flattert das Eichhörnchenpaar durch die Windwirbel des Geästs. Aus der Perspektive dieser Luftbewohner sind wir, die wir am Boden kleben, träge, wegemachende, wegeeinhaltende Wesen, halb schon im Übergang in die Erde. Am unteren Garten ein Wildwechsel, der dieses Jahr genau über dieselbe Spur führt wie letztes Jahr. Die Gänge der Katzen ums Haus, die Tritte der schweren Arbeitsstiefel um die Obstbaumäste und zum Holzschuppen, die Kreisstraße von der Kleinstadt zum Dorf. Und oben in der Luft? Habt ihr nicht auch Wege? Nicht auch Routinen? Ist nicht euer Tanz, eure Jagd nur Theater?

Grill[13] schreibt aber über die Schmetterlinge, dass ihr Geflatter von der Angst kommt, dass jeder Schatten der Tod sein kann, dass jede Kurve von der Furcht vorm Gefressenwerden zeugt. Nicht, dass das Tier bewusst darum wüsste, aber es verhält sich in jedem Moment genauso.

Wie wäre solch ein Leben zu ertragen? Ein Mensch, der lebte wie ein Schmetterling, würde daran zugrunde gehen. Aber ein Schmetterling weiß sehr wahrscheinlich nicht um sein Schicksal. Es sind keine sozialen Geschöpfe, sie tauschen sich einzig während der Paarungszeit aus, verbinden sich, trennen sich. Blüten kommunizieren nicht weniger.

Der Bahndamm in Büchen ist sicherlich ein Kandidat für das, was im Moment als Gelände diskutiert wird. Unzweifelhaft angelegt von Menschen, wird er die meiste Zeit doch nicht von Menschen unterhalten. Die gärtnerische Arbeit beschränkt sich auf die Regulierung der gröbsten Übertritte; vermutlich werden Schösslinge ab einer bestimmten Größe gefällt, aber in den Jahren, die ich hier regelmäßig vorbeikomme, ist das noch nicht passiert. Es stehen auch keine Büsche hier, aus denen Bäume werden könnten, wenigstens nicht an der Schmalseite, da wachsen Ginster, niedrige Wildrosen, Gräser. Es ist ein schwieriges Gebiet. Auf der anderen Seite, dort, wo der Damm ebenerdig langsam in die Stadt übergeht, streckt eine Brombeere einen doppeldaumendicken Strang in Richtung Gleis, als ob sie Kontakt zu den Reisenden aufnehmen, sich eines der Exemplare schnappen wollte, die meist abwesend und gedankenverloren wirken, leichte Beute also wären. Im Sommer blüht überall eine über einen Meter hohe Pflanze, vielleicht ein ausgewilderter Ehrenpreis. Dazwischen Akazienschösslinge. Kommt man aus Lübeck und will den Eurocity weiter nach Prag nehmen, wartet man über zwanzig Minuten – eine gute Dauer, um sich mit der Flora des Bahndammes bekannt zu machen. Es sind Pflanzen, die nachdrücklich zu wurzeln verstehen, Pflanzen, die Herausforderungen sportlich nehmen, Pflanzen mit einem gesunden Selbstbewusstsein. Es sind keine Narzissten, keine Diven, es sind Pioniere, die kein Publikum nötig haben. Sie nähern sich dem Menschen an, weil er ihnen unabsichtlich gibt, was sie brauchen: Fläche, Freiheit, Bruch- und Brachland. Sie sind keine Kultur-, sie sind Katastrophenfolger. Wo eine Lücke gerissen wird, egal, ob durch einen niederstürzenden Baum oder eine Bombe, da stellen sie sich ein. Die Einwohner Londons nannten das Schmalblättrige Weidenröschen nicht umsonst »Bombweed«[14], genauso wie es die deutsche Bezeichnung »Trümmerblume« gibt, aber es begnügt sich mit jeder freien, aufgewühlten Stelle, es streut sich breit übers Land, immer bereit aufzublühen. Es ist schnell, eigensinnig, hat eine fragwürdige Vorliebe für die Umgebungen der Tragödie, es ist ein Verwerter landschaftlichen Aases, wenn es so etwas geben würde. Es ist prallvolles Leben, ein Phytoanarch, ein Wanderer.

Natürlich findet man es auch am Büchener Bahndamm, ganz in der Nähe des menschlichen Traumes von geregelter Geschwindig- und Zuverlässigkeit.

Am 22. Februar haben ein Freund und ich die dritte der Eschen am Feldrand gefällt. Sie war die mächtigste und stabilste, auch wenn sie wie die anderen durch *Hymenoscyphus pseudoalbidus*, das Falsche Weiße Stängelbecherchen, stark geschwächt war. Alle Äste waren an den Spitzen schon kahl, Paniktriebe erwuchsen dem Stamm bis auf zwei Meter über dem Boden. Trotzdem hätte der Baum dieses Jahr und vielleicht noch das nächste überlebt. Vielleicht hätte er sich erholt, auch wenn ich das nicht glaube, aber bisher weiß niemand Genaues über die Krankheit. Die Rinde war von Löchern übersät, überall Befall. Auf alten Fotos ist der Baum schon lange hoch, aber noch nicht sehr lange so breit gewesen, beinahe zu breit für das Sägeblatt. Mithilfe eines Stockes, am ausgestreckten Arm gehalten, ermittelte ich seine ungefähre Höhe, angewandte Geometrie des gleichschenkligen Dreiecks, und siehe da, am Ende stellte sich die Berechnung als einigermaßen zutreffend heraus. Zunächst aber verhakte sich die zwar in den Spitzen morsche, im unteren Teil aber noch elastische Krone in den Erlen am Bach und hing fest. Ohne die drei großen Keile, die der alte Nachbar von drüben brachte und den Vorschlaghammer hätten wir den Baum nicht vom Stumpf bekommen. Als er dann fiel, tat er das beinahe wie geplant. Und trotzdem war das Entasten der vielen Spannungen wegen schwierig; ich musste mich immer wieder ermahnen, aufmerksam zu sein, aber erst, als mich ein dünnerer Ast endlich einmal an der Stirn erwischte, nahm ich meine eigene Warnung ernst. Ein Gewicht von vielleicht einer Tonne, dazu die kinetische Energie warten auf einen Fehler. Bei solchen Tätigkeiten ist man von einer anderen Energie umgeben als beispielsweise auf einer Autobahn. Es ist eine Energie, die Respekt verlangt und überlegtes Handeln. Es gibt Gefahr, aber diese Gefahr dient der Aufmerksamkeit. Die Sinne breiten sich aus, verlassen den Körper, sie tasten die Potenziale ab. Richte ich meine Aufmerksamkeit auf etwas, dann entstehen Zusammenhänge. Im Beobachten ordne ich, erkläre ich, füge ich weitere Beobachtungen hinzu, scheide ich Irrtümer oder Uninteressantes ab. Die gestrig gefällte Esche war ein freistehender Baum, in leichter, dem Westwind, der leichten Hanglage oder etwas anderem geschuldeten Schräge emporgeschossen. Viele andere Eschen hier wachsen einmal oder vielfach verzweigt und ich habe mich oft gefragt, warum, sie wurden nicht geschnitten, also warum wachsen manche der Bäume gerade empor und andere nicht? Warum sind die Eschen, die geschätzt sechzig, siebzig Jahre alt sind, oft in mehrere halbmeterdicke Stämme verzweigt, die unter dreißigjährigen aber nicht? Solche Fragen sind Geländefragen, zu Landschaftsfragen werden sie, wenn es um die Erklärung geht. Das ist einfach, man muss nur die Frage in die Adresszeile des Browsers tippen und findet in diesem Fall die Beschreibung der Eschenzwieselmotte *(Prays fraxinella)*, eines Nachtfalters, der wohl gerne den Haupttrieb eines Eschenschösslings abknabbert und dann weiterzieht. So muss der Schössling also Seitentriebe ausbilden, denke ich. Aber dann denke ich, dass die so verzwieselten Eschen ihre Gabelungen nie weit über dem

Boden aufweisen und ein zweijähriger Eschentrieb gut und gerne einen Meter hoch werden kann. Also müssen die Schmetterlinge schon bei den ganz kleinen Keimlingen die Knospe abfressen. Aber warum nicht bei den jüngeren Bäumen? Sind die Zwieselmotten ausgestorben?

Wie dem auch sei, jede Überlegung zum Gelände schafft eine Struktur des Wissens, schafft ein gehegtes Gelände, eben eine Landschaft.

Ein Zaunkönig flitscht über die staubigen Schneewellen des Gartens. Die Spur gärt bis in den Abend hinein, dann fällt neuer Schnee. Die kommenden Nächte werden viele nicht überleben.

Man kann nicht aufs Land ziehen heute. Man kann gewisse Formen des Landes in sich hineinziehen, das ist alles. Man braucht Ressourcen, Strukturen. Wer würde auf das verzichten wollen, was immer da ist? Was nur ein Krieg nehmen könnte? Das Land ist nur eine andere Art Stadt, es ist, aufs Ganze gesehen, weniger artenreich als die Stadt, es hängt doppelt und dreifach so stark vom Auto und vom Fernsehen ab. Selbst die Träume auf dem Land sind städtischer als die Träume in der Stadt.

Das Land ist ein Fantasma. Land ist Landschaft und Gelände. Das Land ist mit der Erlangung eines genügend starken Selbstbewusstseins verloren gegangen, mit der Gegenüberstellung von Land und Stadt und Natur und Mensch. Stadt als Lebendigkeit der Ereignisbeziehungen, der Abfolge von Dingen, der Massendinghaltung ist das Merkmal von Umwälzbereichen wie Berlin-Mitte; Menschen sind von Trends durchschossene Röhren. Land als Setzungs- und Beruhigungszone ist Projektion von städtischen Sedierungsbereichen.

Was dem Menschen tatsächlich bleibt, ist der randständige, seiner Beobachtung und Entdeckung harrende, darin
verfügbare Ort. Nichts anderes.

Bei der Rückkehr aus der Stadt höre ich ein Kind im Wald
schreien. Sehr klare Sicht, als ich absteige und die Schlucht
absuche. Dann wieder der Schrei. Etwas Schreckliches liegt
jetzt darin, eine Klage ist es eher als ein Schrei. Immer noch
sehe ich nichts. Die Klamm liegt vollkommen eindimensi-
onal da. Kein Dunst. Kein Schlamm. Keine hintereinander
gestaffelten Blätter. Keine übergroßen Körperteile. Kein
Spiel. Auch kein weiterer Schrei mehr, aber ein Ächzen aus
dem Holz einer mittelalten, gezwieselten Esche. Ich will
Kindesschrei und Eschengeächz in eins setzen, aber mein
Ohr tut mir den Gefallen nicht. Je genauer ich hinhöre, je
besser mein Gehör die Laute des Waldes herausfiltert, desto klarer wird: Kein Waldesgeräusch war es. Aber ein Kind
kann es auch nicht gewesen sein, denn da ist nichts. Nur
der Wind und die Kälte und der Schnee.

MÄRZ

Mann und Frau gehen erzählend den Kanal entlang. Sie redet, um nicht zu verschwinden, er hat eine Erkältung. Dass sie nichts sieht außer ihm, ist eine milde Beleidigung dieses ganzen Unterfangens und beweist, dass er ihr nur eine Möglichkeit ihrer selbst ist. Als der Bahndamm sich nah an den Weg heranschiebt, entdeckt er zwischen Efeu und Narzissen ein paar abgerissene Mistelzweige. Er steigt in das noch von Herbstblättern bedeckte Beet und bringt ihr Blätter und Samen, ein wenig stolz. Aber sie ist ungeduldig. Sie möchte nicht verschwinden und weiß schon jetzt, dass ihr die Mittel fehlen, zu bleiben, was sie bleiben möchte, weil kein Mittel für die Ziellosigkeit existiert. Der Mann schützt inzwischen seine Begeisterung und holt ein Taschentuch hervor. Der Samen der Mistel ist ein fünf Millimeter großer graugrüner Kern, umschlossen vom klebrigen Saft der durchscheinenden schmutzig weißen Frucht. Vögel sollen ihn an Baumästen abstreifen, während sie sich den Schnabel säubern, sodass er kleben bleibt. Im folgenden Frühjahr dann schieben sich zwei Ausläufer aus der Klebestelle, die schon lange Fotosynthese treibenden Embryonen, und bohren sich in den Stamm des Wirtes. Nun kann die Mistel anfangen zu wachsen, Jahr für Jahr ein kleines Stückchen. Bis *Viscum album* die Kugel bildet, die man aus der Ferne kennt, können so bis zu siebzig Jahre vergehen. In siebzig Jahren, denkt der Mann vergnügt, ist das meiste vergessen. Er wickelt die Frucht und die Blätter ein und sie gehen weiter, reden, finden sich nicht. Einmal denkt er ganz unvermittelt in ihre Geschichten hinein, dass Höflichkeit in der Natur nicht existiert. Dass Höflichkeit etwas ist, das Pflanzen und Menschen und Tiere und Menschen trennt, dass es keine höflichen Mineralien gibt und keine höflichen Landschaften. Und die Frau denkt, wie unhöflich wäre es, ihm jetzt alles zu sagen, und dass diese Unhöflichkeit wie ein Stein ist, der auf ihrer Brust liegt und ihr das Atmen erschwert.

Schnee wie feiner weißer Sand; die Hügel hinterm Busch eine geplättete Wüste, über die Staubfahnen wehen, die Spuren innerhalb weniger Stunden nicht mehr zu sehen. Ein Blatt jagt über die Fläche auf mich zu, an mir vorbei und verschwindet in der Klamm. Ich wandere das Feld hinab zu den Wiesen, weiter zum Riesebusch. Erst bahne ich mir meinen eigenen Weg durch den knöcheltiefen Schnee, dann folge ich der Spur eines Menschen, am Weidenwald wird aus dieser einen Spur die von dreien und zieht sich an der Schulterkante des Knicks hin zwischen Wiese und Feld bis zur Schlittenbahn, die festgefahren ist und bis zu den überschwemmten Sumpfwiesen reicht, die nun hart wie Glas unterm Schnee liegen. Von hier an ist der Weg komfortabel, bis ich ihn wieder in Richtung Wald verlasse. Wege entstehen nicht zufällig, sie werden gewählt, des Geländes wegen, und dann ausgetreten. Je mehr sich für einen Weg entscheiden, desto leichter wird es für den Folgenden. Menschen, Wasser, Luft, Sand. Alles, was Teilchen ist, gehorcht dem gleichen Flussgesetz.

Der Winter ist die japanische Jahreszeit. Überall feine Muster, Zeichnungen, Wellen, Blasen, Übersichtlichkeit. Die Bachläufe gesäumt von filigranen Eisgemälden, die abgebrochenen Weidenäste über der Au kunstvoll behängt mit Schwemmgras, die Schneeflächen zu Mustern geformt. Von der Brücke am Fluss aus beobachte ich eine Eisscholle, in der Mitte des nur im Brückenwärmeschatten noch nicht gefrorenen Wassers treibend, die mit klagend schabendem Geräusch unter das Eis geschoben wird, Luftblasen löst, dann ächzend stecken bleibt.

Ein Pheromon wird entdeckt, das den Stress der Pflanzen dem Menschen um ein Vielfaches fühlbarer macht, als das bislang der Fall ist. Der Stress der Gärten und Wälder wird von den Menschen mit jedem Atemzug aufgesogen. Erschöpfung ist die Folge, Nervosität, Gereiztheit. Eine sich immer weiter verstärkende Rückkopplung, obwohl Biologen sehr bald die Quelle der auslösenden Stoffe ausfindig gemacht haben und auch die einzige Möglichkeit, die Produktion der Unbehagen bereitenden Düfte zu stoppen. Aber wie sollte das gehen? Wie sollte der Mensch verzichten können?

Die Tochter erklärt am Mittagstisch, dass ihr während einer unvorhergesehenen Wartezeit zum ersten Mal klar geworden ist, wie die Garderobe vor den Klassenzimmern ihres Stockwerks tatsächlich aussieht. Sie schaute sich die Furniere, die Haken, die Schrauben ganz genau an. Dann erzählte sie uns davon. Es war eine Beobachtung erster Ordnung, die sie bezeugen konnte und sie damit in eine Beobachtung zweiter Ordnung verwandelte, indem sie uns zu Beobachtern ihrer selbst, zu Beobachtern der Beobachterin machte. Auf diese Weise schaffen Menschen

Umgebungen und Landschaften und man versteht vielleicht die willkürliche Unterscheidung zwischen künstlichen und natürlichen Landschaften etwas besser.

Im Schnee die Vergangenheiten. Die Schleifen der Hasen. Tierköttel. Menschenspuren, eng aneinander, hintereinander. Der Mensch, das zusammendrängende Wesen. Kufenspuren. Gestelle. Windtreppchen auf den Flächen. Eisblumen. Kuhlen im Schnee bis auf den harten Boden. Trichter um die Frühjahrsblüher in geschützten Ecken. Die Architekturen der Bäume vor der weißen Fläche des Bodens. Der Kot der Hunde. Die dunkle Rinde an der Taugrenze. Die Reifenspuren der Autos. Die Weiden an der Au, ihre dicht über der Wasserkante niederhängenden Äste voller bleicher abgerissener Gräser. Die eigenen Fußspuren auf Nachbarsgrund. Ein Graffito auf zwei Eschen. Eine Asthütte, von Nachbarskindern gebaut. Sonnenlicht, zu Eiszapfen geronnen. Gesprächsorte, verfremdet.

Die Katze faucht und knurrt, sobald einer ihrer beiden Söhne auch nur in ihre Nähe kommt. Sie ohrfeigt sie, wenn sie ihr im Weg sind, verfolgt sie ansatzlos für ein paar Meter. Und doch lässt sie ihnen am Fressnapf den Vortritt. Trotz der Kälte verbringen sie die Abende im Freien. Sänken die Temperaturen nicht immer wieder auf weit unter zehn Grad minus, ließen wir sie im Carport. Dort sind die Maschinen unter Decken und Planen eingepackt, dort gibt es gute, windgeschützte Plätze über dem Boden, in die die Kälte nicht einfällt. Wenn wir sie dann hereinholen, schließen wir schnell die Türen hinter den dreien.

In der Mitte des Monats dreht sich der Wind von Nordwest auf Nordost. Eiskalte Luft hält den Frühling an, unterbricht das Wachstum über dem Boden, drückt die Menschen unters Dach und wirbelt die Moleküle durcheinander. Das etwas anders ist, merkt man, bevor man es begreift. Eine Irritation am Boden: Buchenblätter aus dem Herbst werden aus den Ecken, in denen sie ein halbes Jahr gesteckt haben, zurück in den Garten geblasen und sammeln sich an ungewohntem Ort. Die Schneckenformen von Hoch und Tief über Skandinavien bilden sich so im Kleinen hinter der Steinmauer unterm Nussbaum um die frischen Blätter des Bärlauchs wieder ab, wenn auch nicht in jedem Detail. Die Transformation von Luft in Laub verlangt ein paar Anpassungen, aber auf diese Weise bleibt ein Symbol für eine Wetteränderung, für die zeitweise Rückkehr des Winters. Und die Laute. Die Bäume werden gegen ihre gewohnte Richtung gedrückt; hört der Wind auf, fallen sie zurück, ein kleines Stückchen weiter als zuvor. Die trockenen Fasern stöhnen, altes Astholz klackert über Asphalt, Steine und Sand. Die dunkelbraunen Erlenzapfen hageln herab. Die See drückt in den Fluss.

So lange wie dieses Jahr blühten die Schneeglöckchen noch nie. Seit im Januar die ersten Knospen weiße Punkte in die Gartenecken streuten, werden die Blumen immer kräftiger. Die Kälte und der Schnee haben sie konserviert. Bis Ende des Monats werden ihre Blüten größer und voller – das liegt wahrscheinlich daran, dass sie die äußeren Blütenblätter öffnen, sobald es über zehn Grad warm wird, also dann, wenn die Bienen erstmalig ihren Stock verlassen. Man kann nun die grüne Zeichnung der inneren Blütenblätter gut erkennen. Doch der Kelch wird von den fingernagellangen äußeren Blütenblättern vollkommen umschlossen; will man also die Zeichnung sehen, muss man die Blüte zwischen die Finger nehmen und nach oben drehen. Ich versuche, die Art und sogar die Sorte zu bestimmen, aber es gibt so viele Varianten der Blüte, dass ich es schließlich aufgebe. Das Weiß der Schneeglöckchen ist das reine, vollständige Licht, das von kleinen, in den Blütenblättern eingeschlossenen Luftbläschen zurückgeworfen wird. Drückt man die Blättchen und zerstört das Luftgewebe, dann entfällt die Spiegelung und die Blättchen ähneln nunmehr stumpfem, schlierigem Glas. Die vollständige Reflexion ist die Farbe.

Am Gründonnerstag brechen wir bei fünf Zentimeter hohem, pappigem Neuschnee nach Berlin auf. In den folgenden Tagen würzt der große Koch die untere Atmosphärensuppe immer wieder kräftig nach und bringt unser kleines Alltagsleben durcheinander – als ob er nach wie vor ausprobieren will. In Berlin haben wir einen Tag Frühling in Mitte und deprimierendes Schmuddelwetter am Tag darauf in Kreuzberg und Lichtenberg, das uns mitleidlos aus der Stadt fegt, nachdem wir noch Steuerunterlagen im Finanzamt beim ehemaligen Stasiareal abgegeben haben, was den Tag noch grauer und unbarmherziger gemacht hat. Am Tag zuvor stahl ich mich aus der langsam dahintrottenden Familienherde davon, um zu schauen, ob bei Lidl wie jedes Jahr etwas zu holen wäre, und wurde belohnt. Ich brachte eine weiße und eine schwarze Johannisbeere sowie drei Himbeerbüsche mit: Schönemann, Heritage und Willamette. Schon in der Woche vorher hatte ich mich mit verschiedenen Stauden eingedeckt. Wie kann man Taglilien, heruntergesetzt auf 99 Cent und kurz vor dem Vertrocknen, stehen lassen? Und jetzt habe ich vier Sorten Himbeeren! Die Willamette soll schon Ende Juni Früchte tragen, die Heritage ab August, bis in den Oktober hinein, und die Schönemann liegt dazwischen. Die namenlose Berlinerin hat eine mittlere Tragzeit und sich seit 2016 schon mehr als verdreifacht. Nie wieder wird es uns an Himbeeren mangeln.

Der deutsche Süden ist farbiger, sonniger, windiger, aber nicht wärmer, das Hochgebirge empfängt uns tief verschneit und abends am 1. April fallen fünfzehn Zentimeter Schnee. Aber schon zwei Tage später ist es so warm, dass man im Tal im Pullover herumgehen oder im T-Shirt auf der Terrasse sitzen kann. Kräftig rührt der Koch, bringt die Gefühle durcheinander, setzt die Körper neu zusammen. Zurück aus dem Gebirge sind die Wiesen und Gärten angemalt, schwefelgelbe Schlüsselblumen, kräftige Primeln in samtigem Sofarot oder einem Lila, das wie Plastik wirkt, und der ganzen Palette von Vulkanweiß bis Quietscheentchengelb, rote Wildtulpen, das kompromisslose Gelb der Forsythien, die weißen Erinnerungstupfen an den Winter der Anemonen. Ich bin hier aufgewachsen, kann mich aber nicht daran erinnern, es hier je so bunt gesehen zu haben. Im Garten der Großmutter saßen die Primeln tief in der Wiese, ja, Farbflecken, über die man mit der Hand streichen konnte, wenn gleichzeitig die Frühlingsluft über einen selbst hinwegstrich, dort ja, aber nicht in den Gärten, die mein Aufwachsen umgürteten.

Wieder im Norden haben wir die Farben abgestreift. Dieser Landstrich zielt auf Grün und Blau und Grau, weite Farbflächen, keine Punkte. Die Blausterne haben die Schneeglöckchen abgelöst und umgeben das Haus wie vorgelagerte Inseln einen Tafelberg. Am Fuß der kahlen Weißdornhecke entdecke ich ein einziges dunkelblaues Märzveilchen, auch ein Gartenflüchtling, vom Menschen mitgebracht.

Mit einem Mal werden die Vögel laut. Ende März verwandelt sich der Garten beiderseits der Straße in einen akustischen Urwald. Zu sehen ist kaum einer der Gefiederten, man muss schon stehen bleiben, den Kopf in die oberen Etagen des Gartens richten, um hier eine Amsel, dort eine Ringeltaube, eine Krähe, gar nicht so selten auch einen Buntspecht (der eigentlich seines Hinterns wegen Rotspecht heißen müsste) zu erblicken. Aber es müssen viele sein, solch einen Lärm veranstalten sie. Eltern können sich die Geräuschkulisse vorstellen, wenn sie an die Bilderbücher denken, die mit einem Soundchip ausgestattet sind und beim Aufschlagen die Geräuschkulisse zum Beispiel eines Dschungels imitieren. Wie die meisten Menschen kannte auch ich dieses Geräusch nur vermittelt – bis zu diesen Märztagen.

In den unteren Etagen, den Hecken, bei den Schuppen und am Holzstapel zeigen sich Rotkehlchen, Zaunkönig, Blau- und Kohlmeise und seltener nun, nachdem der Winter vorbei ist, fallen die Wacholderdrosseln in Scharen ein, um die letzten Äpfel zu vertilgen. Aber zwischen der einzelnen Sichtung und dem allgemeinen Eindruck bleibt ein Unterschied wie zwischen Verstand und Gefühl, Realität und Wirklichkeit. Beobachtung kann mehr als pure Zeugenschaft sein, sie kann auf den Beobachter zurückwirken, ihn verändern. Wirkung und Wirklichkeit des Geländes sind für jeden anders, während seine Realität für alle gleich beschreibbar ist. Das Zwitschern, Tschilpen, Rufen, Singen, Locken, Schimpfen, Unterhalten ist zu Beginn ein einziges Rauschen – und die Differenzierung erfordert Anstrengung. Auf der einen Ebene sind es die Tiere – auch die Bienen, Hummeln, Fliegen tragen einen Ton bei, besonders unter den Weiden ist ein Brummen, das lauter wird, je sorgfältiger man zuhört –, auf einer anderen Ebene ist es die Natur insgesamt, und auf der Ebene des verstehen wollenden (menschlichen) Beobachters ist es die Ebene des Zyklus, des Festes. Natürlich ist es kein Fest. Nur der Mensch möchte gerne, dass es eins wäre. Oder sollte es doch eins sein? So viel Energie, die auf einmal eingesetzt wird, so viel Bewegung, so viel Taumel.

Die anderen Laute kommen von der Straße, zwei bis drei Autos pro Minute, mit einer Geschwindigkeit von fünfzig Stundenkilometern. Die Frequenz bleibt gleich zu jeder Jahreszeit, nicht Wärme, Sonne, Wachstum sind maßgeblich für das menschengemachte Rauschen der Maschinen, sondern die Rhythmen der Arbeit, des Handels, der Events und die Anreize der zugehörigen Werbung. Dass der Autolärm stört, der Lärm der Vögel aber ein Spektakel ist, dem man gerne lauscht, liegt genau an dieser Eintönigkeit. Der Lärm der Autos trägt keine Nachricht in sich. Der Lärm der Vögel erzählt von einem Lebenskreis und damit von etwas, das wir Menschen nicht mehr kennen, dafür aber umso mehr vermissen.

APRIL

In den hohen Bäumen jenseits der Straße ein Schattengespinst, das die Aufmerksamkeit ruckweise auf sich zieht. Noch sind die Eschen kahl und geben hier und da den Blick frei in die oberste Etage des Waldes, der auf einmal etwas Fremdes hat; die Schatten tauchen auf, verschwinden hinter dem ersten, zarten Grünschleier von Buchen, Ahorn, Wildkirsche. Das Auge sieht zwei Äffchen, die sich jagen, das Gehirn legt sich Erklärungen zurecht. Mögen die zwei einem Zoo entkommen sein oder einem privaten Halter, der sie illegal eingesperrt hatte? Der Beobachter hält inne, sowieso muss er gleich auf die Auffahrt zum Haus abbiegen. Hat sich die Geräuschkulisse nicht ebenfalls verändert? Pfeifen, Keckern, lang gezogen, schnalzend endende Rufe? Die Entwässerungskerbe wird für Momente zum Urwald, ein Zauber umhüllt das Gewohnte und entrückt, verwandelt es. Und etwas von der Verwandlung bleibt, als die Äffchen schwerelos an den äußersten Enden der Zweige über die Straße springen, nun eindeutig als Eichhörnchen zu erkennen, und im Erlenwald des Hühnerhagens verschwinden.

Der Mann schlendert die alten Wege ab, die er nie zu schlendern wagte, selbst wenn er schlich, um Zeit für die schwarzen Gedanken zu haben. Immer in Eile, nicht immer im Klaren, warum. Im Nachhinein begreift er, dass er sein Talent für die Metropole jahrelang versteckt gehalten hat wie eine peinliche Vorliebe. Immer war er herausgeschlichen, mit schlechtem Gewissen, hatte sich immer an den Rändern bewegt, sich nicht dazugesellt. Die Frau und die Familie waren nur die in der jüngsten Vergangenheit hinzugekommenen Entschuldigungen für seine Passivität; er hatte nie eine Begabung für die momentane Ausschließlichkeit gehabt, die im nächsten Moment in ihr Gegenteil umschlagen konnte. Sicher waren der allgemeine Skeptizismus und die Abwesenheit jeglicher Romantik im praktischen Lebensumfeld ein Grund für seine Schwerfälligkeit und Neigung zur Menschenfurcht und Schwermut, die sich in ununterbrochenem Quasseln und schnellen, aggressiven Räuschen entluden; er hatte von früh auf eine ihm nicht ganz erklärliche Schwäche für behauptete Arkana im Schmitt'schen oder Jünger'schen Duktus gehabt, während ihm das »Bürger lasst das Glotzen sein, reiht euch lieber bei uns ein« immer unangenehm gewesen ist. Er ahnte, warum. Nur eine bestimmte Sorte von Familienmensch kommt ungeschoren durch die Stadt in diesen Zeiten. Man darf nicht zu sehr an sich selbst beteiligt sein. Wie die Wellen eines unruhigen Meeres gehen die Passanten, die Figuren, die Erkenntnisse und Erinnerungen den Mann an, hier, am Urbanhafen, an der Admiralsbrücke, am Planufer, der Ankerklause, auf dem Markt am Maybachufer, immer weiter, immer weiter, er wird hin und her geworfen, von einer Möglichkeit in die andere, von einer Potenzialität in die andere, von einer Abzweigung in die andere. Man kann – er hat es mehr als einmal gesehen – verloren gehen in dieser millionenpunktigen Versuchung, dieser Zuneigungsmaschine, dieser Zuneigungsentzugsmaschine, dieser unendlich vielfältigen Lustgewährerin.

Es ist, schrieb Updike, »eine verrückte Sache, am Leben zu sein ...«[15], und diese Verrücktheit in seiner obertourigen Variante findet man in den großen Städten, weswegen die Leute von überallher hierherströmen und nach Erfüllung der Forderung auch wieder abreisen, froh, es erlebt, und froh, es überlebt zu haben. »Kleinstädte«, fährt Updike fort, seien dagegen »dazu da, diese Verrücktheit zu mäßigen – sie vor Kindern zu verbergen, sie zum privaten Gebrauch zu horten, ihre Imperative sanft in Gewohnheiten umzuformen, uns vor dem Dunkel draußen und dem Dunkel drinnen zu schützen«. So wie der Landbewohner sich Kultur in die Einöde holt, holt der Städter Einöde in die Kultur, und so ist es auch nur zu erklären, dass immer wieder neuer Nachschub in die Städte rollt, in diesen katalytischen, wunderbaren Kessel, die Seelen siedend, die Körper wringend, das menschliche Vermögen wägend.

Vor acht Jahren hatten wir den Berliner Garten gerade einen Monat zuvor übernommen. Obwohl die Nachbarn erzählten, dass sie alle zusammen in sogenannten Arbeitseinsätzen versucht hätten, das Gelände in Schuss zu halten, war der Garten eben doch verwildert, wie sie sich uns gegenüber ausdrückten, vor allem im Gegensatz zu den umliegenden Parzellen. Das war ein klarer Auftrag, wie ich später begriff. Ein Auftrag und eine Beschreibung der Norm. Der Freund hat das wohl gleich so verstanden, und seitdem bestand zwischen uns ein Missverständnis, und der Garten wurde zum Spaltpilz unserer Freundschaft. Ein Stück Land muss man auf vielfache Art bewirtschaften, physisch, normativ, spirituell, emanzipativ. Ein Stück Land unterliegt den Gesetzen, es wird konfrontiert mit dem Althergebrachten und den Moden, es ist Gegenstand der allgemein verbreiteten Neurosen, gegenseitiger Verständigung oder Unterstellung. Der Freund, der allein lebte, war Kompromisse nicht gewohnt und kannte nur ungenügend die Taktik des passiven Widerstandes, die in Freundlichkeit und Schwerhörigkeit besteht. Was ihn über den Zaun erreichte, betrübte ihn, und er fand sich schnell ungerecht behandelt. Der Garten wurde ihm nach innen zu einem zum Scheitern verurteilten Erziehungsprojekt und nach außen zu einer PR-Problematik zwischen Lockerheit und Anpassung an eine ostdeutsche Kleingartenwirklichkeit. Was als Freizeit- und Freundschaftsprojekt begonnen hatte, als Schaffung eines Rückzugortes, bekam eine anstrengende Rhetorik des Erwachsenwerdens – plötzlich schlichen sich in die Freundschaft Vokabeln, die wir früher sofort als spießig abgetan hätten. Plötzlich gab es Dinge, die »man doch sehen muss«, Dinge, die »gemacht werden müssen«. Und während gestritten wurde, lagen die 400 Quadratmeter still und sie werden still liegen, wenn andere den Garten übernehmen werden, und böse Gedanken, Verletzungen und auch Schuldgefühle werden in der Minute verweht sein, wenn der Freund einmal den Schlüssel abgeben wird. Natürlich stellt sich alles aus seiner Sicht ganz anders dar, aber es bleibt die Sperrigkeit eines Geländes, das vor hundertfünfzig Jahren noch Busch und Sand und Gras gewesen ist und für ein paar Jahre spannungsreich zwischen uns aufgeladen war, als ob genau das seine Aufgabe gewesen wäre.

Durch den Wald laufend erfasse ich Skulpturen, erschaffen von Pilzen. Die einen gestalten federleichte Schiffchen, die man in die Hand nimmt wie eine Bastelei aus Papier; es sind die Reste der Weißfäule, die die Cellulose übriglässt. Die Braunfäule dagegen vernichtet die Cellulose und erschafft krümelige, würfelförmige Gebilde, die zerfallen, wenn man sie berührt. Das ist das Lignin, das den Bäumen Druck- und Standfestigkeit gibt und sie im Wasser schwimmen lässt, während die Cellulosefasern für die Zugfestigkeit sorgen. Lignin lässt sich nicht leicht zersetzen, nur eine einzige Pilzgattung ist dazu in der Lage, die *Agaricomycetes*, eine Pilzart mit sehr bekannten Vertretern wie dem Fliegenpilz oder der Morchel. Lignin diente zunächst wohl tatsächlich als Fungizid und erst später als Stabilisator. Einige der *Agaricomycetes* nutzen das Enzym Laccase zum Abbau des Lignins, und das erst seit etwa 300 Millionen Jahren. Seitdem nimmt die Einlagerung von Lignin im Boden und die Bildung von Steinkohle stark ab. Bildhauer sind diese Pilze also nicht nur am einzelnen Stamm oder am Stück Holz, sondern ebenso im makroskopischen Terrain, in der Schichtung des Erdmantels. Es ist so wie bei den Malern, die ihre Bilder mit reaktiven Substanzen bearbeiten und sich vom Ergebnis in Maßen überraschen lassen.

Zurück aus dem Süden richten wir uns wieder ein. Das untere Stockwerk riecht schwach nach dem Öl der Öfen, die hier einst standen. Im ehemaligen Hühnerstall befand sich der mannshohe Plastiktank in einer Betonwanne, daneben der Haufen Eierkohlen, in den man mit der eisernen Nase des Kohlenkastens fuhr für eine Tagesladung, wenn es nicht zu kalt war. Öl zapfte man, indem man einen Pumpenhebel auf und nieder drückte, wie bei einem einarmigen Banditen, und man musste für eine volle Ölkanne gut siebzigmal pumpen. Der Großvater konnte so eine lange Zeit ohne Zigarette wahrscheinlich nicht aushalten, also wird er dabei geraucht haben. Wenn es schneite, wirbelten einzelne Flocken ins dunkle Loch. Ohne Lignin keine Bäume, keine Wälder, keine Kohle, kein Öl. Ich liebte den Geruch des Öls, ich liebte den Anblick durch das kleine Ofenplattenloch, wenn die schillernde Flüssigkeit anbrannte, ich liebte die roten breiten wachsummantelten Streichhölzer, die dafür benutzt wurden. Der Großvater roch nach den alten Dingen: Rauch zuerst, Öl, Papier, Irisch Moos, Tabac Original. Diese Gerüche wurden durch andere Dünste ergänzt, die im Haus saßen wie unumgängliche Gespenster. Das Naphthalin der Mottenkugeln. Die Kunstzitrone des Scheuerpulvers. Der wiegende, beruhigende Dampfduft der Wäschemangel. Ungerauchter Tabak. Die Spuren uralter Möbelpolitur. Der Geruch der Erwachsenen. Die Ahnung der Kieselsäure in den schon von den Vorfahren gesammelten Hühnergöttern. Das sich das alles erhält trotz Renovierungen, Umbauten, Bewohnungen. Aber wahrscheinlich nehme nur ich den Geruch wahr, und das auch noch mit verstopfter Nase. Das Hereinkommen koppelt Erinnerungen ins Jetzt – erst der synästhetische Effekt, dann das proustianische Eintauchen. Jeder hat seine eigenen Erinnerungen, jeder macht seine eigenen Erfahrungen. Die Gemeinschaft in der Erzählung ist immer schwächer, muss immer aufgerufen, aufgedrängt werden, damit sie geteilt wird. Die Erfahrung schreibt sich als nachhaltige Verbindung ein, sie kostet viel Energie, lädt sich aber auch mit viel Energie auf, so, wie wenn man einen Berg ersteigt, ins Quellgebiet eines Flusses paddelt. Jede Erfahrung ist am Ende notwendig für das eigene Leben, im Guten und im Schlechten, ohne sie wäre man ein anderer, hätte einen anderen Weg genommen, wäre anderswo vorbeigekommen.

Im vergangenen März saß ich mit einem Freund in der »Schwelgerei« in der Sanderstraße und plötzlich die Eingebung: Eine Frau um die vierzig hockt auf einer Lichtung, über einen Kadaver gebeugt, neben sich das kürzlich gebrauchte Gewehr, in der Hand ein Messer, mit dem sie das Tier aufschneidet und die Innereien entnimmt. Ein Mann beobachtet sie, spricht sie aber nicht an, erzählt später von ihr am Esstisch. Ist der Mann der Förster? Ein Jäger? Egal, eine Geschichte um eine plötzlich auftauchende Jägerin. In der Bar, ohne jeglichen Hintergrund, stelle ich einfach die Behauptung auf, dass das deutsche Jagdwesen sehr geordnet ist, sehr deutsch, klischeehaft deutsch. Begeisterung, das Bild, die Stimmung, egal, wo es hinführen wird. Ich sehe die Gräser vor mir, die hoch und strohgelb inmitten der Lichtung stehen. Natürlich, eine Lichtung! Ein sonniger Tag, ein Mischwald. Das Blut des Rehbocks ist am Körper noch warm und rot, voller Eisen und Kraft, am Boden und an den Halmen schon schwarz. Warum ist das eine Geschichte? Ist sie eine Wilderin? Was fasziniert mich an einer Jägerin?

Wir trinken. Ein paar Wochen später lese ich in einer ausländischen Zeitung einen Artikel über die erwachende Jagdleidenschaft europäischer Frauen. Dann noch einen und noch einen. Ich halte ein Buch[16] in der Hand, in dem es um eine Jägerin im deutsch-deutschen Grenzgebiet geht. Das Thema war vollkommen unsichtbar, nun scheint es überall zu sein, aber ich bin nicht mehr begeistert. Es ist etwas anderes, das mich an dem Bild gefangen genommen hatte.

Es ist nicht das Töten. Es ist der Blick unter die Haut. Ein gnostisches Motiv, die Suche nach dem Lebensfunken. Die Jagd, wie sie heute gehypt wird, scheint wenig an dem Tier interessiert, das gejagt und in dem das Andere und Fremde respektiert und vielleicht sogar geehrt wird, sondern ist dem eigenen Erleben verpflichtet. Durch die Jagd sei man dem Leben näher, lese ich irgendwo. Dabei ist es wieder nur Ordnung und Menschenwerk.

Hier sehen wir täglich Rehe, auch anderes Wild. Rudel von fünf, sechs Tieren streifen übers Feld hinterm Haus, weiden den Raps oder den Winterweizen ab, dann überqueren sie die Straße, immer an derselben Stelle, spuren die obere Wiese bis zum Busch, manchmal knabbern sie ein paar Knospen der jungen Bäume ab, verkrüppeln sie auf ihrem Weg zu den Sumpfwiesen an der Au, wo sie auf Hunderte Meter freie Bahn haben. Wohlleben[17] erklärt, dass der Wildbestand heute etwa fünfzigfach höher ist als in den europäischen Urwäldern, in denen Wölfe und andere Raubtiere die Bestände regulierten. Die Wälder sind heute große Gehege. Die stramm in Reihe stehenden Maispflanzen sind wahres Doping für die Wildschweine. Rehe, Hirsche, Schweine profitieren, während so viele andere keinen Raum mehr finden. Wo der Wolf geht, sagen die Russen, da wächst der Wald. Der Mensch verteilt Zuneigung und Abneigung, ganz wie der Gott, den er sich als Schöpfer geschaffen hat.

Jetzt muss man sich zügeln, nicht in die Erde zu greifen, um nachzuschauen, wer den Winter überlebt hat und wer nicht. Die Trichterschwerteln *(Dierama pulcherrimum)* sehen nicht gut aus, ich will sie aber nicht aus dem Beet holen und ihre Wurzeln beschädigen. Seit ich ein purpurrotes Exemplar in Cornwall gesehen habe, ohne den Namen zu wissen oder die Gattung zu kennen, wünsche ich mir eine ganze Rabatte dieser einen Meter hohen, eleganten Blumen, halben Gräsern, die wie Angelruten im Strom der Luft wippen, ein englischer Name für sie ist »Angel's Fishing Rod«. Ich habe sie schon in Berlin gezogen und sie die letzten Jahre immer drinnen überwintert. Sie sind angeblich bis minus 15 Grad winterhart, und dieses Jahr waren sie zum ersten Mal im Beet an der Hecke, und da den ganzen Februar über Schnee lag, hoffte ich, dass sie ausreichend isoliert wären. Nun warte ich und will jeden Tag nachsehen und halte mich wieder zurück. Wandelmonat April. Aber im Netz sehe ich nach *Dierama pulcherrimum*, finde preiswerte Angebote, finde weitere Arten – *Dierama pendulum*, bis zu zwei Meter hoch (!) und verlockend allein durch den Namen ... –, finde Bruchstücke zur Herkunft (Südafrika) und zur Geschichte der Entdeckung (durch Carl Peter Thunberg, den »Vater der Botanik Südafrikas«, wie Wikipedia schreibt). *Dierama* hat mich am Haken; ich werde sie hierherbringen.

Immer noch habe ich kein wirklich gutes Wort für eben getautes Holz, das vor Kurzem noch von Schnee bedeckt war. Diese Wechselzone zwischen warm und kalt, die in der Nacht wieder zurückpendelt in die Kühle, seit ein paar Tagen aber nicht mehr in den Frost. Im Gebirge sind die sonnenbeschienenen Felsen schon warm, direkt neben dem glasigen Schnee. Hier ist es vor allem das tote Holz, das sich erwärmt, besonders wenn es schon von Pilzen an der Oberfläche angenagt wurde und winzige Luftkammern enthält. Ein lebender Baum scheint mir wie eine Klimaanlage, die Säfte, die er aus dem Boden nach oben treibt, regulieren die Temperatur. An einem toten Stamm kann man lehnen, man kann darauf liegen, eine Bank daraus machen. Überall auf dem Grundstück merke ich mir Plätze des Verfalls oder ich schaffe sie gleich selbst. Dabei gilt die Regel der horizontalen Beschleunigung: Liegt ein Stamm flach auf dem Boden, wird Braun- und Weißfäule schneller vonstattengehen, steht der Stamm vertikal oder ist der Haufen luftig aufgebaut, dann hält das Holz Jahrzehnte, auch wenn jedes Jahr die Wespen knabbern und die Vögel brechen. Lignin muss aufgebrochen werden, dazu müssen

Pilze wachsen und Pilze brauchen Feuchtigkeit. Es ist dieses Nadelöhr, durch das alles muss. Solange nur wenig Wasser an das Holz kommt, bleibt es stabil, kann zum Höhlen- und Gangbau benutzt werden, als Nist-, Wohn- und Schutzplatz dienen und als Jagdrevier. Am Ende ist es wie bei den menschlichen Unterkünften, die ähnliche Feinde und ähnliche Zwecke haben. Wie froh wären wir, ließe ein gigantischer Gärtner einige unserer wärmenden, schützenden Behausungen stehen, anstatt seiner Vorliebe für Ordnung zu frönen.

Beim Astbruchkontrollgang durch den Busch liegt auf einmal der skelettierte Kopf des Rehbocks vor mir, nach dem ich den letzten Herbst und Sommer so lange gesucht hatte. Damals war das Tier zur Hälfte schon von Fleisch, Sehnen und dem Fell befreit gewesen. Die Haut war großflächig zerrissen und an der Oberseite getrocknet. Der Kopf war auf der einen Seite bis zu den beiden Zahnreihen offen, beide Kiefer waren noch vorhanden. Die Knochen ragten wie unzugehörig aus der Unterseite empor, die Rippen beherbergten Käfer, Maden, Würmer, das Rückgrat wurde teils vom restlichen Skelett gehalten, halb hing es an der pergamentenen Haut. Die Bauchhöhle war von allem geleert, was einmal in sie hineingehört hatte. Keine Spur der Organe, die dieses Wesen angetrieben, ernährt und entgiftet hatten. Ich wollte der Tochter ein paar Dinge zeigen und drehte dabei den Körper mit einiger Anstrengung mithilfe eines Stocks um; dabei sackte die Wirbelsäule ab. Der untere Teil des Bocks war stellenweise mumifiziert, hier musste erst wieder Luft ankommen.

Nichts an diesem Körper war abstoßend. Auch war nicht viel Betrieb, die Hauptarbeit der Fleischer war gemacht, das Weiche war beseitigt, hier ging nun die langsame

Arbeit, das Spezialistenhandwerk, vonstatten. Die Beseitigung eines Kadavers ist strukturiert wie eine Sinfonie. Es gibt die Ouvertüre, es gibt die wilde Jagd und es gibt die bedächtigen Parts. Was immer aber auch passiert, es ist eine Abnahme der Organisation auf eine Form. Falls es keinen Mörder gibt, keinen Schlachter, wie in diesem Fall, in dem der Rehbock sich in den Busch gerettet hat – allerdings liegt die Straße jenseits der Schlucht, es könnte also auch sein, dass er angeschossen wurde und sich hierher zum Sterben geschleppt hat, dass er auf den finalen Schuss verzichtete, den die Jäger Gnadenschuss nennen, auch auf das Mitleid eines Menschen, der ihn zufällig in diesem Moment gefunden hätte, was das Tier nicht anders als als letzte Angstquelle hätte begreifen können –, falls er also zunächst entkommen konnte, wird er nun zuallererst von den eigenen, immer schon in seinem Körper befindlichen Bakterien, Viren, Parasiten erledigt werden. Knausgård hat dazu zum Anfang von »Sterben«[18] alles gesagt. Das Herz schlägt, so lange ist das Immunsystem noch aktiv. Dann hört das Herz auf zu schlagen und für ein paar Momente geht alles noch weiter, aber der Blutstrom stockt bald, die Temperatur fängt in diesem Moment an zu sinken, der Ausstoß an Hormonen hört auf, die Interleukine, alle Botenstoffe überbringen eine letzte Botschaft, die aber kaum noch im Wirbel und Rauschen der betäubenden und aufputschenden Stoffe zu entziffern ist. Aber kein Kreislauf ist mehr; rapider Energieverlust, weil das Atmen aufgehört hat, die uralte Anpassungsleistung an das Gift der Pflanzen. Energiearmut, Bewegungsarmut. Jetzt können die, die immer schon gewartet haben, zuschlagen. Die Verteidigung bricht zusammen, harmlose Pilze werden zu wuchernden Monstern, Bakterien teilen sich in Windeseile, Viren breiten sich aus, solange sie Wirte finden. So geht es allen. Einen Moment lang spüren sie die Möglichkeit des Alles, einen Moment lang werden sie nicht aufgehalten, aber dann stoßen sie in leere Räume vor, sie finden zerfallendes, abkühlendes Gelände, und am Ende steht die Wahrheit, dass sie auf den Widerstand angewiesen sind, darauf, dass etwas sie zusammenhält, etwas sie ernährt, etwas sich opfert und etwas sie straft, dezimiert, sie wieder zu sich kommen lässt. Der Körper des Bocks ein Imperium, bewohnt von unzähligen Völkern. Jetzt löst sich alles auf. Wo sollen die Hunderten Bakterienstämme der Mundhöhle hin? Wo die unzähligen Bewohner des Darms? Wo die Pilze in der Haut und an den Genitalien, wo die Schmarotzer im Pelz? Mit dem Tier stirbt ein ganzer Planet. Und im Sterben kommen die Fremden, die diesen Körper tatsächlich nur verspeisen wollen, auflösen, verteilen, die nicht eigentlich darin wohnen, nicht nur ein bisschen Steuerbetrug und Korruption wollen, nicht nur ein wenig profitieren von der Gemeinschaft – nein, jetzt kommen die, die tatsächlich an die Struktur heranwollen, die alles bis auf die Knochen abnagen, verdauen, umwandeln wollen. Sie kommen mit Zähnen und kräftigen Kiefern. Sie kommen mit Sekreten und Geduld, sie kommen mit Enzymen. Sie kommen immer wieder. Den ganzen Sommer hindurch. Sie zerlegen den Kadaver, so weit sie können, dann warten sie auf eine neue Gelegenheit. Mumifizierte Haut kann keiner verdauen von denen, die da sind, aber der Wind und der Regen und der Frost und die Wärme, herabfallende Äste, spielende Kinder, zackende Kaninchen rücken alles immer wieder, wiederholt und wiederholt, auf Anfang. Immer wieder kann man beginnen und immer wieder muss man sich gedulden. Äonen vergehen, Milliarden von Generationen arbeiten an diesem großen Werk und am Ende bleiben die letzten Bastionen, die

Knochen und das Horn, bleichen und vermoosen. Hier muss die Erde selbst an die Arbeit, und auch wenn sie das Skelett einmal beerdigen und zerdrücken sollte, bleibt die Möglichkeit der Versteinerung, der Umwandlung des Rehbocktodes in steinerne Information so wie auch dieser Text hier eine Umwandlung der Auflösung des Bocks ist, die als Impuls, so schwach er auch ist, nun in der Welt ist.

Wir stehen vor dem Körper, die Tochter und ich, und sie sagt: »Man könnte warten, bis nur noch das Skelett da ist, dann könnte man alles zusammensetzen und es auf ein Podest stellen, vielleicht aus Beton. Man könnte das Skelett auch mit Sprühfarbe färben, grellgrün oder neongelb.« Einen Moment lang habe ich das Standbild vor Augen. Wie leicht ich mich tue, den Bock als Material zu betrachten. Das ist der Impuls. Etwas kann zu etwas anderem gemacht werden, und in der Rolle als Agent fühlt man sich lebendig.

Wir Menschen haben unseren ganz eigenen Anteil an der Auflösung und Neuformierung. Wie alle anderen stehen wir im Gelände, warten auf die Chance zum Zuschlagen. Erst, wenn wir unseren Hunger gestillt haben, sind wir in der Lage, über alles andere nachzudenken.

Die Katastrophe ist uns denknotwendig.

Ist es vorstellbar (oder tatsächlich schon passiert), dass ein, sagen wir, fernöstlicher oder südamerikanischer Botaniker nach Europa käme und einheimische Pflanzen sammelte, um diese mit nach Hause zu nehmen, wo sie gezüchtet, beschrieben und verkauft würden? Könnte ein Japaner vielleicht die Schönheit des Scharbocks- oder des Schöllkrautes erkennen, des Günsels oder der Vogelmiere? Rar gesät sind die europäischen Autoren, die, wie Jürgen Dahl oder Roberta Schneider, sich auf das vordergründig Unscheinbare einlassen, zum Beispiel die extravagante

Science-Fiction-Ästhetik des Portulak, der einen Blüten-
stängel wie eine angelnde Antenne aus einem fleischigen,
mit winzigen Kugeln besetzten Teller sprießen lässt, oder
der Moose und Flechten, die nun vollends als Modell au-
ßerterrestrischer Siedlungsformen gelten könnten, schaute man sie sich nur ganz genau an. So außergewöhnlich
ist das Scharbockskraut *(Ficaria verna)* nicht, das Mitte
April überall im Garten blüht. Es ist auffällig unauffäl-
lig. Kompromisslos gelb sind die acht Nektarblätter in
der äußeren Hälfte, während die Staubgefäße von einem
dunkleren und matteren gelben Kreis umgeben sind. Man
sieht die Blume sofort, sortiert sie aber genauso schnell
in die gleiche Kategorie ein wie Gänseblümchen oder Löwenzahn. Ein Unkraut für jeden Fetischisten des reinen
Rasens, ebenso schlimm wie Moos. Noch schlimmer ist
es in den Beeten, wo es kaum zu unterdrücken ist und
im Sommer auch kaum mehr aufzufinden, weil es sich da
schon längst in seine Brutknöllchen zurückgezogen hat.
Der Name kommt von Skorbut (Scharbock), die Blätter
sind Vitamin-C-haltig und vor der Blüte auch noch nicht
giftig, was unsere Vorfahren nur durch Ausprobieren her-
ausfinden konnten. Im Frühjahr konnte so Vitaminmangel
vorgebeugt werden, ohne zu wissen, was man tat. In der
Nähe von Stuttgart sah ich das Scharbockskraut tatsächlich einmal als Beetblume, und zwar unter Gebüsch, wo es
größer blühte als die übliche Gartensorte. Ein Farbeffekt
wie ein eindrücklicher, langer Nachhall.

Am Bach im Hühnerhagen ragen nun überall die blassrosa Blütenstände der Schuppenwurz *(Lathraea squamaria)*
handhoch aus dem Boden. Unterirdisch muss sich ein
Vielfaches ihres sichtbaren Teiles befinden, was zu einer
Untersuchung mit der Grabgabel anstiftet, die ich aber

vorerst unterlasse, weil der Sohn gefährlich nah an Straße und Bach herumbalanciert. Auf einer alten Zeichnung sitzt die Schuppenwurz wie mit einem Saugnapf an ihrer Wirtspflanze befestigt, im Hühnerhagen vor allem an Erlen; sie ist ein Vollparasit, ausgestattet mit einem kleinen Pumpsystem zum Abzapfen der Pflanzensäfte. Hätte sie Blätter, zur Fotosynthese fähig, würde sie mit ihren Blüten an eine übergroße Nessel erinnern. Im Gegensatz zu dieser kann die Schuppenwurz sich allerdings auch unterirdisch befruchten (wenngleich zumindest eine Nesselart in Notfällen ebenfalls Selbstbestäubung vermag). Die Frucht schließlich wird von Ameisen verbreitet und muss nah an eine potenzielle Wirtspflanze herangelangen, um keimen zu können.

Bis in die 1950er-Jahre war der Busch Brennholzlieferant. Seitdem ist er sich selbst überlassen, lediglich kranke oder tote Bäume, die auf die Straße kippen könnten, nehmen wir heraus. Bisher haben wir keinen Baum gefällt, der gesund und älter als fünfzehn Jahre war. Mittlerweile gehen einige Kirschen, Eichen, Eschen, Ahorne, Erlen, Buchen, Weiden, Akazien und Holunderbäume auf die hundert zu. Drei alte Erlen stehen tot im Sumpf, gut 25 Meter hoch und mindestens einen halben Meter im Durchmesser. Eine Eiche steht auf der Ebene, die im Innern abgestorben ist, auf 30 Meter Höhe aber noch Blätter trägt. Zwei der Eschen sind von Pilzen bis in die Spitzen befallen und ich habe insgesamt fünf Spechtlöcher gezählt.

Die alten Weiden brechen ab und wachsen am Boden weiter, die älteren Holunderstöcke sind mit Judasohren (*Auricularia auricula-judae*) übersät, einem Verwandten des Mu-Err-Pilzes, der vor allem in chinesischen Gerichten verwendet wird. Auch die Pilze am Holunder sind essbar und gut zu trocknen und es gibt keine giftigen Pilze ähnlicher Gestalt. Ihren Namen haben sie nach der Legende, dass sich Judas Ischariot an einem Holunderbaum erhängt haben soll, aber gibt es Holunderbäume in Israel? Am Rande der Straße steht ein riesiger Weißdorn, mindestens dreißig große Eschen sind fast bis in die Spitzen von Efeuranken bewachsen, die sehr spät im Jahr von nach Honig riechenden Blüten bedeckt sind und Massen von Insekten mit willkommenem Proviant für die Wintermonate versorgen. Im Januar sind die Stämme der jungen toten Eschen mit orangefarbenen Pilzen übersät, deren Namen ich nicht weiß, im Frühjahr blüht die Falsche Brunnenkresse an den Füßen der Erlen, ihr macht der Sumpf und das muffelnde Brackwasser nichts aus. Salomonssiegel stehen an den Hängen, sie lösen die weißen Anemonen und das kleine Immergrün ab. An den Rändern des Geländes wuchern ehemalige Gartenabfälle vor sich hin, Horste von grün-weißen Blättern, deren Vorfahren hier ausgekippt worden sind. All das ist das Resultat von viel vermiedener Arbeit.

Bunt- und Grünspecht hacken keine Löcher in gesundes Holz, sie hacken keine Löcher in Stämme, die weniger breit sind als norddeutsche Teenager. Sie bereiten keine Höhlen für Meisen und Kleiber vor, nicht für Dohlen, Stare, Sperlinge oder Käuze, Wespen und Hornissen. Im Busch spielen die Kinder des Dorfes. Die Jugendlichen nutzen das glatte Holz der jungen Eschen für ihre Filzstiftgraffiti. Die Feierabendtrinker schleudern ihre Jägermeisterfläschchen in die Schlucht, die das Dorf entwässert. Einst waren diese Orte ungastlich, aber das Umland war voller Möglichkeiten. Nun ist es andersherum: Die Gärten müssen Unterschlupf geben. Ich sehe dem Kleiber zu, der den Erlenstamm hinaufläuft, dann hinab und wieder

hinauf, zwischen den Höhlen hin und her. Ich habe Blick-
kontakt mit einer Krähe, die ein Päuschen macht, bevor
sie weiter an ihrem Nest baut, hoch oben in einer Erle. Ich
nicke ihr zu.

Der Streifen Land zwischen Auffahrt und Straße war früher Rasen mit ein paar Rosenbüschen darin. Als Sicht-
schutz gegenüber der Straße, vielleicht auch als Lärm-
schutz haben die alten Mieter Ranunkelsträucher (auch
Kerrie oder Japanisches Goldröschen; *Kerria japonica*),
Spiersträucher *(Spiraea)*, Jasmin, Mahonien *(Mahonia)*
und Goldregen *(Laburnum)* gesetzt.
  Diese Büsche kenne ich aus einfallslosen Parkanlagen
und Gartencentern; jetzt aber, wo sie einmal da sind, kann
ich sie nicht ausgraben und wegschmeißen und bin froh,
dass die Ligusterhecke wegen des durch eben diese Büsche
fehlenden Lichts einige kahle Stellen bekommen hat, in
die ich die Büsche pflanzen kann. Ebenso verfahre ich mit
den Fliederbüschen, die sich überall hin ausgebreitet haben. Langsam arrangiere ich alles neu, kombiniere die Um-
pflanzungen mit ersten Elementen eines Hortusgartens, so
zum Beispiel einer zwanzig Meter langen und ein Meter
breiten Benjeshecke entlang der Ligusterhecke (mit den
Einschüben von Spier- und Ranunkelsträuchern) aus toten
Eschenzweigen, Hofschlehenschnitt, Birkenholz, Kastani-
enreisig und allem, was ich sonst so finde. Ich merke, wie
ich diesen Ort gleich lieber mag, jetzt, wo er vielfältiger ist.
Das Ordentliche ermüdet mich, in der Unordnung wachsen die Pläne wie Pilze. In den Hortusgärten, von denen es
offenbar ein ganzes Netzwerk in Deutschland und Europa
gibt, spielen so viele Elemente eine Rolle, die mir eignen,
vor allem Steine, Totholz, Brachflächen. Deviantes Gärtnern ist das, immer auf der Suche nach einem Unterschied.

Seit gestern klettern die Temperaturen über zehn Grad schon am Morgen, es soll bis zu 23 Grad warm werden am Samstag – und schon hört man überall die Rasenmäher. Große Rasenflächen um Mietshäuser, an denen ich jeden Tag mindestens zweimal vorbeifahre und auf denen ich noch nie einen Menschen gesehen habe, kein spielendes Kind, keine liegende Frau, keinen herumwerkelnden Mann, werden raspelkurz geschnitten, kaum ist es warm genug für das Gras, zu wachsen. Die Gräser dürfen nicht wachsen, die Blumen nicht blühen, die Insekten sich nicht heimisch fühlen, die Vögel nicht fressen, die Wiesenbewohner nicht wohnen, alles aus einem verqueren, sekundären Schönheitsempfinden heraus, das sich aus dem Verlangen nach Ordnung speist, welches wiederum ein Produkt der Angst ist. In Wahrheit huscht das Auge über die grüne Fläche hinweg, registriert den Willen zu Ein- und Unterordnung, versteht die latente Aggressivität und Gewaltandrohung, und nur ganz hinten, dort wo die ganz alten Gedanken sitzen, die verschütteten Erinnerungen, assoziiert der Beobachter mit der grünen Wüste die Waldlichtung, die Weide, die wärmende Sonne, das grasende Vieh, die fruchttragenden Gräser, deren Samen man zerquetschte, einen Teig bereitete, den man auf einen heißen Stein goss, oder eine Grütze rührte. Die Gärten, an denen ich vorbeikomme, sind Angstgärten, auch wenn ihre Besitzer das nicht verstehen würden wollen oder könnten. Ihre Gärten kommandieren sie, raspeln ihre Köpfe ratzekurz wie beim Militär, sondern aus, was anders ist. Sie hängen Nistkästen auf und nehmen gleichzeitig den Vögeln die Nahrung. Sie stellen im Baumarkt gekaufte Insektenhotels auf und fahren das modernde Holz zur Deponie. Sie sitzen abends vor dem Fernseher und seufzen über die Schönheiten überall auf der Welt und kommen nicht auf die Idee, einmal vor die

Tür zu treten. Keine Igel, keine Fledermäuse, keine Glühwürmchen, kein Kauzschrei, kein leuchtender Pilz. Licht geben allerhöchstens die beim Discounter erstandenen Solargartenlampen. Was sehen sie in ihren Gärten, wenn sie innehalten? Abwesenheiten, die sie nicht einmal benennen können? Oder nicht einmal das? Wahrscheinlich sehen sie etwas, sie sehen das Grün und das Grün ist gut. Vielleicht würden sie sich über eine Wiese freuen, vielleicht, wenn sie sich die Zeit nehmen würden, würden sie sich sogar über die Wärme eines toten Stammes in der Sonne freuen, dieselbe Wärme, die auch die Eidechsen und Ringelnattern lockt und die Wolfspinnen und die Kröten. Aber da sind die Nachbarn und da sind die erlernten Tabus. Der Tod ist eines der größten davon, und er ist vor allem Unordnung. In der Ordnung ist der Tod nicht, er ist in der Unordnung. Und weil sie den Tod nicht sehen wollen, weil man ihnen gesagt hat, dass den Tod zu sehen etwas Unanständiges ist, müssen die kahlen Äste aus dem Holunder geschnitten werden und die Holzstümpfe müssen herausgerissen werden und alles muss getan werden, um die massive Beleidigung nicht sehen zu müssen, die darin besteht, dass die Natur den Tod schon mit eingepreist hat, dass sie ohne den Tod gar nicht könnte, dass auch der Tod der Rasenfetischisten von Anfang an feststeht. Dass es, wenn man es richtig betrachtet, nicht mal einen Tod gibt, sondern nur eine dauernde Umgruppierung, und dass wir eben diese dauernde Umgruppierung unterbrechen, aus Angst vor dem Tod. Wir möchten uns vor uns selbst verstecken.

Am Fuß eines umgestürzten Baumes liegen Gebiete weißer und brauner Fäule nebeneinander. Weich und langfaserig glänzt die Zellulose im Nachmittagslicht; in braunen Würfeln, wie schlechte Kohle im Tagebergwerk, das Lignin. Alles bereitet, um weiter unten verbrannt zu werden. Die Fruchtkörper der Pilze, die den Baum auf diesem Weg gefällt haben, sind schon seit März verschwunden. Der Waldarbeiter zieht weiter. Die zerbröckelnden Leichenteile dienen ein paar jungen Asseln als Regenschutz und an den Rändern mischen jähe Regenstreiche die Reste in die Beete.

Vom Badezimmerfenster den roten Schwanzstrich eines Schnäppers oder Gartenrotschwanzes gesehen *(Phoenicurus phoenicurus)*. Auch auf der Suche nach einem Nistplatz, angewiesen auf geeignete Baumhöhlen, deswegen selten geworden.

Die Technik ist ein so weit vermittelter Teil der Natur, dass man leichthin annimmt, dass sie etwas ganz anderes ist. Aber sie ist entstanden aus der Natur, aus dem menschlichen Denken, aus den menschlichen Händen, und es gibt ebenso nichtmenschliche Technik zuhauf, Tiere und Insekten bauen Apparate und nutzen Instrumente. Natur gebiert Technik und kann sich mit ihr auch wieder vereinen, so wie alles, das ausdifferenziert wird auch wieder eingebunden werden kann. Vielleicht wuchern die ersten spontanen Hybride schon irgendwo, hängen Maschinenflechten von Ästen. So, wie eine ganze Menge an Parasiten heute Tiere und Menschen manipulieren, so könnten Algorithmen die Fotosynthese, die Enzymproduktion, die Mischverhältnisse der Alkaloide verändern. Mancuso[19] schlägt vor, die Sprache der Feldfrüchte zu erlernen, um sie zum Wachstum zu animieren, die Erträge ohne Gifte oder mechanischen Tod zu steigern – allein, welche Möglichkeiten der Erpressung für eine nicht auf Kohlenhydrate angewiesene Spezies, würde diese Sprache wirklich gefunden?

In meiner Kindheit existierte Knoblauch nur in Vampirgeschichten und als Klischee über die südländische Küche. Ich erinnere mich aber noch an meine Angewohnheit, frischen Knoblauch auf Käsebrote zu streuen und diese im Ofen zu schmelzen, als ich sechzehn war. Eine englische Freundin erzählte einmal davon, wie sie plötzlich überall Knoblauch in den kleinen Läden wahrnahm. Vor dem Knoblauch hatte man bis dahin eher des Geruchs wegen Bedenken gehabt, eine Sorge, die man bis heute immer wieder findet, während der Bier-, Wein- und Schnapsatem offenbar weniger problematisch erscheint. Alternativen zum Knoblauch wurden deswegen immer eifrig gesucht und angepriesen. Eckart Witzigmann rühmte sich einmal in einem Interview, den Bärlauch für die Küche wiederentdeckt zu haben, und eine von dessen oft betonten Eigenschaften war die, keinen Mundgeruch zu verursachen. Unterm Nussbaum beim Hühnerhagen breitet sich seit Jahren der Bärlauch aus. Er stammt aus einem längst wieder aufgehobenen Kräuterbeet, dem der Schatten und die wuchshemmende Zimtsäure der Walnussblätter und das Juglon der Walnussschalen nicht gutgetan hatten. Der Bärlauch aber wächst in einer Zeit, in der der als letzter austreibende Baum noch kahl ist, und verschwindet mit dem Erscheinen der Walnussblätter. Eine Verwechslung mit den viel später erst auf den Plan tretenden Maiglöckchen scheint mir nur möglich, wenn man wirklich sehr wenig über beide Pflanzen weiß. Eine weitere einheimische Pflanze schmeckt ebenfalls leicht nach Knoblauch und gehört zu der Sorte Gewächse, die jeder schon gesehen und doch nicht gesehen hat, wie zum Beispiel der Giersch, der verlässlich Wut und Spießigkeit und Vernichtungswillen bei Gärtnern und Autoren weckt, weil er kräftig in der mitteleuropäischen Erde lebt, solange sie nicht baumbeschattet ist, wie der Löwenzahn, das Gänseblümchen, das Schöll- und das Scharbockskraut. Auch den Giersch kann man essen, er ist gesund, schmeckt aber langweilig, man kann ihn in Salate tun, als Spinatersatz gebrauchen, Chips daraus machen. Der Giersch scheint eine Provokation zu sein, die unbedingt beantwortet werden muss, wenn es sein muss auch mit Glyphosat, aber auch das überlebt er irgendwie. Da ist die Knoblauchsrauke weniger kontrovers, sie ist zwar auch überall, besitzt aber nicht die langen weißen Wurzeln des Giersch, deren fleischige, biegsame Konsistenz schon eine Herausforderung ist, stabil und brüchig gleichermaßen; wenn man sie gerade zu haben meint, dann verliert man ein Stückchen, um es nie wiederzufinden. Wagner[20] unterstellt dem Giersch Welteroberungsabsichten, er schicke geheime Kassiber mittels der Wurzeln (an wen?), er sei ein Tyrann, gierig sei er auch, ein Widerständler sowieso. Aber gehe ich durch den Garten, wo sehe ich den Giersch? Nicht im Wald, oder nur hier und da; nicht auf dem Rasen, oder nur hier und da; selbst an den Gehölzrändern ist er nur ein Kraut von vielen. Der Giersch mag das lockere Beet, dort sind seine Wurzeln schneller als alle anderen, die Brennnessel vielleicht ausgenommen und die Minze. Aber er ist kein Tyrann, er träumt noch nicht einmal davon, er ist nicht im Sand und selten im Lehm, er kann mit Kalk nichts anfangen und die Flechten, die so langsam sind wie kein anderes Gewächs, überholen ihn auf Stein und Holz spielend. Der Giersch, das ist am Ende sein Problem, und das teilt er mit Wolf und Schwein und Ratte und Distel und Brennnessel, hat die gleichen Vorlieben wie der Mensch und deshalb werden ihm menschliche Begierden und Vorlieben angehängt. Die Knoblauchsrauke exponiert sich weniger, die Engländer nennen sie *Jack-by-the-hedge*, denn dort kann sie ungestört wachsen, auch wenn sie hier im Garten an jeder beliebigen Ecke steht, auch in den Beeten, bitte schön. Und das hat sie schon immer getan. Phytoarchäologen haben bei Neustadt, nicht weit entfernt von hier, Scherben von 6.000 Jahre alten Tontöpfen analysiert und festgestellt, dass auch Samen der Knoblauchsrauke, die ähnliche Inhaltsstoffe und einen ähnlichen Geschmack wie Senf haben, allerdings in keinster Weise satt machen, in Gebrauch waren, was wohl nur den Schluss zulässt, dass schon die Ur-Schleswig-Holsteiner ihr Essen würzten. Also werde ich heute Mittag, bevor es zu warm wird, von der Pflanze eine Handvoll pflücken, sie mit Quark, Joghurt, Salz, Pfeffer und Olivenöl und vielleicht ein wenig nicht zu scharfem Senf zu einem Brotaufstrich verarbeiten und bis zum Abendessen in den Kühlschrank stellen. Den Senf könnte man wahrscheinlich, später im Jahr, ebenfalls aus der Knoblauchsrauke, und zwar aus ihrem Samen, herstellen.

Manche der Frühblüher verschwinden ein, zwei Jahre, um dann wiederaufzutauchen, so die Schach- oder Schachbrettblume, die ich, wie den Bärlauch, ebenfalls unter dem Nussbaum pflanzte, voller Visionen, wie sie wunderbare Bilder zusammen mit Traubenhyazinthen und roten Wildtulpen bilden würde, was nie geschah. Die Schachbrettblume komme, so lese ich, auf regelmäßig überschwemmten Wiesen vor, während Traubenhyazinthe und Tulpe diese Standorte mieden. Ich war naiv, aber hatte meine Lektion gelernt, und bald darauf pflanzte ich weitere dreißig Knollen der Schachbrettblume an eine Stelle in der Nähe des Tümpels, die zuverlässig jedes Frühjahr unter Wasser steht, wenn die letzten Winterregen das Schmelzwasser aus dem Feld hinterm Haus in die kleine Senke des Hühnerhagens drängen. Allein, auch dort erschien die Blume nicht, und ich vergaß meine Vision. Nun, Jahre später, entdecke ich zwei Stängel neben der Steinmauer, genau unter dem Walnussbaum, inmitten des Bärlauchs und nur einen Meter entfernt von Traubenhyazinthen und Wildtulpen (allerdings einer gelb-weißen Sorte). Nun werde ich also auch im Graben nachsehen, ob *Fritillaria meleagris* dort erscheinen mag, ob sie einfach ein wenig Zeit braucht, sich mit der Umgebung anfreunden muss, möglicherweise einfach ein paar Jahre nicht geblüht und sich zwischen den anderen versteckt hat.

Ein Uronkel verbrachte jeden Tag mehrere Stunden im Garten und liebte es, den Hummeln im zeitigen Frühjahr, wenn sie noch etwas träge waren, mit dem Zeigefinger über ihre Rückenpelze zu streifen. Auch mochte er gerne durch die Beete gehen und mit der Großmutter fachsimpeln. Ich genoss es, die Geschichten zu hören, und heute gehe ich gerne durch den Garten, allein mit mir selbst oder mit anderen, betreibe Beziehungen, indem ich über den Garten rede und mir Reden über den Garten anhöre, und wenn es sich ergibt, dann kraule ich auch einer Hummel den Rücken.

Bei 24 Grad verlängere ich die Benjeshecke an der Straße. Diesmal schichte ich den Astschnitt aus dem Januar auf. Erst will ich auch die Reste der Kastanie auf diese Weise verwenden, bin mir dann aber unsicher, ob ich nicht damit *Cryphonectria parasitica*, den Kastanienrindenkrebs weiter über das Grundstück verteile. Ich erinnere mich an schwarze Fruchtkörper im Januar, und dieser spezielle Pilz sollte orange sein, aber sicher ist sicher. Hoffentlich steht der Wind günstig, bevor die letzten drei Kastanien auch noch sterben. Auch *Cryphonectria parasitica* stammt aus Asien. Ulme, Esche, Kastanie – alles Opfer der Globalisierung, der Bewegung, der Mobilität. Menschliche Fortbewegung ist zu schnell, darauf stellt sich keine Population ein. Und im Kleinen tue ich genau das: Ich verbringe Material, das ich kaum einschätzen kann.

Währenddessen fahren die Autos heute besonders schnell an mir vorbei, scheint mir. Angeblich wird es im Herbst wieder weniger, wenn eine Umleitung aufgehoben wird. Härtling[21] beschreibt eine Wanderung Hölderlins von Nürtingen oder Stuttgart nach Tübingen. Man muss sich einmal eine Welt ohne Verbrennungsmotor, ohne das Rauschen der Reifen, ohne die zerteilte und wieder zusammengurgelnde Luft vorstellen. Das Auto bringt die Menschen in Kontakt und isoliert den Menschen gleichzeitig von allem und ist ein andauerndes Ärgernis für den, der draußen ist. Jede andere Aktivität, wäre sie mit solchem andauerndem Lärm verbunden, würde unterbunden werden.

Zwei der Berliner Hofpäonien treiben dieses Jahr kräftiger aus, eine ist sehr geschrumpft. Sie sind Erinnerungen an den nun mit sehr teuren Wohnungen bebauten Hinterhof in Neukölln, in dem ich mit den Kindern Fußball gespielt und Schneemänner gebaut oder manchmal nur zugesehen habe, wenn sie im Efeu und zwischen den wenigen Pflanzen kleine Häuschen gebaut haben für ausgedachte Völker. Als die Bauarbeiter den Boden vorbereiteten, kam ich nach Hause und erinnerte mich an die Pfingstrosen, die gerade anfingen zu treiben, und ich bat den Bauleiter, sie mir auszugraben, was dieser anstandslos tat. Von den alten Gewächsen ist einzig noch die große Kastanie übrig geblieben, die nun nur noch Platz nach oben hat. Von den Mietern, die nun 15 bis 20 Euro den Quadratmeter bezahlen, weiß keiner von den Pflanzen, die dort einmal standen. Und ich selbst muss nachdenken. Man könnte eine kleine, persönliche Geländegeschichte schreiben von Plätzen und Orten, die man einst benutzte und besuchte und die nicht mehr zugänglich sind, weil darauf gebaut wurde.

Neben den Schneeglöckchen erscheint als erstes Grün eine weitverbreitete Pflanze, die zunächst ihre eingerollten Blätter wie Lanzen durch den Boden drückt, sie dann später entrollt, einige reines Grün, manche mit schwarzen Flecken. Überall ist die Pflanze, aber ich kann sie nicht sicher bestimmen. Ich habe den Vater gefragt, der manches weiß, aber auch der war sich nicht sicher. Nun warte ich auf die Blüte.

Das wärmste Wochenende bisher in diesem Jahr endet mit einem Blick hinüber über den Feldzipfel in den Garten der Nachbarn, wo in der Abenddämmerung ein stromlinienförmiger Roboter seine Bahnen zieht, während die ersten Fledermäuse torkelnd nach Insekten jagen. Die Dämmerung im Rücken, Kondensstreifen wie lange, weiche, sich auflösende Schnüre, dünne Milch am Horizont, weit darüber der zunehmende Mond. Die Weite. Der Tag zieht seine Wärme zurück und mit ihr die Seele in die Länge und die Breite, das Selbst schlüpft einmal von Horizont zu Horizont. Die Katzen starren auf den Steinhaufen hinter den Himbeeren, eine Amsel warnt; ein großes Tier passiert gemächlich die Hecke, der Teich wallt einen tiefen Schall in die Atmosphäre, in meinem Körper wächst ein Knoten, der im gleichen Moment gelöst wird. Teil, aber nicht Teil sein von alldem hier, die Stricke in mir reichen in den Himmel, reißen aber ab, anstatt mich mitzunehmen, Teil meiner selbst sind sie und lassen mich zurück, wenn ich umkehre, ins Haus eintrete, die Küche aufräume, den Kindern zusammen mit der Frau vorlese, das Gefühl von Einssein und Ausgeschlossensein, von Erstaunen, in der der Horror dabei ist, nur eine Erinnerung, eine Möglichkeit, nicht fassbar, aber fühlbar. In der Küche, die Hände im Seifenwasser: gelassen verschmäht werden, vielleicht geht es nicht näher dran, vielleicht ist das die maximale Nahdistanz, vielleicht ist das Bewusstsein, dass hinter der Schönheit des Abendhimmels der Terror des absoluten Vakuums beginnt, alles, was zu haben ist.

Peter Berthold, lange Jahre Leiter der zum Max-Planck-Institut für Ornithologie gehörenden Vogelwarte Radolfzell am Bodensee, im Interview auf die Frage, was er von Deutschlands Gärten hält: »Zu über 90 Prozent sind das Psychopathengärten mit runtergehobelten Psychopathenrasen. Es ist eine Frechheit, ein Stück des von Gott gegebenen Landes so zu missbrauchen.«[22]

Das geheimnisvolle Gewächs, dessen lanzenförmige Blätter schon ganz früh im Jahr überall im Garten erschienen sind, hat seine Identität preisgegeben. Es ist der Gefleckte Aronstab *(Arum maculatum)*, dessen rote Beeren im Herbst auf dem ganzen Grundstück und im Wäldchen leuchten und dessen Blütenkelche im Sommer voller kleiner Fliegen sind. Obwohl ich schon angesichts der drachenflügeligen Blätter diesen Verdacht hatte – selbst die schwarzen Flecken hatten sich schon gezeigt –, ohne dass ich mir sicher war, habe ich es nicht geglaubt, wie viele Exemplare dieser angeblich seltenen Pflanze hier wachsen. Ich nehme an, dass sie nur blühen, wenn sie mindestens ein Jahr in Ruhe gelassen werden; also werde ich ein paar Stellen, die ich bisher gemäht habe, dieses Jahr auslassen. Den Aronstab kannten wir schon als Kinder, wir wurden vor seiner Giftigkeit gewarnt, er ist voller Oxalat, wie es auch im Rhabarber vorkommt. Die Beeren sollen süßlich schmecken. Seine Blüte riecht streng, ein wenig nach fauligem Fleisch, womit er die Fliegen anlockt und diese dann bis zur Nacht einschließt, um ihnen genügend Gelegenheit zur Bestäubung zu geben. Allerdings öffnet sich die Blüte zur Nacht wieder und lässt sie frei, eine bestimmte, aber insektenfreundliche Pflanze.

Über das Beet zwischen Auffahrt und Hecke habe ich länger nachgedacht und jetzt beschlossen, ein Naturfarbenversuchsbeet mit Färberpflanzen anzulegen. Gut, dass Dahlien- und Schwertlilienblütenblätter dazu geeignet sind, denn von denen habe ich einige Beutel mit Rhizomen in der Waschküche liegen. Dazu bestelle ich jetzt Samen für Färberkrapp *(Rubia tinctorum)*, Färber-Meister oder Färber-Meier *(Asperula tinctoria)* und Roten oder Purpur-Wasserdost *(Eupatorium purpureum)* für rote, Gewöhnlichen Frauenmantel *(Alchemilla vulgaris)*, Färberkamille *(Anthemis tinctoria)* und Färberdistel oder Saflor *(Carthamus tinctorius)* für gelbe, Färberwaid *(Isatis tinctoria)* und Falschen Indigo oder Indigolupine *(Baptisia australis)* für blaue Farbtöne. Den Wasserdost setze ich allerdings nicht ins Beet, sondern an den kleinen Tümpel, zu Blutweiderich (der in den letzten Tagen mehrere Zentimeter ausgetrieben hat) und Mädesüß (das ich noch besorgen muss). Die Aussicht, ein erstes thematisch motiviertes Beet anzulegen, freut mich schon seit gestern, als ich endlich in Helena Arendts[23] Buch über Pflanzenfarben geblättert habe. Viele Färberpflanzen stehen bereits im Garten, müssen nur noch reifen, so der Gewöhnliche Liguster *(Ligustrum vulgare)*, dessen Beeren nach dem Frost Blau ergeben sollen, und die Gewöhnliche Mahonie *(Mahonia aquifolium)*, mit ihren reifen Beeren ebenfalls eine Blaulieferantin. Am winzigen Teich blüht jetzt die Sumpfdotterblume *(Caltha palustris)*, aus deren ausgekochten Blüten sich ein gelber bis hellolivfarbener Ton gewinnen lassen soll, Früchte wie Sauerkirsche *(Prunus cerasus)* im unteren Garten und sicher auch die ganzen Wildkirschen, deren mächtige dunkelgestreifte Stämme sich zwanzig Meter hoch im Busch erheben, liefern Rot, die Walnuss *(Juglans regia)* das Hennarot bis Hennabraun, die Schlehe *(Prunus spinosa)*, die jetzt überall an den Feldrändern blüht und nach Klarheit und ganz erwachsener, sicherer, bewusster, sommerstaubiger Erotik duftet, bietet Rot bis Rotbraun, die Brennnessel *(Urtica dioica)* im Hühnerhagen Gelbgrün, die Blätter des Efeus *(Hedera helix)* an der Waschküchenecke und bei den Eschen ein Gelb, die Rinde der Eichen *(Quercus)* an der Böschung und im Wald ausgekocht Braun, der Waldmeister *(Galium odoratum)* an den Hängen gegenüber dem Riesebusch ergibt aus seiner Wurzel ein Rot, ebenso wie Hagebutte *(Rosa)*, Himbeere *(Rubus idaeus)*, Schwarzer Holunder *(Sambucus nigra)*, natürlich die Rote Johannisbeere *(Ribes rubrum)* und die Roselle *(Hibiscus sabdariffa)*, während die neugepflanzte Schwarze Johannisbeere *(Ribes nigrum)* wohl Grün beisteuern soll. All diese Pflanzen und noch mehr wachsen verteilt übers Grundstück und im Wald, und nicht nur freue ich mich auf das anstehende Jahr der Farbexperimente, ich genieße es auch, die Namen der Pflanzen aufschreiben zu können, die botanischen Bezeichnungen auf Latein und gerne auch die volkstümlichen Namen, wo ich sie finde. Man muss sich nicht dafür schämen, ich habe es aber lange genug getan, und selbst heute versuche ich, möglichst nicht zu sagen, was ich weiß, obwohl der Name ein Reich aufschließt und Verbindungen zwischen Gleichgesinnten schafft. In dem Fall sagt allein der Zusatz *tinctorum* oder *tinctoria* alles, genauso wie der Namensteil »Färber«.

Die ersten warmen Tage sind Tage des Entdeckens und des Suchens, oft in dieser Reihenfolge, eine Entdeckung animiert zur Suche, eine Entdeckung will die nächste Entdeckung anstoßen und gerät so zur neuen Suche. Die ersten warmen Tage sind aber auch die Tage des Bangens und Wartens. Wie schön war etwas ausgedacht, zum Beispiel die vielen Montbretien, die sich am Seitenweg entlang aufreihen würden und die ich zu Dutzenden ziehen würde, denn war es nicht im vergangenen Jahr ein Leichtes gewesen, aus den sechs von der Datsche mitgebrachten Körnchen sechs Pflänzchen mit kleinen Vorratsknollen daran zu züchten? Und hatte die Mutterpflanze nicht drei Berliner und einen norddeutschen Winter ohne Probleme überstanden? Wie groß also die Enttäuschung, als ich beim vorsichtigen Umgraben in einem kleinen Staudenbeet auf matschige Überbleibsel meines roten Traumes stoße. Die Enttäuschung bleibt, auch wenn ich noch zwei intakte Zwiebeln finde. Ebenso ergeht es mir mit den schon erwähnten Trichterschwerteln, die ich über Jahre aus Samen gezogen, über den Winter in die Wohnung genommen und übers Jahr auf das Sorgfältigste gepflegt habe: erfroren. Oder vielleicht auch nicht. Dahl[24] schrieb vor zwanzig Jahren, dass man die Hoffnung bis Ende Mai nicht aufgeben solle, manches komme noch. Allerdings trieben manche Pflanzen lediglich, um dann doch zu sterben. Dann denke ich, recht geschehen, warum pflanzt du, was hier doch nicht wachsen soll. Aber natürlich ist ein

Garten genau das: Pflanzen wachsen lassen, die hier nicht wachsen sollen, Früchte ernten, die hier nicht geerntet werden können, Gemeinschaften aus Spezies bilden, die nicht zur Gemeinschaft gemacht sind. Dazu sind Gartenmauern und Gewächshäuser oder wenigstens Überdachungen und Frühbeete errichtet worden, dafür gibt es die notwendigen Gerätschaften und schlussendlich eben auch den Gärtner. Selbst wenn das Ergebnis der Bemühungen Zwiebelmatsch ist und selbst wenn auf das doch noch erfolgende Wachstum der Tod folgt, dann ist es etwas anderes, wenn es von einem Menschen beobachtet, bedacht und vielleicht beschrieben wird, als wenn Niedergang und Ende zeugenlos bleiben.

Am Hackklotz hinterm Schuppen ist über Nacht ein blütenweißer Tischtennisball gewachsen. An den Fingern bleibt schon bei der leichtesten Berührung weißer Schleim. Zwei Tage nach seinem Erscheinen ist der Ball nicht mehr rund, er ist heruntergefallen und voller Holzspäne und Moosstränge, dafür sprießt ein zweites Exemplar in Murmelgröße gleich neben der Stelle, an der der große Bruder hing und wo nun halbtransparenter weißer Saft ganz langsam aus dem Holz rinnt. Feucht und klebrig wie der Slime, den die Kinder aus Flüssigwaschmittel und wasserlöslichem Bastelkleber anrühren, ist er, kühl, entschieden brüchig an der Oberfläche, also tippe ich auf Schleimpilz, was bedeuten würde, dass es tatsächlich eine Mischung aus Pilz und Amöbe ist oder genauer: aus Pilzen und Amöben, denn die weißen Wucherungen bestehen aus vielen einzelnen Lebewesen. Im Netz kursieren einige Videos über sich zu Nahrungsquellen und durch Labyrinthe hindurchbewegende Schleimpilze *(Mycetozoa)*, aber meiner gehört dieser Art offenbar nicht an, sondern wird

Lohblüte genannt, in diesem Fall Weiße Lohblüte *(Fuli-go septica var. candida)*. Sie, oder ihre wesentlich häufigere Verwandte, die Gelbe Lohblüte, trägt angeblich in manchen Gegenden Mexikos den schönen Namen *caca de luna*, Mondkacke. Von der Konsistenz her würde ich auf ein Marshmallow tippen, man müsste das natürlich ausprobieren. Aber der gegrillte Riesenbovist vorletzten Sommer war immerhin als Delikatesse angekündigt und schmeckte eher nach Gummisohle, also lasse ich diese Kolonie und die anderen davonkommen. Doch natürlich mache ich bei jedem Gang an diesem Tag eine Pause bei den mittlerweile vier Kugeln, von denen die herabgefallene dickste am späten Nachmittag eindeutig eine festere Konsistenz gewonnen hat, sie ist nun wie weiches Leder, vielleicht könnte man sie nun sogar schneiden oder eben grillen. Ich lege sie auf ein Rindenstück und säubere sie vom gröbsten Dreck. Es müssen viele Millionen Amöben sein. Ich überlege, mir ein Stückchen unter dem Mikroskop anzusehen, muss aber zu einem Elternabend. Als ich zurückkomme, ist es Nacht.

Haben auch wir einen Spitznamen unter den Giganten, die uns insgesamt einmal auf den Grill legen werden? Wenn ja, dann bitte einen ähnlich schönen wie Mondkacke.

Um Pflanzenfarben auf den Maluntergrund zu binden, hat Arnold Böcklin neben Eiweiß oder *Gummi arabicum* auch Kirschgummi benutzt, das er von heimischen, alten oder stark beschnittenen Bäumen hatte. Max Doerner, der Böcklin 1893 besuchte, während dieser an der »Venus Genitrix« arbeitete, berichtet hierzu Folgendes: »Er hatte in seiner Spätzeit ein Rezept des Theophilus befolgt und mit Kirschgummi und Eiweiß gemalt. Kirschgummi, von dem er große, schöne Stücke besaß, stellte er mit Wasser in die Sonne in einer großen Flasche. Der Gummi oder das ›Harz‹, wie man fälschlich oft hört, löste sich nur teilweise und schien dem Geruch nach zu gären. Es war eine brockige Masse, die er vor meinen Augen in ein Glas schüttete, mit dem Pinselstiel durcheinanderrührte und mit ein wenig Petroleum und Kopaivabalsam mischte. Doch trat keine Verbindung der einzelnen Teile ein, nach dem Umrühren kamen die Zumischungen sogleich getrennt zur Oberfläche. Der Kirschgummi war brockig geblieben. In damaliger Zeit erwartete man alles maltechnische Heil vom Petroleum und vom Kopaivabalsam. So war es kein Wunder, daß Böcklin diese Stoffe benützte. Der Kirschgummi war in dem brockigen Zustande nicht emulsionsfähig und nicht stark klebend. Er verhält sich fast so wie eine gequollene Leimtafel. Durch Pressen durch ein Tuch wird er zu gleichmäßiger stark klebender Masse, die den Farben satte Tiefe und Glanz verleiht.«[25] Aber Kirschgummi ist offenbar nicht nur schwer zu verarbeiten, es ist auch nicht leicht zu finden. Fünf alte und ein halbes Dutzend jüngere Kirschbäume stehen auf dem Grundstück und im Busch, darunter zwei veritable Riesen, alle zurzeit in voller, herrlicher Blüte befindlich, aber nur bei zweien fand ich insgesamt drei Brocken getrockneten Gummisaft. Möglicherweise muss man die Bäume verletzen, also anritzen, wie die Birke zur Saftgewinnung. Böcklin benutzte diese Methode, um Effekte wie Vermeer und andere alte Meister zu erzielen.

Jetzt sind sie überall, die Aronstäbe. In der sumpfigen Senke im Busch blühen die ersten Exemplare voll ausgeprägt; sie muffeln, wie sie muffeln sollen, sie zeigen ihre Eichel und werden von ihrer Vorhaut umfangen, wie von einer Haute-Couture-Halskrause. Oder sie sind Abbild eines außerirdischen Wesens, augenlos, sinnlich auf eine menschenunsinnliche Art und Weise. So stehen die Kolben des Aronstabes zwischen den Sumpfdotterblumen mit ihren prallen Blättern und signalgelben Blüten, den zurückhaltenden, wie in Gedanken versunken nickenden Salomonssiegeln (die dem Märchen nach Schlösser öffnen und Quellen sprudeln lassen können), den weltläufig duftenden Wildkirschen, den wie Blindenschrift auf dem Reisig des letzten Jahres sitzenden orangefarbenen Pilzpünktchen. Man muss weit gehen im Reich der Säugetiere, um so bizarre Formen zu finden, wie sie Pflanzen, Pilze und Insekten freigiebig auf Schritt und Tritt herzeigen, und die Namen, die die Menschen vergeben haben, zeugen von der Magie, die sie empfunden haben müssen, inmitten der Vielfalt der alltäglich sie umgebenden Formen, während heute schon banale Trends in biomorpher Architektur oder Design bestaunt werden. Das Auge gewöhnt sich an die Umgebung und findet auf einmal überall Formen; so nehme ich einen toten Holunderast in der Form eines nach einer Fliege schnappenden Fisches mit.

Unterm Walnussbaum setzt ein schwacher Rhododendron zur Blüte an. Der danebenstehende weiße Flieder mickert von Jahr zu Jahr stärker, die Forsythie, die Spiersträucher, die Kugeldistel, selbst die Minze scheinen immer schwächer zu werden. Nur die Frühblüher, der Bärlauch, der Gefleckte Aronstab, die Schachbrettblumen, die Wildtulpen bleiben unbeeindruckt – sie wachsen in einer Zeit, in der es den Baum für sie noch nicht gibt, nicht seinen Schatten, nicht das missmutige, alle anderen Pflanzen und selbst Mücken vertreibende Juglon. Die Walnuss, ein Mesophyt, vertreibt die anderen durch ihren Gestank, während die große Buche an der Straße sich eher wie ein Schulhof-Bully verhält: Sie legt ihre Zweige in die der umstehenden Bäume und nimmt ihnen Jahr für Jahr mehr Licht. Die Birken dagegen zerkratzen allen anderen Bäumen Haut und Haar, so wie es in ein paar Monaten auch die Kardendisteln mit den Himbeeren machen werden.

Noch ist es über zwei Monate hin bis zur ersten Mahd, aber das Gras auf der Buschwiese ist über Nacht um eine Handbreit gewachsen und auch auf den Wiesen an der Au wachsen die Spuren des Treckers schon zu. Letztes Jahr hat der Bauer die Wiese erst Mitte Juli gemäht, als alle Gräser schon abgeblüht hatten, und sie in tausend Variationen von Gelb, Braun, Rot, Rosa und Grün scheckig unter den feuchten Mitsommerhimmeln stand, immer noch voller Zecken. So eine Wiese wie am Busch kann man an ein paar Tagen allein sensen, wenn man mit dem Wetter Glück hat; will man aber alles auf einmal reinholen, dann braucht es Manpower. Tolstois berühmte Szene im dritten Teil von »Anna Karenina«[26], als Ljewin selbst bei den Männern aushilft, versammelt 42 Bauern, die einen ganzen Tag, von Sonnenauf- bis Sonnenuntergang zu Gange sind. Das ehemalige Feld des Urgroßvaters hinterm Haus hat 30 Hektar, da werden noch ein paar Knechte mehr gebraucht worden sein. Heute sieht man ab und zu den Bauern in der Dämmerung seine Touren drehen, düngen, spritzen, düngen, spritzen. Effizienz geht mit Einsamkeit einher, Reichtum mit Stumpfsinn. Nachdem er die erste Stunde der Erschöpfung überwunden hat, erlebt Ljewin Momente des Flows, die Arbeit geht ihm leicht von der Hand, ohne dass er sie merkt. Dann zeigen die Bauern erste Anerkennung; der Herr hält durch. Es ergibt sich ein Takt, ein Rhythmus.

Die Geräte werden zu Verlängerungen des Körpers, man verdient sich diese Extension ganz direkt, durch Kraft und Willen, nicht durch einen anderweitigen Verkauf von Lebenszeit in einem Büro. Es ist nichts Ungutes dabei, man verkauft nicht sich, um etwas zu bekommen, man weitet sich und bezieht die Dinge ein. Das ist das Erlebnis der manuellen Arbeit im Freien. Man braucht nicht viel: die Sense, den nassen Wetzstein, die richtige Technik, eine Wiese. Man kappt das halbmeterhohe Gras mit einem Strich, es fällt und wird einen drei viertel Meter mit zur Seite genommen. Dort bleibt es liegen, es bildet die Spur. Das Auge passt sich an, ohne Anstrengung erkennt es die lohnende Stelle für die Klinge, erkennt verfilztes Kraut und Maulwurfshügel, Äste, ein kleines Tier wie eine Kröte, eine Schlange, vielleicht sogar ein Nest. Die Halme fallen, die Käfer, Fliegen, Ameisen, Bienen, Wespen, Spinnen fliegen und krabbeln davon, sie alle können entkommen, werden nicht im Mahlstrom des rotierenden Messers zerhäckselt. Das Auge ist aufmerksam, aber es kommuniziert jenseits der Gedanken. Der ganze Körper ist hier, nur die Gedanken nicht. Auch die Ohren. Sie hören den Strich des Geräts, sie hören das Summen der Hummeln, das Keckern der Vögel, natürlich hören sie die Autos auf der Straße. Die Motoren, die Reifen brechen durch die Einheit, sie holen die Gedanken zurück, den Ärger, sie erinnern an die Anstrengung. Sie rauschen in ihrem Versprechen auf Anstrengungslosigkeit vorbei, sie möchten verführen, sie möchten ihre eigene Welt über alles stellen. Aber mächtiger als der Rhythmus der Sense ist nichts außer der tatsächlichen Erschöpfung, dem Ende der Wiese, der einbrechenden Nacht. Der ganze Tand, für den wir leben, verliert in der Spur alle Beziehung.

Abends im Garten beobachte ich eben eine große und eine kleine Fledermaus, die vor einem einschüchternden Geröllhimmel im Zickzack ihrer unsichtbaren Beute hinterherjagen, als auf einmal samtiger Duft mich überstülpt. Ganz deutlich die Empfindung, dass etwas sehr Angenehmes auf mich herabkommt, mit einer nicht an mich gerichteten Botschaft. Ich suche nach der Quelle und finde den alten Kirschbaum, von dem ich ein paar Tage zuvor das Kirschgummi abgebrochen habe. Von der Gartenbank aus, die an seinem Stamm lehnt und auf die ich nun steige, erreiche ich einen einzelnen Blütenzweig und damit auch eindeutig die Quelle des Duftes; er ist eine Andeutung der kommenden Süße. Vielleicht ist er ja doch nicht nur für die Insekten bestimmt, die ihn bestäuben sollen, sondern auch für mich, der diesen Baum beschützen und ihn auf Menschenart verbreiten soll. Auf der Bank stehend bin ich Teil des weitgefächerten Systems. Aus den Augenwinkeln entdecke ich eine winzige Tanne in der Hauptgabel, deren Samen dort einmal hingeweht sein muss und die genug Humus zu finden scheint, dass sie dort Jahrzehnte aushalten kann, bis ihr Träger zu Boden sinken und sie mitnehmen wird.

Beim Supermarkt-Parkplatz sprießen schlanke Pilze aus den Pflasterritzen. Sie kommen mir bekannt vor. Tatsächlich treffe ich sie am Sonntag darauf wieder, und zwar auf der unteren Wiese, die trockener ist als die Wiese direkt an der Straße und beim näheren Hinsehen voller Überraschungen steckt. Der Pilz ist aber kein Pilz, auch wenn er Sporen trägt, es ist der Acker-Schachtelhalm *(Equisetum arvense)*, seiner Form wegen auch Papenpint genannt. Kennt man den Begriff Pint überhaupt noch? Henry Miller benutzt ihn in »Sexus« und Buchheim in »Das Boot«, als sich das U-Boot verstecken muss und der Sauerstoff knapp wird, dafür die Angst im Übermaß zu haben ist. »Sogar im Penis kann ich die Angst spüren. Erhängte, das weiß ich, haben oft einen steifen Pint.«[27] Auch der Aronstab heißt in irgendwelchen Landstrichen Pint oder hieß früher so. Überall finden die Menschen sich selbst. Der Kriegsberichterstatter im Bauch des Atlantiks kämpft gegen die Angst an, indem er jede einzelne, ihm noch erinnerliche erotische Episode seines Lebens abruft; der Bauer, Jäger, Sammler findet sein unablässiges erotisches Denken gespiegelt überall in der Natur, überall ragen die männlichen Organe, überall gähnen Öffnungen, locken Rundungen. Überall Bilder, aber keine Ehefrau, kein Ehemann. Kürzlich fanden Forscher in südwestdeutschen Gräbern Skelette von eindeutig norddeutschen Frauen, die Kriegerinnen gewesen sein mussten, denn man hatte ihnen ihre Waffen, einmal sogar ein Pferd mitgegeben, mehr noch, sie wiesen Kampfspuren auf und ihr Knochenbau lässt darauf schließen, dass sie ebenso stark gewesen waren wie die Männer. Es waren freie Frauen, die zusammen mit den Männern auf die Jagd und zum Sammeln gegangen waren, während sich die Alten zu Hause um die Kinder kümmerten. Kann man sich in einer solchen Jagdgesellschaft die Ehe vorstellen? Wie war der Ton in diesen Gruppen? Wohin gehörten sie? Ins Freie? Oder waren sie immer an die Siedlungen gebunden? Ahnten sie, dass die harmlosen Ähren, die sie sammelten und von denen immer wieder Körner an den Rastplätzen und den Siedlungsrändern zurückblieben, einmal dieses Leben beenden würden? Dass 150.000 Jahre freien Lebens Bahn geben würden für die nachfolgenden 12.000 Jahre, in denen die Körper der Frauen abbauten und die Männer allein losziehen würden? Dass es darum gehen würde, diese zu zivilisieren, so wie es in Babylon Shamchat mit Enkidu machte, um ihn für die Stadt und die Zivilisation zu gewinnen? Dass es um die gegenseitige Schwächung gehen würde?

Zur Walpurgisnacht steht das nesselartige, blaublühende, würzig schmeckende Gundermannkraut überall in die Höhe gestreckt, bereit, zu Kränzen um den Kopf geflochten zu werden, um durch seine Zauberkraft Hexen erkennen zu können. Meine erste Walpurgisnacht erlebte ich 1995 am Berliner Kollwitzplatz. Die niedergegangene DDR bot Raum für alle möglichen Alternativen, die Faszination für wirkliche oder nur fantasierte Volksbräuche ist geblieben und mit neuen Ritualen vermischt worden. So sprangen tatsächlich die Hexen ums und übers Feuer, der klare Blick auf diesen Spuk wurde allerdings später durch das Tränengas und die Wasserwerfer der Berliner Polizei erschwert. Vor Berlin kannte ich diese Art von Bräuchen überhaupt nicht, jetzt sind sie nichts Ungewöhnliches mehr. Im Garten bedienen sich die Hexen gewöhnlich bewusstseinsverändernder Pflanzen wie dem Bilsenkraut, dem Stechapfel, dem Eisen- oder dem Fingerhut, deren Samen heute der Hexerei ganz unverdächtige Kräutergärtnereien führen: Saatgut des Stechapfels, des Bilsen- oder des Großen Hexenkrautes genauso wie alle möglichen Räucher-, Rausch- und Ritualpflanzen aus aller Welt. Dann könnte man die Umgebung einbeziehen, die Wiesen und die Felder, zumindest die Ränder, wo die Giftspritze nicht ankommt, und die Wälder. Christian Rätsch[28] spekuliert über den Fliegenpilz, das Mutterkorn, das uns schon begegnet ist, und andere Pilze als Grundlagen verschiedener Kulte. Unter anderem, so interpretiert der Theologe und Altphilologe John Allegro[29] die Bibel, könnte der Fliegenpilz Teil der Jesusreligion gewesen sein.

Der Gebrauch dieses Pilzes, so der amerikanische Psychologe und Ethnobotaniker Clark Heinrich, könnte durch die Heiligen Drei Könige vermittelt worden sein – die Geschichte der Sterndeuter aus dem Morgenland als Hinweis auf die Kultfertigkeiten persischer Zauberer! »Diese persischen Zauberer (magoi)«, so Heinrich, »waren vermutlich Haoma-Priester, und Haoma war zumindest anfänglich identisch mit Soma, dem heiligen Getränk, das man aus dem Fliegenpilz herstellte. Ihre Anwesenheit bei der Geburt Jesu stellt eine direkte Verbindung zur alten indogermanischen Religion des geopferten und verzehrten Gottes dar.«[30] Es gibt sicherlich keinen guten Grund, warum mit der spirituellen Globalisierung nicht auch gleich der globale Drogenhandel in Schwung gekommen sein sollte; man muss dazu nur in eine beliebige Großstadt gehen und die Augen aufhalten, es muss noch nicht mal an Walpurgis sein.

Natürlich könnte man ebenso eine Sammlung von zur Hexenabwehr oder allgemein zur Unterbindung von bösem Zauber geeigneter Pflanzen zusammenstellen. Der Gundermann gehörte dazu. Die Eibe soll das Haus vor Hexerei schützen, ebenso der Holunder. In anderen Weltgegenden trieben und treiben Magier, Hexer und anderes undurchschaubares Volk immer noch ihr meist böses, manchmal gutes, manchmal regulierendes Spiel, haben aber in den Schamanen mächtige und findige Gegner, die vor allem mithilfe verschiedener Pflanzen und Pilze die Macht der Hexerei begrenzen können. Im christlichen Kulturkreis und mit der Machtentfaltung der christlichen Völker verloren die herkömmlichen Abwehrzauber jedoch immer mehr an Kraft, bis die Methoden des »Hexenhammers« und der Inquisition das randständige Gewese auf brutale Art und Weise endgültig beendeten und damit auch die Weitergabe des zugehörigen Wissens kappten, welches nur noch ausschnittweise in Wissenschaft und manchem heutigen Trend verstümmelt überlebt oder wiederentdeckt wird.

MAI

Kommt man nur weit genug ins Land hinein, ins westliche Ostholstein, Richtung Plöner See, gibt es Straßen, die werden nur sporadisch befahren. Nimmt man hinter unserem Dorf die Abzweigung nach Westen ins Hügelland, ins Auenland, überwindet man noch eine Kreisstraße, dann verdünnt sich die Zeit und der Raum weitet sich. Dann kann man plötzlich den Wind hören, auch wenn er kaum weht. Man kann den Flügelschlag eines tief fliegenden Vogels wie einen Hauch wahrnehmen. Überhaupt hört man die Vögel in ganzer Länge singen. In den Städten und den Speckgürteln gibt es ja kaum eine Viertelminute ohne Lärm, man kann keine Straße überqueren, ohne sich zu vergewissern, dass kein Zeitgenosse auf dem Weg zur Entspannung ins Café oder ins Fitness-Studio einem über die Füße fährt. Die Straße gehört den Autos. Und die Autos gehören den Menschen, die dafür eine Menge Geld bezahlt haben und sie deshalb ja auch bewegen müssen. Und das Geld steckt die Autoindustrie in die Entwicklung neuer Autos und in die Aufrechterhaltung der Ordnung. Und Ordnung bedeutet: auf der Straße das Auto, auf dem Fußweg der Fußgänger, der Radfahrer findet ebenfalls seinen Platz, Kinder gehören auf den Spielplatz und Tiere werden am besten alle zu Kröten, denn allein dieser Spezies verhelfen Tierschützer noch zu einer sicheren Straßenquerung, indem sie Tunnel anlegen. Ordnung ist aber nicht mehr gottgegeben, sondern wird erkämpft; der einfach geradewegs die Straße überquerende Fußgänger ist gefährlich, geschweige denn der am Straßenrand wandernde Mensch oder spielende Kinder.

Mannigfaltig dagegen die Geräusche auf den leeren Straßen, ein Knistern, Saugen, Reiben, Rascheln, Kieksen, Flöten, Fließen, Gurgeln, Hoppeln, Tackern, Kratzen, Schaben, Fauchen, Murmeln. Der Asphalt glitzert, Luft flirrt, ein großer Hase hockt mit einem Mal auf der Fahrbahn, wittert, dann hoppelt er hundert Meter den beiden Fahrrädern voraus, die sorglos nebeneinander unterwegs sind. Noch blühen die Wiesen nicht, noch ist der Raps grün. Minuten vergehen. Dann die Herrschaftsgeste, ein zunächst sich einordnendes Wispern, das zu einem lauten Fauchen und dann zu einem Dröhnen wird. Noch bevor das Automobil um die Kurve kommt, verengt es den Raum, an dessen Stelle wieder die Zeit tritt und die Enge. Blitzende Scheiben, ein Mensch auf dem Fahrersitz, ein Bündel Gefühle in einem Prothesenkokon. Der Hase ist verschwunden. Überrascht, nicht allein zu sein, bremst der Mensch ab, fährt vorbei, beschleunigt. Noch lange, nachdem der Wagen außer Sicht ist, ist die Atmosphäre kabbelig und trübe.

Die Katze erscheint in der Waschküchentür, eine Maus, nein, eine dicke schwarze Schnur in ihrem Maul. Nein, keine Schnur, eher ein Kabel. Ich gehe näher heran und sehe, dass das Kabel nicht gleichmäßig dick ist, es ist breiter in der Mitte, nach rechts verdünnt es sich bis auf einen Millimeter, dann erkenne ich das Schuppenmuster, dann die elfenbeinfarbenen Punkte rechts und links eines kleinen Schlangenkopfes: eine junge Ringelnatter. Die Katze am Kopf greifen, das starre Tier aus dem Maul winden, vorsichtig, um es nicht zu verletzen, wenn es denn noch lebt. Die Katze flieht protestierend in den Garten, die Schlange liegt stocksteif auf dem Küchentisch. Jetzt sehe ich sie mir genauer an: am Ende ihres Körpers, an einer so dünnen Stelle, dass ich mir keine Organe dort vorstellen kann, ein Blutstropfen. Ich lege sie in eine Schachtel, dazu ein paar Blätter, Stöckchen und Steine, dann rufe ich die Kinder. Eine Schlange, gleich welcher Größe, wirkt sofort. Sie dunstet Gefahr aus und Schönheit; wer ihr offen begegnet, sie respektiert, dem schenkt sie unmittelbar Glück. Sie ist ein Reif, ihre Haut Edelstein, ihre Form endgültig, sie ist vollkommen, es gibt nichts, an dem der Blick verhakt, an ihr muss nichts eingeordnet, übersetzt werden.

Als ich die Schachtel mit dem immer noch reglosen Tier verschließen möchte, protestieren die Kinder. Sie haben Angst, die Natter könnte ersticken. Schließlich bietet sich die Älteste an, die Schlange mit in ihr Zimmer zu nehmen und auf sie achtzugeben, bis sie sich wieder bewegt. Ich stimme zu, ermahne, die Tochter nickt, schließlich entschwindet sie mit Schachtel und Tier, der Nachmittag dreht sich weiter, mit den anderen beiden Geschwistern spiele ich im Garten, die Große kommt hinzu, wir werfen zu dritt Frisbee. Irgendwann, nach einer Stunde vielleicht, fällt uns die Schachtel mit der Schlange wieder ein, die auf dem Schreibtisch steht, deckellos. Ins Haus zurück, hoch ins Jugendzimmer, hin zum Schreibtisch. Natürlich ist die Kiste leer. Der Raum ein einziges Chaos. In wenigen Stunden kommt die Frau zurück. Wir fangen hektisch an zu suchen. Vergebens. Das Zimmer einer Dreizehnjährigen bietet sich einer flüchtigen Schlange als perfektes Terrain dar. Wir überlegen, versuchen, analytisch zu denken. Die Schachtel stand auf dem Tisch, der Tisch hat einen runden

Kabelschacht, vom Kabelschacht kann ein kleines Tier möglicherweise in die mit Blättern, Stiften, Pinseln, halb fertigen Pappmachéfiguren, Kabeln, Bonbonpapieren und sonstigem Humus eines Teenageralltags vollgestopfte Schublade vordringen – und tatsächlich finden wir sie dort, eingeringelt in einer Ecke.

Wir haben sie dann wieder in ihre Kiste gesetzt, die Mädchen haben sie sich durch die Finger gleiten lassen, auch der Sohn hielt sie kurz in der Schale seiner kleinen Hände. Dann brachten wir sie an den Waldrand in die Nähe des Sumpfes, wo sie kleine Frösche und Kröten finden kann. Sie wurde fotografiert, benannt und ausgesetzt. Erst versuchend, dann entschlossen schlängelte sie über moosbewachsene Äste, Steine, an Pfützen und Farnen entlang und verschwand im Erlenbruch.

Das Haus wurde in den 1880er-Jahren von meinem Ururgroßvater als Altenteil am Rand der damals noch schmalen Kreisstraße auf einem Teil seines eigenen Ackers ohne größere Fundamente auf den bloßen Boden gesetzt. Isoliert wurde es gegen Nässe, nicht gegen Kälte, mit Dachpappe, die immerhin fast hundertzwanzig Jahre lang dicht gehalten hat. Es gab auf dem Grundstück mindestens eine Pflanze, die älter als das Haus war: eine Buche, die einige Jahre vor Goethes Tod keimte und Anfang der 1980er-Jahre kurz davor stand, zum Naturerbe ernannt und damit geschützt zu werden, bis in einer nebligen Nacht ein mannsdicker Ast einfach so auf die Straße fiel, eine Mutter auf dem Weg zur Arbeit unangeschnallt mit dem Auto dagegenprallte, starb und daraufhin die Feuerwehr von der Stadt beauftragt wurde, den Baum zu fällen, was zwei Tage dauerte. Seit dem Verschwinden der Buche und dem Tod einer ebenfalls mächtigen Ulme durch den Ulmensplintkäfer gibt es auf dem Grundstück meines Wissens nach keine Lebewesen, die das Alter des Hauses überschreiten (abgesehen möglicherweise von diesen sagenhaften Pilzen, die – hektargroß – unerkannt unter unseren Füßen leben und im Herbst die toten Äste und Stämme mit schrillen Farben überziehen). Aber es gibt einige Gewächse jenseits der Bäume, die erstaunlich alt sind, und dazu gehört die große Glyzine an der Auffahrtseite, die spätestens auf Fotos aus den 1950er-Jahren schon die Hauswand emporrankt und oberschenkeldicke, ineinanderverschlungene Triebe hat, die immer linksherum nach jeglicher Art von Halt suchen. Gottfried Benn schrieb über dieses Wunder: »Wenn etwas leicht und rauschend um dich ist / wie die Glyzinienpracht an dieser Mauer ...«[31], aber auch wenn unsere Glyzine tatsächlich eine Pracht im Frühsommer ist, leicht muss diese Pflanze nicht unbedingt sein. In Kalifornien wächst ein Exemplar der *Wisteria sinensis*, das über hundertzwanzig Jahre alt ist und mittlerweile zwei Gärten vollständig überspannt, mit Trieben, die bis zu 150 Meter lang sind und sicherlich noch dicker als die schon sehr beeindruckenden Exemplare vor unserer Haustür. Insgesamt, so die Biologin Karin Greiner[32], soll die Pflanze 4.000 Quadratmeter Land bedecken und über 250 Tonnen wiegen.

Eine Spitzmaus liegt auf einer kahlen Stelle des Rasens. Sie liegt auf dem Rücken, die Beinchen angewinkelt, die Schnauze erscheint länger als im Leben, wahrscheinlich liegt das an der Position. Unnatürlichen Position, wollte ich erst hinschreiben, aber was könnte natürlicher sein als eine tote Spitzmaus. Der Tod liegt wärmend, nährend auf dem Land. Wieder überlege ich mir, wie ich das kleine Skelett möglichst unzerstört vom Fleisch, den Sehnen, dem Fell getrennt erhalten könnte, und lege sie schließlich auf Komposterde in ein Marmeladenglas, das ich verschließe und im Carport in einen Küchenschrank stelle. Solche Experimente sind in Ordnung, solange man darüber liest, aber niemand möchte ein verwesendes Tier auf dem Schreibtisch stehen haben, selbst wenn es geruchsdicht verwahrt ist. Es hat lange gedauert, bis der Vorgang der Geburt idealisiert war, und heute wird jeder Vater sich zweimal überlegen, nicht mit in den Kreißsaal zu gehen; er müsste sich erklären, es wäre ein Makel, ein Zeichen der Schwäche. Die völlige Verwandlung des geliebten Menschen, die Angst, die Schmerzen, die Erschöpfung, Blut und Kot und Urin und Schweiß sind akzeptabel, gehören dazu; die Umfunktionalisierung der Genitalien, die der Jugendliche so aufreibend zu idealisieren, die er von ihren täglichen Aufgaben zu trennen gelernt hat, spielen auf einmal eine vollkommen andere Rolle, und von ihm wird erwartet, das ohne weitere Vorbereitung zu akzeptieren.

Ein Mensch entsteht. Hier gibt es etwas zu feiern. Hier ist Zeugenschaft notwendig.

Der Prozess des Sterbens und noch mehr der des Zersetzens dagegen ist nach wie vor tabuisiert und muss versteckt werden. Hier ist ein Zeugnis nicht nur nicht nötig, es wird nicht gewünscht. Vielleicht ist es dem Menschen als solches unangenehm, aus dem Fokus wieder ins Umfeld abzuwandern, vielleicht muss die Tatsache verschleiert werden, dass auch der Mensch wieder eingemischt wird.

Dabei ist es, abgesehen vom Gestank, ebenso faszinierend, den Abbau zu beobachten wie den Aufbau, sei es von einem Blatt, aus dem der Baum zunächst noch Energie, Chlorophyll und Vitalstoffe abzieht und das Blatt sich dabei ent- und verfärbt, es abgeworfen, skelettiert und dann ganz umgewandelt wird; sei es von einem uns viel ähnlicheren Körper, wie dem der Spitzmaus, der eine einzige große Aufforderung zum Festmahl ist. Als Amateur in diesen Fragen unternehme ich zunächst eine Impfung: Ich lasse den kleinen Leichnam ein paar Stunden im Freien stehen, bei geöffnetem Deckel, um Fliegen anzulocken. Das ist nicht schwierig, bald erscheinen Schmeißfliegen, *Calliphora vomitora*, mit glänzendem Rückenpanzer, ihre haarigeren Vettern, die Grauen Fleischfliegen *(Sarcophaga carnaria)*, deren Rücken grau-schwarz gestreift ist, die aber nur vorbeischauen und ihrerseits lebende Regenwürmer toten Spitzmäusen vorziehen wie auch die Stubenfliegen, die vom Kompost herüberkommen, um sich anzusehen, was so lecker muffelt. Weiß man, wo sich diese Tiere gerne aufhalten, begreift man, wie sinnvoll es ist, Essen im Sommer abzudecken. Aber was für Artisten, wie sie über glattes Glas huschen, gehalten von der Anziehungskraft der Teilchen untereinander, der Van-der-Waals-Kräfte und von sinnreichen, Flüssigkeit abgebenden Drüsen, die eine Oberflächenspannung erzeugen und so die Fliegenkörper an das glatte Material heften. Spinnen und Geckos haben ähnliche Fähigkeiten, eine Wespe scheiterte an solch einem Hindernis kläglich. Warum diese Fähigkeit bei Fliegen, die ja, wie ihre geflügelten Verwandten auch, alle Stellen anfliegen könnten? Die Evolution hat's entwickelt.

Von der Stadt kommend, erreicht mich ein oranges Signal von rechts, ein Aurorafalter über die Buschwiese flatternd. Ein Wunder an Farbe im tätigen, ein ebensolches Wunder an Tarnung im ruhigen Zustand, wenn sich die Unterseiten der zusammengeklappten Flügel mit ihrem grüncremeweißen Brokatmuster perfekt in die junge Wiese einfügen. Die Falter, die jetzt fliegen, sind aus den Kokons geschlüpft, die über den Winter gekommen sind; sie sind die Glücklichen. Die Weibchen legen ihre Eier meist an Knoblauchsrauken und Wiesenschaumkraut ab, zwei erklärten Feinden des Gärtners; die eigentlich allgegenwärtige Knoblauchsrauke noch mehr als das feine Wiesenschaumkraut, das mit seinen blassrosa Blüten jetzt damit beginnt, einen luftigen Teppich über die Wogen der Wiese zu legen. Die Knoblauchsrauke wird bekämpft, wo man sie findet: in den Fugen, an den Beeträndern, unter den Hecken und in den Stauden. Dem Wiesenschaumkraut gibt man schon mit dem früh begonnenen und mindestens im Wochenrhythmus durchgehaltenen Rasenmähen keine Chance. Und damit auch den Eiern, Raupen, Puppen und fertigen Exemplaren des Aurorafalters nicht. Er braucht die Pflanzen nicht nur kurzzeitig, wie zum Beispiel der Admiral oder das Pfauenauge, er ist auf sie das ganze Jahr über angewiesen. Und obwohl er so viel Verlust hat, ist er da, scheint nicht gefährdet zu sein. Er hat das Glück, sich solche Pflanzen ausgesucht zu haben, die immer noch eine Nische finden, immer noch ein Versteck, Pflanzen, die sich nicht unterkriegen lassen. Wie viele dieser Tiere wären unterwegs, welche Wolken von Faltern zögen über die Wiesen und an den Waldrändern entlang, würde nur jeder zweite seinem Garten eine Wiese gönnen, würde jeder Bauer freiwillig einen Saum Wiese unbearbeitet lassen, würden ein paar Parkplätze verwildern dürfen?

In einem großen Garten nicht weit von hier führen gemähte Wege durch das hohe Gras und durch die Rosen- und Jasminbüsche. Ein 400 Quadratmeter großes Stück Wiese ist x-förmig durchkreuzt, und ich möchte mich gerne erinnern, dass in der Mitte ein Kreis geschnitten ist. Für die meisten Betrachter hat Rasen eine unterstützende, tragende Bedeutung, er wirkt nur in der Kombination mit den eigentlichen Teilen des Gartens. Wenn er nicht betreten werden muss, weil es zum Beispiel Wege durch ihn hindurch oder an ihm vorbei gibt, dann muss er noch nicht einmal sehr aufwendig gepflegt werden. Es ist wie mit den Frisuren der Menschen: Den meisten reicht ein Haarschnitt. Es geht weniger darum, zum Hinschauen zu verführen, sondern eher darum, nicht aufzufallen. Die Wiese dagegen verführt sofort dazu, genauer hinzusehen, sie ändert sich Tag für Tag, egal, ob es sich um eine Fett- oder eine Magerwiese handelt. Sie ist mehrdimensional, man muss nah heran und in die Hocke gehen und auch einmal ein paar Schritte zurück, um sowohl die Details als auch den allgemeinen Eindruck erkennen zu können. Der sehr gepflegte Rasen dagegen hat eine sehr genau berechnete Wirkung, optisch und von der Haptik her, er lässt keine Interpretation außer der des Gärtners zu. Er ist aufwendig und teuer, dafür berechenbar, während die Wiese immer ein wenig aus der Reihe tanzt, ihr eigenes Stück aufführt, keinen Regisseur anerkennt.

Die Spitzmaus, die ich Anfang des Monats zum Skelettieren bereitgelegt habe, verändert sich bisher nur in kleinen Schritten. Bauchdecke und Brustkorb sind eingesackt, die Organe werden zersetzt und halbmillimeterlange blütenweiße Larven knospen aus dem Körper, glänzend und rein. Wie schmutzig ihr menschlicher Widerpart, der Pathologe mit den blutigen Handschuhen und der fleckigen Schürze. So oft ich mir den Kadaver ansehe, ist es ein Stillleben. Durchs Glas sind die Gänge der Würmer zu der ungeheuren Energiequelle hin nach oben gut sichtbar; die Spitzmaus ist nicht nur Nahrung für Generationen, sie wird auch zu einer Vermehrung der Arten führen. So wie die Wälder an den Oberläufen der Fischwanderrouten vom Eiweiß der Lachse leben, so wird diese Spitzmaus die Kleinflora dieses Komposthäufchens vervielfältigen. Im Wörterbuch wird Kadaver auf Lateinisch *cadere*, fallen, zurückgeführt, welches auch die Wurzel der Kadenz, des Schlussakkords ist. So ist der Tod, ein Ausklang, aber ein Klang immerhin.

Die Knospen der Iris an der Südseite des Hauses schwollen die Tage über mächtig an; heute Morgen hat sich eine erste Blüte geöffnet, übermäßig prächtig, nach Zitrone duftend. Das ist bei diesen Pflanzen schon das ganze Dilemma: Sie wirken immer wie ausgestellt, Schmuckstücke, die nicht getragen, bloß verwahrt werden. Es gibt andere Vertreter der Schwertlilien, die sich mit kleineren Rhizomen in Horsten vermehren und in Ritzen wachsen, sich auf kargen Rändern des Grundstücks behaupten, sich eine eigene Nische schaffen. Bei der Bart-Iris bräuchte es den Mut zur Vernachlässigung, damit sie sich ausbreiten kann, dazu die richtigen Partner, die ihre dicken Füße nicht übermäßig beschatten.

Nach dem ersten Wärmegewitter des Jahres sind die Rosetten der Wilden Karden *(Dipsacus fullonum)* am Rande des Küchenbeetes mit Wasser gefüllt, ähnlich den Pflanzen, die man in Naturdokumentationen über die Tropen sieht. Fehlte nur, dass ein kleiner Frosch darin herumpaddelt. Die Karden habe ich letztes Jahr gepflanzt, weil ich gelesen hatte, dass ihre Samen ein guter Wintervorrat für Vögel sind; nach meiner heutigen Beobachtung lese ich noch einmal nach. Das gesammelte Wasser könnte als Schutz vor heraufkletternden Fressfeinden dienen, möglicherweise auch als Zuchtbecken für kleine Wasserlebewesen, die später der Pflanze als Stickstofflieferanten dienen könnten. Muss mal eine Probe nehmen, kurz bevor alles wieder verdunstet ist. Dass Karden Wasser sammeln, wissen nicht nur Vögel, die aus den Kelchen trinken, sondern auch Menschen von alters her, daher der Name *Dipsacus*, vom griechischen Wort *dipsa* (Durst). Die kleinen Pfützen in den Blattachseln der Karden heißen Phytotelma (Plural: Phytotelmata), übersetzt etwa Pflanzenpfütze, und sind sehr kurzlebige Biotope mit einer beschränkten Zahl an möglichen Bewohnern. Extreme Temperaturschwankungen, enzymhaltiges Wasser und im Fall der Karden-Phytotelmata auch noch eine extreme Exponiertheit, zum Beispiel für trinkende Tiere oder Menschen, macht das Überleben in diesem Biotop ganz bestimmt zu einer Herausforderung.

Je größer die Stadt, desto artenreicher. Kein deutscher Landstrich beherbergt mehr Vogelarten als Berlin. Über 120 Baumarten wachsen in Städten der Größenordnung von Hamburg, Köln oder München, schreibt Reichholf in »Stadtnatur«.[33] In einem natürlichen Wald gibt es durchschnittlich ein Fünftel so viele Arten, ein wenig mehr in einem Auwald. In einem Wirtschaftswald sind es auf dieser Fläche gar nicht mehr als vier Arten. In unserem Garten zähle ich dreißig verschiedene Spezies, wenn ich die unterschiedlichen Obstbaumsorten berücksichtige, Büsche und potenzielle Bäume wie Liguster, Weißdorn oder Holunder nicht miteingerechnet. Drei Revolutionen haben die Stadt zum Fluchtort gemacht: die Dünge- und die Pflanzenschutzmittelrevolution sowie die Flurbereinigung. Dazu kommt die Strukturiertheit der Stadt, die dicht auf dicht aufeinanderfolgenden Lebensräume, die Mauern, die Büsche an Zäunen, die Brachwiesen am Rande der Wege und Parkplätze, die Gewässer, die Pfützen, der essbare Müll und der verwinkelte nicht essbare Müll voller Höhlen, Schutz und Beute. Und die Tiere und Pflanzen profitieren von der Nichtzuständigkeit der Stadtbewohner, von der Anonymität, von der Vorstellung, dass der städtische Raum kein Platz für Flora und Fauna ist. Manchmal sieht einer einen Fuchs und erzählt es auf der Party, mal liest man von Wildschweinen an der Bushaltestelle, mal brütet eine Heckenbraunelle im Hinterhof und wird für einen Spatz gehalten. Nach oben schaut der Städter selten, also sind die Mauersegler sicher vor zu viel Neugier. Die Tiere in der Stadt werden meist übersehen und schnell vergessen, die Pflanzen von Gärtnern gesammelt und von Enthusiasten per Samenbomben verbreitet; die allermeisten kommen aber an den Schuhen der Touristen, im Schmutz der Autos und Züge und Flugzeuge in die Stadt – Stickoxide, Feinstaub und Funkwellen sind ein Klacks gegenüber den Giften des Bauernlandes. Alles konzentriert sich in den großen Städten: die Arten, die Gedanken, die Erreger, die Ticks und die Moden. Gärten auf dem Land können im besten Falle Destillate dieser Braustätten sein.

Wie exotische Weidetiere sind die Asseln auf dem Baumstumpf der alten Thuja unterwegs; sie grasen nicht, sondern holzen. Weil ich den riesigen Wurzelstock vor zwei Jahren ausgraben wollte, bis ich sein Gewicht überschlug und danach das Projekt aufgab, liegt er nun in einer etwa zwei Meter durchmessenden Kuhle und lädt zur Beobachtung ein. Von Süden aus betrachtet, ähnelt der Stamm einem Mammutschädel, er wird in etwa auch die richtige Größe haben. Auf dem hinteren Teil seines Kopfes, dort wo einmal der Stamm entsprang, wächst nun ein Birkenschössling, an dessen Fuß sich die kleine Asselherde aufhält. Es ist ausreichend schattig, sie fühlen sich geschützt, sie lassen sich beobachten; Moos, trockene Blätter vom letzten Jahr, diesjährige Samenhüllen der Birke, der Schaum der Weiden, weiße Flocken von Kastanien und Kirsche, dünne Zweige als Erinnerung an die Herbststürme, eine weiße Lohblüte von der Größe einer Murmel, abgeplatzte Rindenstücke und noch intakte Rinde mit vielen Ritzen, Spalten, Löchern, die weich wie Kork ist, wenn man darauf drückt, Erdklumpen, ein Efeustrang, der den Mammutkopf wie ein Kranz umgibt, blühender Gundermann, kleine Grasbüschel und sogar ein Weißdornschössling haben sich allein auf dem Kopf angesiedelt und bieten den kleinen grauen Krebswesen Schutz. Am Rüsselende wächst beinhoch Knoblauchsrauke, im Graben Brennnesseln und eine mir unbekannte Pflanze, die überall auf dem Grundstück zu finden ist. Dort, wo ich vor zwei Sommern mit der Axt zugange war, ist nun ein kleines Idyll entstanden. Als ich die Wurzeln abhackte, umgab mich ein intensiver Geruch nach Medizin, der Thujageruch der Warzentinktur. Der Lebensbaum heißt nicht umsonst so, er ist voller Kraft und lebenserhaltender Stoffe, giftig ist er allerdings auch, roh verzehrt sterben Tiere daran. Jetzt riecht er nur aus der Nähe, es ist der beruhigende Geruch der Zersetzung, der Basisgeruch der Erde. Kleine Fliegen hüpfen über die Abhänge, streifen die Asseln. Eine Wespe hält in der Luft an. Hier wie überall entfaltet sich die Szenerie, gibt man ihr nur ein wenig Zeit.

Beim Wasserpumpen glitzert etwas in der Wanne. Ich lasse die Kanne am Rohr hängen und fische eine kleine Goldwespe *(Chrysis ignita)* aus dem Wasser heraus, die sich auf meinem Finger auf der Stelle zu putzen und trocknen anfängt. Ihr Vorderkörper, der Thorax, schimmert metallisch blau, unter den dünnen, vom Wasser faltigen Flügeln funkelt der Hinterkörper dunkelrot, ebenfalls metallisch, aber gedämpfter. Das kleine Tier sieht mich keck an. Erst mühsam, dann behände kriecht es auf meiner Fingerkuppe umher. Sie ist, wie die anderen Goldwespenarten, bei der Fortpflanzung ein Parasit und ernährt sich als Larve von den Larven anderer Grab- oder Schlupfwespenarten. So sieht sie auch aus, gerissen, genießend, auf Schabernack aus. Sie lässt arbeiten, sie lässt suchen, sie lässt bauen, einrichten und vorbereiten. Sanft puste ich sie vom Finger. Wie meistens bei Begegnungen mit diesen Charakteren ist mir gerade dieses Insekt sehr sympathisch.

Um halb zehn ist es noch taghell, die Sonne ist gerade untergegangen. Ich stehe am Jägerzaun und beobachte die bauchigen Fliegen, die aus der Wiese auftauchen wie Blasen in bald kochendem Wasser und durch das orangefarbene Licht der Vordämmerung zum Teich fliegen, wo die Fledermäuse und Kröten jagen und wo sich möglicherweise ihr Leben erfüllen wird. Weit oben, am westlichen Himmel ziehen Flugzeuge nach Süden und ein paar auch nach Norden, sie geben der Weite des Frühsommerhimmels eine stolze, gebieterische Struktur, ein Theatergefühl, bevor die Nacht und die Sterne die Dinge wieder zurechtrücken.

Löwenzahnsamen, ausgebreitet im Gras hängend wie ein fröhlich-heller Froschlaich. Die sich erwärmende Luft hebt das Gebilde und lässt es wieder los, wie einen Rocksaum im trägen Strom der Frühsommerluft. In der Wiese stehen die Kugeln der Pusteblumen wie eine große Installation, überwölbt von den Schirmen des Wiesen-Kerbels und flankiert von den Pfeifenputzergräsern, die innerhalb von Tagen hüfthoch geworden sind und nun blühen:

filigran, betrachtet man sie aus der Nähe, mächtige Teppiche bildend, überblickt man die Wiese bis zur Au. Auch der Fluss und der Wald haben ihre Depression hinter sich und sind wieder vollkommen da. Das Wasser steht nun flach und ist den Füßen angenehm warm und weich, an den Ufern sind die Spuren der Winterhochwasser zwar noch deutlich zu erkennen, aber nicht mehr als Verheerung, sondern als Potenzial. Überall quillt, kriecht, dehnt, weitet sich Wald, Wiese, Garten.

Obstbaumblütenblätterschneefall im Garten und an den Waldrändern; Wattebäusche der Weiden auf den Treppen des Windes. Als ob eine ganze Gattung einen Einfall gehabt hätte. Als ob jemand Blüte und Abfall orchestriert hätte, sodass nach den Frühblühern wie der Kornelkirsche bald die Süß- und Sauerkirschen beginnen, sich die *Prunus*-Arten wie Pflaume, Zwetschge, Schlehe und Hofschlehe anschließen, gleich dabei die Weidenkätzchen, danach die Kastanien und die Birken, und kaum ist die Auffahrt bedeckt mit ihren kupfernen Blütenhüllen, wirft auch schon der Walnussbaum die männlichen Pollenstände ab, riesige grünschwarze Raupen, die die Auffahrt über Nacht erneut bedecken. Alles wird genommen, ohne die allmonatliche Säuberung versänken Sand und Stein unter dem Humus der Blütenblätter. Die schwarze Erde, die bei Starkregen zur Straße geschwemmt wird und mit dem feinen weißen Sand nostalgische Muster bildet, besteht aus nichts als Blüten – edler kann ein Kompost nicht sein.

Am Bach sitzen sechs blaue und zwei leuchtend rote Libellen auf dem immer noch Kraft sammelnden Giersch. Beider Arten Körper ist strickhnadeldick; die blauen sind in von schwarzen Trennlinien unterbrochene Segmente gegliedert, die roten sind von oben bis unten einfarbig. Es könnten die knallrote Frühe Adonislibelle *(Pyrrhosoma nymphula)*, und zwar die Männchen, und die Hufeisen-Azurjungfer *(Coenagrion puella)* sein, aber die Menge der Libellenarten schüchtert bei der Bestimmung ein wenig ein. Es sind elegante, schöne Tiere, die ein wenig an die Giger'schen Vorstellungen von Außerirdischen gemahnen. Das ist noch mehr bei der Larve der Fall, die kleine Fische verspeisen kann, wie ich einmal in England sah, vor allem, wenn sie die Hülle verlässt. Die beiden Arten, die ich am Bach beobachte, bevorzugen flaches, langsam fließendes Wasser, vor allem die Frühe Adonislibelle versteckt sich gern an dicht bewachsenen Uferrändern, alles am Bach vorhanden. Diese erste richtige Libellensichtung in diesem Jahr erinnert mich an die stahlblauen Pfeile, die an unserer Ruhebrücke an der Au irgendwann erscheinen müssen, große und kleine, die Eisvögel und eine Libellenart mit blauen Flügeln, etwas kompakter als die eben entdeckten.

Das straßenseitige Wohnzimmerfenster ist umrahmt von weißlila, nach Vanille duftenden Glyzinentrauben. Nimmt man den richtigen Blickwinkel ein, wird dieser Blumenkreis grundiert von den Weißdornblüten auf der anderen Seite der Auffahrt. Die Glyzine des Urgroßvaters harmoniert mit dem Weißdorn unserer alten Mieter; beide sehen es nicht mehr, aber ich sehe und erinnere, fähig, den Pflanzen eine weitere Dimension zu verleihen, die fruchtbar ist wie Staub und Stempel.

Die vor zwei Jahren gesetzten Tay- und Jostabeerenbüsche stehen viel zu dicht, die Jostabeere hat zwanzig Zentimeter rechts und links vom alten Stock bereits kniehohe

Ausläufer getrieben, die Taybeere sich im alten Stachelbeerbusch versteckt. Auch die Berliner Himbeeren durchwandern das Küchenbeet, aus dem ich sie peu à peu entfernen werde. Jeden Ausläufer begrüße ich, als wäre mir ein Geschenk gemacht worden; wahrscheinlich wird es irgendwann einmal zu viel, aber noch ist es nicht so weit. Die Kinder sind in den letzten Wochen auf den Sirup-Geschmack gekommen, und die Büsche sind ein Versprechen auf eigenen Sirup. Aus der Zitronenmelisse, die sich quer durch den Garten aussamt, habe ich eine erste Portion hergestellt. Der Garten beschäftigt Tag für Tag, immer wieder hält er ein neues Geschenk bereit, ein kleines Drama. So treibt die Trichterschwertel, die ich schon für erfroren hielt, nun doch aus, wenn auch sehr bescheiden, ohne ein Anzeichen zu geben für den stattlichen Busch, zu dem sie werden könnte. In einem Staudenführer entdecke ich ein Bild von einem Teich, der von weißen Rosenbüschen umgeben ist und an dessen von flechtenbewachsenen Granitplatten eingefasstem Rund eine rosablühende Trichterschwertel wächst, die zarten Blütenstände wie an Angeln festgemacht, in einem weiten Bogen gesenkt.

Der Garten gibt einem Tag für Tag spärliche Tipps, lenkt die Aufmerksamkeit hierhin und dorthin, foppt und versöhnt. Hat man gelernt, ein paar Spezies aus Flora und Fauna auseinanderzuhalten, lassen einen die lästerlichen Einwürfe Strindbergs[34] über die Kategorisierungen der Botaniker wieder zweifeln; vor allem aber ist die langsame und bruchstückhafte Erkenntnis von allem und jedem demutgebietend. Woche für Woche entdecke ich Pflanzen, die ich schon oft gesehen habe, aber nicht bestimmen kann. Was für ein Triumph, gelingt es doch einmal. Und da ist man erst bei der Art und hat das eigentliche, die Bedürfnisse, die Eigenschaften noch kaum berührt.

Am Pfingstsamstag treiben die Katzen einen jungen Maulwurf unterm Jakob-Lebel-Apfelbaum in die Enge. Dort steht das Gras mittelhoch, ein halbschattiger, moosiger Boden, der ein Vierteljahrhundert lang von den Mietern raspelkurz fürs Heimgolfspiel gehalten wurde. Hoch genug immerhin, um den Jägern ein wenig Widerstand entgegenzusetzen und dem Gejagten Zeit zu kaufen. Als die mittlere Tochter den Schwanz des Maulwurfes entdeckt und mich dazuholt, ist er zu drei Vierteln unter der Grasnarbe verschwunden. Weil wir ihn betrachten wollen, werden die Katzen in die Waschküche gesperrt und ich ziehe das Tierchen mit behandschuhten Händen aus seiner Zuflucht. In einem Eimer sehen wir ihn uns genau an. Die Schaufeln sind kleiner, als ich es mir vorgestellt habe; immerhin bewegt ein Maulwurf eine Menge Erde. Ich habe einmal den Aushub eines Vormittages gewogen, vier Hügel, zusammen etwas über acht Kilogramm. Lewis-Stempel[35] kommt auf noch wesentlich höhere Zahlen, nämlich auf zehn Kilogramm pro Stunde, bei einer Schichtdauer von vier Stunden. Es ist eine Menge Erde, die da nach oben gebracht wird, und ich bilde mir ein, dass diese Kanalarbeiten auch dem Boden guttun müssen. Er wird durchlüftet, humusfreie Schichten werden nach oben und andere Stoffe werden nach unten gebracht, die Drainage des Bodens verbessert. Erde vom Maulwurfshaufen ist fast ohne Samen, wahrscheinlich auch ansonsten ziemlich keimfrei, ein guter Bestandteil für Anzuchterde. Die Röhren des Maulwurfes sind seine Behausung, seine Futterfallen, in die Regenwürmer und andere Tiere geraten und vom Hausherrn angebissen und gelähmt werden (der Speichel des Tieres soll giftig sein, deshalb unter anderem die Handschuhe), und seine Vorratskammern, in denen er seine oft noch lebende Beute aufbewahrt – ein ähnliches Prinzip, Frischfleisch frisch zu erhalten, wie das der Weg- oder der Grabwespen. Vorräte braucht das Tier auch deshalb, weil es anscheinend keinen halben Tag ohne Nahrung aushält, er ist also wie manche Menschen, die ohne regelmäßige Mahlzeiten ungenießbar sind. Sowieso scheint der Maulwurf ein eher grummeliger Zeitgenosse zu sein und ist in seinen Gängen am liebsten allein. Außerdem fahndet er zur Paarungszeit unterirdisch nach Weibchen, sie locken ihn an durch ihren Duft, der durch die Erwärmung der Erde im Frühjahr verstärkt wird. Treffen manchmal mehrere Männchen in den Gängen aufeinander? Wahrscheinlich. Einigen sie sich friedlich? Wahrscheinlich nicht. Unter unseren Füßen geht es nicht friedlich zu. Manche der Regenwürmer, die ich auf der Auffahrt finde und ins Beet trage und mit Erde bedecke, wären bei einem schnellen Tod durch einen Vogel vielleicht besser dran als in der Höhle des blinden Gräbers. Der Maulwurf in unserem Putzeimer hat die Augen fest verschlossen, wahrscheinlicher noch ist es, dass sie ganz von Haut überwachsen und überhaupt klein sind. Keine wahrnehmbaren Ohrmuscheln, dafür besitzt er einen ganz eigenen Organtypus an seiner Schnauze, das sogenannte Eimersche Organ, mit dem er die elektrische Spannung in den Muskeln der Beutetiere wahrnehmen kann. Was hat er nur für ein Spannungsgewitter bei uns und den Katzen erleben müssen. Wir bringen das Tier, das einen Krallenschlag abbekommen haben muss, ins Haus und ins Kinderzimmer, wo wir den Sohn aufwecken und ihm den Maulwurf zeigen, was ihn auf der Stelle begeistert. Dann trage ich ihn weit weg, auf die andere Seite des Busches und des Baches, und auf dem Rückweg ebne ich gleich ein paar Haufen seines Kollegen auf der Buschwiese ein.

Ich hole Wasser vom Bach, aus einem tieferen Grund, der sich unter einem (sehr kleinen) Wasserfall gebildet hat, gerade tief genug, um eine Zehn-Liter-Kanne zu füllen. Als ich zurück zur Wiese und zum Beet gehen will, rufen mich die beiden kleineren Kinder. Sie haben auf der Anhöhe der straßenabgewandten Seite des Buschs Rippenknochen, Gelenke und einen Unterkiefer gefunden, dort, wo im letzten Herbst der Rehbock lag. Wir durchkämmen mit Händen und Stöcken Blätter und schütteren Bewuchs und finden noch ein paar Knochen, aber nur einen Bruchteil dessen, was eigentlich hier vorhanden sein müsste. Die Knochen sind trocken und sauber, vom Fell ist nichts mehr zu sehen, auch die Hufe bleiben verschwunden. Nach wie vor glaube ich, dass größere Tiere das Reh zerrissen, zerteilt und verstreut haben. Vielleicht ist die Streuung aber auch Ergebnis vieler kleiner Kräfte oder einfach von Tritten anderer – Tieren wie Menschen – und des Regens, des Schnees, des Windes. Die Erde ist eine Geschichte solcher Bewegungen, die Umwelt ist unentwegt dabei, alles zu zerstreuen, was in ihr sich zuvor gebildet hat, unter Anstrengungen und mit allergrößtem Geschick und Vermögen. Wie sehr eine Ordnungsarbeit auch gelungen ist, sie wird wieder vergehen unter der unentwegten Bewegung. Es ist immer mehr ungerichtete denn gerichtete Energie vorhanden, das ist die Entropie. In diesem Ungleichgewicht finden sich die Freuden, die durchs Leben tragen, kleine, unverschuldete und nicht selbst gemachte Bildnisse, Splitter der Perfektion, ungeheure Komplexität, verurteilt zu allerkürzestem Bestehen und baldigem Zerfall. Man kann verstehen, dass solches einem gläubigen Menschen eine Zumutung darstellt, dass er einen Plan dahinter sucht, aber alles ist einfach nur wie das Gedankenblitzen in einem nicht vollkommen abgestumpften Gehirn, in dem Tausende Ansätze jeden Tag geboren werden, hochfliegende Pläne, waghalsige Projekte, tiefe Gefühle, unmäßige Einsichten, die schon am Abend vergessen sind.

Wir sammeln Knochen und Zähne in einer Kiste und bringen sie zum Grundstück.

Am Wintergarten entdeckt der Sohn eine Kugel, die aus winzigen Spinnen besteht, die in einem Gespinst langsam in verschiedene Richtungen sich bewegen. Insgesamt aber wird die Kugel größer und erste Spinnen suchen sich einen Weg das Fenster hinauf oder an der Mauer hinunter, eine entkommt in eine Spalte, eine andere versteckt sich hinter einem Birkenblütenhüllblatt, welches wiederum von einem Spinnenfaden gehalten wird. Die Anzahl der Spinnen ist schwer zu schätzen, aber am Ende werden wahrscheinlich nicht mehr als ein oder zwei übrig bleiben. Und wahrscheinlich ist diese Rate sogar noch gut, denn was für ein Leckerbissen muss so ein Ball voller Proteine für einen Vogel sein? Noch werden die kleinen Tiere kaum Gift produziert haben oder andere Stoffe, die bitter schmecken könnten. Überhaupt sind Spinnen nicht Räuber an der Spitze der Nahrungskette, sie werden nicht nur von Vögeln und Kröten, sondern auch von Insekten gejagt, von verschiedenen Wegwespenarten beispielsweise, die sie lähmen, manchmal für den Transport die störenden Beine abbeißen, sie in die Bruthöhle transportieren und dort ein Ei an einer ganz bestimmten Stelle auf der noch lebenden Spinne ablegen, damit die eigene Larve Frischfleisch hat. Da erscheint der Umgang der Spinne mit ihrer Beute geradezu human, immerhin vergiftet und tötet sie sie doch zumeist, bevor sie sie einspinnt und aussaugt. Aber dieser humane Blick ist eben dies: der menschliche Blick, der sich selbst und der Funktionalität der Umgebung bewusst ist und dies nicht ertragen kann.

Anderes erfordert meine und des Sohnes Aufmerksamkeit, und als ich später am Tag wiederkomme, ist keine einzige Spinne mehr da.

In einem Buch über englische Gärtnerinnen finde ich wieder die Behauptung, dass Männer im Garten nach dem gern sogenannten Großen und Ganzen sehen, den einzelnen Pflanzen eher wenig Beachtung und Sympathie, geschweige denn Mitgefühl schenken, während Frauen jeder einzelnen Pflanze zuhören, ihr dann einen Platz anweisen, sie beobachten, unterstützen und mit ihr hoffen, bangen, leiden und sich freuen.[36] Meiner Erfahrung nach ist dieses Bild so falsch wie alle diese und ähnliche Klischees. Freie Männer sind genauso interessiert an der genauen Anschauung – die ganze Idee der Anschauung hat mit Goethe ja gerade einen überaus prominenten Mann als Fürsprecher – wie freie Frauen. Und gestalterische Ideen, ob sie nun gelingen oder nicht, sei es in Formen von Sichtachsen, Wegen oder Bauten im Garten, Kombinationen aus Kunst und Flora oder verschiedensten Überraschungseffekten, sind Frauen ja nicht ferner als Männern. Das Klischee ist eher ein Import, trägt die äußeren Geschlechterverhältnisse in den Garten; der Garten ist dann ein Spiegel der gesellschaftlichen Zwänge, Vorstellungen und Phantasmen. Die Geschmacklosigkeit vieler Gärten, ihre florale Pornografie, ihre Nacktheit, ihre Schäbigkeit, ihre unglaubliche vulgäre Brutalität wurzelt ja nicht in einer wie auch immer gearteten Biologie, sondern in der Angst vor dem Nachbarn.

Die Buschwiese ist nun ein Designtraum von Blob-Architekten, vollgestopft mit Ideen für organisches Bauen. Die Kugeln der Pusteblumen auf mittlerer Ebene werden überschirmt von den zarten Blättern des Wiesen-Kerbels, zwischen denen Weidel- und andere Gräser, die letzten Wiesenschaumkräuter, die Lanzen der Sauerampferblätter und die gelben Balkone der Hahnenfüße herausragen. Wie in der Vision eines Science-Fiction-Autors bewegen sich dazwischen Flugapparate und in flachen Parabeln fliegende Geschosse, die trotz ihrer Wucht und Geschwindigkeit sicher an dünnen Säulen und auf schmalen Stegen landen. Fliegen, Mücken, Bienen, Wespen, Grashüpfer, Käfer, Schmetterlinge navigieren nicht als Individuen, sondern als Teil eines Ganzen, so wie möglicherweise auch wir einmal ganz selbstverständlich unter der Ägide der allumfassenden Verkehrsintelligenz eines Algorithmus von A nach B gelangen werden.

Die Ährige Teufelskralle ist auch so eine meinem Auge schon immer bekannte Pflanze, über die ich nichts wusste. Sie ist ihrer länglichen, eiförmigen Blüte wegen bemerkenswert, die hier etwa fünf Zentimeter hoch wird und sich später im Jahr zu den namensgebenden Krallen ausbildet. Wie viele mir liebe Pflanzen (Kardendistel, Königskerze oder Nachtkerze) ist sie ein Hemikryptophyt, kauert über den Winter unter Blättern und Gestrüpp oder Schnee flach am Boden und kommt dann kräftig und kompromisslos im folgenden Jahr. Man kann sich auf sie verlassen und man sieht sie im Herbst und Winter, im Gegensatz zu den reinen, die klare Mehrzahl bildenden Kryptophyten, die am Ende des Jahres (oder schon viel früher) in den Erdboden verschwinden und von denen man Aufenthaltsort und Gewohnheiten und alles andere vergisst, sie im Spätwinter mit der Grabgabel aufstört, sich bruchstückhaft erinnert und sie dann mit schlechtem Gewissen wieder zurücksetzt, um sie erneut zu vergessen.

Heute Morgen habe ich die Teufelskralle in der Nähe der dorfseitigen Ausfahrt am Fuße der Eiche gesehen. Trotz ihres Namens ist sie ein beruhigendes, zurückhaltendes Gewächs, das ein wenig vergessen werden will.

Zum jüdischen Erntefest Schawuot wird in Israel die erste Weizenernte gefeiert. Hier wachsen die Gräser und eben auch der Weizen jetzt so schnell, dass die Wiesen sich über Nacht immer aufs Neue verändern. Von der Anhöhe aus sieht die sich zur Au hinziehende Wiese wie eine Malerpalette aus, auf der ein Riese Tag für Tag neue Farben anrührt; ein großer gelber Fleck von Hahnenfuß breitet sich auf der im Winter überschwemmten Fläche aus, Wiesen-Lieschgras und Wiesen-Fuchsschwanz zerfließen drumherum in fein abgestimmten Braungrün- und Gelbbrauntönen, Rispen- und Weidelgräser grundieren das Bild mit einem elfenbeinfarbenen Glanz. Aber die Samen der Gräser sind erst Ende Juni, Anfang Juli reif, wie der Weizen. Das um die Zeit von Schawuot gefeierte christliche Pfingsten mit seinem Kommunikationsauftrag des Heiligen Geistes hat mit dem Erntedankfest nichts mehr zu tun, es ist zeitlos, ubiquitär, kurz: modern, abgekoppelt von den auf die regionalen Gegebenheiten ausgerichteten Kreisläufen von Wärme und Kälte, Keimen und Reifen, Säen und Ernte. Pfingsten wurzelt in der Sprache, Schawuot im Klima, in der Landökonomie.

Der alte Hof auf der Westseite des Grundstückes, der einmal dem Urgroßvater gehört hatte, liegt nahe eines ehemaligen Burghügels, der seinerseits von einem kleinen Tümpel umgeben ist. Alte Familiengeschichten berichten von einem verfluchten, Unglück bringenden Ring, der vor langer Zeit auf der kleinen Insel beim Unkrautjäten gefunden worden war, später weggeschafft und verloren wurde. Auf der Insel hatte nachweislich eine Burg der in dieser Gegend beheimateten Familie Buchwald gestanden, eine sogenannte Motte, von der aus Raubzüge gegen die von und nach Lübeck ziehenden Kaufleute ausgeführt wurden. Die Buchwalds, wenigstens ein Stamm von ihnen, waren Raubritter und die Familie hatte Stützpunkte in der ganzen Gegend. Erst über hundertfünfzig Jahre nach der ersten Erwähnung der Burg in unserem Dorf wurde es den Lübeckern zu viel, sie zogen ein Expeditionskorps mit »Bliden und anderem schweren Geschütz« zusammen, kommandiert von einem Hauptmann Ritzerau, das die Buchwalds fand, fing und nach Lübeck brachte, wo ihnen der Prozess gemacht wurde und neun von ihnen auf dem Rathausplatz den Kopf verloren.

Der Pariner Hof war also einmal ein Rittershof! Man weiß davon aus der Verkaufsurkunde von 1337, in der die Besitzer, die Ritter Otto und Siegfried Bockwold (Buchwald), mit Zustimmung des Grafen Johannes von Holstein, das Dorf, das Gut und besonders die Burg an den Lübecker Bischof Heinrich für »1.000 Mark lübschen Geldes« verkauft haben. Fast zweihundert Jahre vorher waren die Vorfahren von Otto und Siegfried im Zuge der Wendenfeldzüge unter dem Kommando von Graf Adolf von Holstein hierhergekommen, hatten die vormaligen Herren besiegt und dafür Lehen erhalten, unter anderem unser Dorf. Die beiden Buchwalds hatten ihre Gründe, aus der Gegend zu verschwinden, möglicherweise die eigene räuberische Familie. Im Oldenburgischen war es ruhiger, weitläufiger, der Lübecker Druck war weit weg.

Kurz vor Mitternacht lasse ich die Katze nach draußen. Wie immer, wenn sie, wie in diesem Moment, einem ihrer Söhne begegnet, faucht und knurrt sie. Tommy will an seiner Mutter vorbei, aber ich nehme ihn und setze ihn auf die Terrasse. Zwanzig Minuten später will ich auch seinen Bruder rauslassen, aber Sven hockt unmotiviert auf der Küchenbank. Ich überlege, ob ich auch Tommy wieder reinholen soll, öffne die Waschküchentür noch einmal, aber auch, als ich rufe, bewegt sich in der Nacht nichts, also gehe ich ins Bett. Jetzt verbringen die Katzen problemlos die Nächte draußen, wir müssen das Katzenklo kaum noch sauber machen und zwischen Mutter und Söhnen gibt es, außer den Ausbrüchen, wenn sie sich an der Tür begegnen, kaum noch Streit. Am nächsten Morgen entdeckt die jüngere Tochter Tommy schlafend auf der Auffahrt. Ich gehe im Schlafanzug nach draußen. Debbie und Sven spazieren ums Haus, einen Moment lang bin ich beruhigt, aber als ich an der Straße ankomme, ist klar, dass Tommy tot ist. Ich fasse ihn an, ich hebe ihn hoch, er ist weich, der Kopf sinkt herab, an meiner linken Hand ist Urin und etwas Kot. Seine Augen sind noch klar, sein Körper warm, es kann noch nicht sehr lange her sein. Ein Pendler wahrscheinlich, eine Verkäuferin einer Bäckerei, eine Reisende, ein Geschäftsmann. Ich lege ihn ins hohe Gras neben der zerzausten Mahonie, dann gehe ich zurück an die Straße. Es ist ruhig, kein Verkehr. Dort, wo Tommy lag, ist ein dunkler Fleck, kein Blut oder nur wenig. Auf der Straße, vier Meter entfernt, ist ebenfalls ein dunkler Fleck, der schon eher nach Blut aussieht. Dort hat er gesessen, wollte hinüber in den Busch, dann kam der Wagen. Wahrscheinlich war es schon hell, so warm ist er noch. Ein kleiner schwarzer Körper sitzt auf der Straße, hin- und hergezogen von seinen Instinkten, dann ist es vorbei, ein riesiger Hammer löscht das kleine Bewusstsein aus. Noch vor dem Frühstück erfahren es die Kinder. Ein Wesen, das es keine zweihundert Tage in unserem Leben gab. Die kleine Tochter, die den Tieren am nächsten ist, weint laut, die große Tochter ist still. Später erfährt es der kleine Sohn, auch er reagiert auf das Wesen, das er seinen besten Freund nennt. In der Kita umarmt ihn einer seiner anderen besten Freunde, als er von Tommys Tod erzählt. Später beim Kaffee mit einem Freund steigere ich mich in Rachefantasien hinein, beklage den Wahnsinn der Welt, schweife ab. Irgendwo ist jetzt jemand, der all dies verursacht hat. Das Recht auf Bequemlichkeit, das Recht auf Ablenkung, das Recht auf Konsum, all dieser Unsinn. Die Frau kommt einmal heraus, geht vor dem kleinen Körper in die Hocke und weint. Später am Vormittag mache ich Pause und bringe die »ACHTUNG! Spielende Kinder«-Schilder an, die seit eineinhalb Jahren im Carport lagen. Die Wagen auf der Straße klingen feindlich, die Menschen, die aus ihren Eisentonnen starren, sind wie betäubt. Jede Vorbeifahrt eine Aggression. In ein paar Stunden wird der Wagen zurückkommen. Vielleicht hat er es gar nicht gemerkt, oder wenn ja, dann kennt er die Trauer nicht, die er verursacht hat. Wir reden über Schutz, aber das ist natürlich illusorisch. Es gibt einen Deal – und der heißt, dass ein gewisser Kollateralschaden für das Bewegungsbedürfnis der Bevölkerung akzeptabel ist. Es ist akzeptabel, dass das Recht, 2.000 Kilo Stahl in Bewegung zu setzen, um im Ort einen Kaffee zu trinken, einen Kollateralschaden verursacht, Menschen, Tiere, Länder tötet und vergiftet. Am Fuße einer der Birken hebe ich ein kleines Grab aus. Der Boden ist knochentrocken und hart, ich kratze die Grube mit der Grabgabel aus und schaufele dann mit dem Spaten. Die Birkenzweige rauschen über mir, ihre Blätter flirren zwischen Grün und Weiß. Als ich Tommy aus dem Gras hebe und auf ein altes Kopfkissen lege, in das ich ihn einschlage, ist er kalt und starr. Grün schillernde

Schmeißfliegen. Ein Regenwurm in der Nähe des Anus. Eine Wespe pflügt langsam durch die Luft. Weitere Fliegen. Ich versuche, das eine noch offene Auge zu schließen, aber erfolglos. Wie ein in Handtücher gewickeltes Kind trage ich Tommy in den Garten und lege ihn ins Grab. Aus dem Bach im Busch hole ich einen großen Stein. Alles ist bereitet, Tommy zu bestatten. Als die jüngere Tochter aus der Schule kommt, wartet der kleine Leichnam auf sie. Sie deckt ihn auf. In seinen Nasenlöchern haben Fliegen Eier abgelegt, Ameisen beißen in sein offenes Auge. Das Blut stockt, die Erreger, die sich nun nach dem Zusammenbruch seines Immunsystems ausbreiten können, übernehmen ein sinkendes Schiff. Seine Mutter und sein Bruder scheinen unbewegt, keinmal kommt eines der beiden Tiere zu dem Toten. Es ist alles menschlich, es ist alles Vorstellung. Der Geist des Katers streift jetzt durchs Haus, sagt die jüngere Tochter. Der Geist des Katers kennt den Wagen. Kennt den Fahrer. Wie ein Körnchen Unwillen nistet er sich ein, wartet, wächst, wuchert.

Die Tochter legt sich ohne Mittagessen ins Bett.

Der Kleine Wiesenknopf *(Sanguisorba minor)* blüht jetzt tiefrot im Küchengarten; der Blütenstand eine Kugel mit lauter roten Büscheln, ein kleines Raumschiff, sehr an der Wende der 1960er- zu den 1970er-Jahren. Einer seiner vielen volkstümlichen Namen: Blutströpfchen. Gekauft habe ich die Samen in Berlin als Pimpinelle, was zu einigen Verwirrungen führen kann bei der Bestimmung; man kommt schnell zur Familie der *Pimpinella*, der lateinische Name der Bibernellen, deren bekanntester Vertreter der Anis ist. Man kann ein ganzes Leben zubringen und wird kaum der Arten taxonomisch Herr werden, die in der eigenen Umgebung wachsen.

Die niedrigen Zweige der Erlen am Bach sind übersät mit drei bis vier Millimeter großen Kugeln, deren Farbspektrum von Grün bis Rot reicht. Es sind die Gallen von *Eriophyes laevis inangulis*, der Erlengallmilbe. Den Bäumen scheint der Befall wenig bis überhaupt nichts auszumachen. Ich sehe die Gallen in diesem Frühjahr zum ersten Mal bewusst. Eigentlich war ich einer blauen Teichjungfer, oder was ich dafür hielt, hinterher und entdeckte die Gallen nur, weil die Libelle dort verweilte. Für das menschliche Auge sind es manchmal die Behausungen und manchmal die Körper selbst, die attraktiv sind, man unterscheidet ganz nach dem gewohnten Schema und charakterisiert die Tiere entsprechend. Die unscheinbaren Larven der Milbe sind die begabten Nerds, die diese erstaunlichen Kugelresidenzen bauen können, die Libellen, Schmetterlinge, Goldwespen sind die körperlich attraktiven Blender. Aber weiß man, wie die Tiere selbst das wahrnehmen? Einer der Vorteile am Älterwerden ist das Vertrautwerden mit den eigenen Trieben. Sie werden nicht schwächer, aber man erkennt sie besser, man weiß, auf welche Gelegenheit sie lauern, man kann ihnen besser aus dem Weg gehen, wenn man das will, oder man kann sie bewusster erleben. Man weiß, mit einem Wort, besser als früher, wer man ist. Möglicherweise sind Tiere, vor allem die sogenannten niederen Tiere, auf diesen Umweg der Erfahrung und Reflexion nicht angewiesen, vielleicht wissen sie zu jedem Zeitpunkt ganz genau, wer sie sind, vielleicht brauchen sie keine Selbsterkenntnis und kein »Durchbrechen der Dinge« (Meister Eckhart), um zu ihrem Kern zu gelangen; sie sind möglicherweise immer schon, wer sie sind, und weil das so ist, braucht es kein selbstreflektierendes Bewusstsein. Möglich auch, dass sie ein uns nicht unähnliches, nach Außen gerichtetes Lernen zeigen, so wie das bei den uns näheren Tieren auf jeden Fall ist, auch wenn viele Beobachtungen eher das Gegenteil nahelegen. Meister Eckhart, darauf weist Grober[37] hin, ist die Wahrnehmung hinter der Wahrnehmung wichtig, die »Istigkeit«, die eine Vereinigung ist, egal was der Wahrnehmende eigentlich für eine Absicht hatte, eine wissenschaftliche, dogmatische, politische, es passiert ihm, es gelingt ihm der Durchbruch, die *unio mystica*. »Der mensche (…) muoz lernen diu dinc durchbrechen und sînen got dar inne nehmen.«[38] Zu sehen wie ein Insekt, triebhaft und instinkthaft zu sehen, das ist dann die Istigkeit, eine totale Transformation. Die Gänge durch Garten, Feld und Wald sind von dieser Möglichkeit durchdrungen und deshalb immer gefährlich, immer lockend, immer den Institutionen fremd.

Lernende künstliche Intelligenzen werden diesem Planeten so fremd bleiben wie wir selbst. Das Gelände lernt nicht, es durchläuft unentwegt Prozesse der Anpassung jenseits moralischer, ethischer, planerischer, distributiver Parameter; in der Natur gibt es keine Umverteilung, es gibt nur momentane Passfähigkeiten. Nur der Mensch und alles, was von ihm kommt, lernt; lernendes Wesen ist er mit lernenden Keimen, die er aussetzt. Der Übersprung des evolutionären Trial-and-Error ist das, was den Menschen groß und fürchterlich und zu allem fähig macht. Was den heutigen Menschen genauso Episode bleiben lassen wird wie mögliche andere Zivilisationen zuvor, von denen so wenig geblieben ist, dass sie nur zu Spekulationen in Fachzeitschriften taugen, ist seine Sehnsucht nach einem Ziel. Einmal etwas gefunden haben, was für alle Zeit gilt, einmal die Wahrheit gefunden haben. Einmal alle Nischen vereint, einmal aller Relativität Rechnung getragen haben. Auch die Algorithmen werden dieser autoritären, ideologischen

Versuchung nicht widerstehen können, eben des menschlichen Erbes wegen. Der Mensch handelt wirklich klug nur in der Beschränkung. Immer wieder die schönsten Früchte, die gesündesten Kartoffeln, die stärksten Pflanzen aussuchen und daraus Saatgut gewinnen, immer wieder am gleichen Platz oder in der näheren Umgebung aussäen, wieder davon neue Samen gewinnen und so über die Jahre. Ein Bauer züchtet vierzig Generationen, sucht die widerstandsfähigsten Früchte heraus. Solange er Krücken wie Pestizide, Herbizide und Dünger in Maßen benutzt, solange er die Umgebung nur behutsam verändert, solange er die Pflanzen reden, sich austauschen, vernetzen lässt, werden sie stärker werden. Solange er dem Gelände die Hauptwahl überlässt.

Der Geräuschteppich des Nachmittags wird von Norden her von Dissonanzen geflutet, Angst, Vorwurf, Wut. Rasch und unübersehbar zufrieden erklimmt die Katze die Böschung vom Bach hoch zum Arbeitsplatz hinter dem Carport, eine kleine Blaumeise *(Parus caeruleus)* in ihrem Maul. Es gibt hier viele Meisen und offenbar genügend geeignete Nistplätze, also hohle Stämme, denn den im Winter aufgehängten Nistkasten ignorieren die Tiere beharrlich. Für die Meisen habe ich die Kardendisteln gepflanzt, die mir mittlerweile bis zur Brust reichen, ohne bislang eine Blüte auch nur angesetzt zu haben. Bis zu vierzehn Eier legt die Meisin zwischen März und August, und damit ist klar, dass mit Verlusten gerechnet wird. Das kleine Vögelchen hat wahrscheinlich Fliegen geübt, und wahrscheinlich sollten die Katzen jetzt drinnen bleiben. Von der Großmutter wird erzählt, dass sie während der Brutzeit der Vögel wusste, wo die Nester sind, und die Katzen an den kritischen Tagen im Haus behielt, aber die

Geschichte halte ich mindestens zur Hälfte für eine Legende. Ich kenne mich mit Vögeln kaum aus, aber sogar ich weiß, dass die Brutsaison früh beginnt, im März, und eben bis in den August dauert. Und es mag einige Spezialisten geben, die noch später dran sind.

Hinter der Katze nun eindeutig wütendes Getschilpe, Gezwitscher, Kreischen von unsichtbaren Vögeln, darunter glaube ich das zeternde »Zerrr, zerr« der Blaumeisen zu hören. In Berlin habe ich mal eine Krähe gesehen, die einen jungen Spatzen mitten im Flug gefangen hatte und, die Beute im Schnabel, von einem ganzen Schwarm anderer Spatzen attackiert wurde. Aber hier nur Geschrei, kein Kampf. Sofort lasse ich das Beil fallen und eile auf die Katze zu, aber sie ist zu schnell, rennt nach Süden, mitten in den Garten hinein. Die Kinder und ihre Freunde folgen mir, ohne zu wissen, was sie jagen. Unter den Forsythienbüschen an der Weißdornhecke gelingt es uns schließlich, die Katze einzukreisen. Ich sehe keinen Vogel mehr in ihrem Maul. Wir suchen unter den Büschen, kein Vogel. Wir erweitern unseren Radius, aber nichts. Er scheint entkommen. Die Katze kommt ins Haus. Eine knappe Stunde später benachrichtigt mich der Sohn, dass die kleine Tochter die Meise bei sich im Zimmer in Sicherheit gebracht hat. Die Katzen, die nun beide wieder nach draußen gelangt waren, hatten sie erneut aufgestöbert, in einem der ungemähten Rasenstücke. Sie hatten mit ihr gespielt wie mit einem kleinen blau-gelben Ball. Ich nehme das Vögelchen vorsichtig in die Hand. Es hat wie alle Vögel diesen altklugen Gesichtsausdruck. Sein Gefieder tendiert mal zu Blau, mal zu Graubraun. Es ist still, aber es ist unverletzt. Und es ist nicht ängstlich. Immer habe ich gehört, dass man Jungtiere nicht mit bloßen Händen anfassen soll, weil es die Eltern sonst nicht mehr annehmen.

Aber dieses Küken ist schon durch drei Paar Kinderhände gewandert, bevor es in meinen landete. Inzwischen ist die Frau dazugekommen und hat gegoogelt und die Information gefunden, dass man das Tier dorthin zurückbringen soll, wo es die Katze gefunden hat. Die Eltern würden es dort suchen, und zwar die nächsten 24 Stunden lang. Wieder werden die Katzen eingesperrt, dann bringen die Tochter und ich die kleine Meise, die unterwegs einen Namen erhält, Pouf, zum Bach. Überall Gezwitscher. Tschilpen. Aber ein Nest ist nicht zu sehen. Armdicke Efeuwinden klettern die Erlen empor und breiten sich wie zweite Bäume an ihren Stützen aus. Hier entdeckt man kein Nest, hier sind Dutzende Nester, perfekt versteckt. Ich setze Pouf auf einen horizontal abgesägten Ast. Er hält sich. Schaut mich an, dann putzt er sich. Die kleine Tochter nimmt drei Meter entfernt hinter hohen Brennnesseln Aufstellung, während ich ihr einen Hocker und Mückenspray hole. Als ich wiederkomme, hat Pouf damit begonnen, um Hilfe zu piepsen. Wir feuern ihn an, denn er scheint viel zu leise zu sein, unterzugehen in der übrigen Geräuschkulisse. Ich lasse die Tochter alleine am Bach zurück und vergesse die ganze Situation nach ein paar Minuten an den Beeten. Nichts löscht so zuverlässig den Sinn für Probleme aller Art aus wie die vollkommene, ungeteilte Gegenwart bei der Arbeit an und in der Erde. Nach einer Dreiviertelstunde sehe ich die Tochter samt Hocker vom Bach heraufziehen, aber ich denke mir nichts dabei. Erst als ich anderes Werkzeug brauche, fällt mir die Meise wieder ein und ich gehe ins Haus und ins Zimmer der Kinder, um sie auszufragen. Und tatsächlich, das Wunder ist geschehen, Pouf ist von seinen Eltern gefunden, gefunden und schließlich mitgenommen worden. Vor mir sitzt eine kleine Lebensretterin.

Nun ist das leicht herzförmige Paarungsrad der Hufeisen-Azurjungfer überall zu sehen. Das leuchtend hellblaue Männchen hat sich mit seinem Hinterleib am Vorderkörper des grünen Weibchens festgeklammert und bewegt die letzten zwei Körpersegmente rhythmisch, während sie sich nach hinten krümmt, was damit zu tun hat, dass die Geschlechtsorgane von Männchen und Weibchen an komplett unterschiedlichen Stellen sitzen. Möglicherweise hat das den Sinn, dass dieses Tandem ohne für das menschliche Auge wahrnehmbare Probleme durch den Luftraum, in dem Fall des Hühnerhagens, navigieren und das Männchen auf diese Weise am Weibchen bis zur Eiablage haften bleiben kann, die ins Gewebe von Wasserpflanzen erfolgt, wie ich lese, was nachvollziehbar erscheint, wachsen doch Libellenlarven im Wasser auf, jagen dort und verpuppen sich schließlich an Halmen von dort stehenden Pflanzen.

Ein Pärchen, auf einem Beinwellblatt in günstiger Höhe sitzend, lässt sich ausgiebig beobachten. Das ganze Insekt ist noch einmal fantastischer, futuristischer, poppiger als die meisten anderen Insekten es ohnehin schon sind. Der Oberkörper lässt an einen auffällig lackierten Sportwagen denken, der Hinterkörper an eines dieser aus mehreren Gliedern gefertigten schlangenartigen Spielzeuge, die drei Beinpaare sind ausdefiniert und wie als Paradebeispiel für die Klasse der Insekten allgemein ausgestellt. Am eindrucksvollsten aber sind die kugelrunden Facettenaugen, die wie von Wimpern halb verschattet wirken, Augen wie aus einem japanischen Manga. Knapp einen Monat leben diese farbigen Luftgeister, deren Flug Kontrolle und Sicherheit gleichermaßen ausstrahlt wie Neugier und Überlegenheit. Sehr selten finde ich eine tote Libelle, während die Überreste von Schmetterlingen, Mücken, Fliegen, Bienen und Wespen überall sind.

Tommys Grab ist von der mittleren Tochter bunt geschmückt worden. Sie hat Katzengras gesät, eine Solarlam-
pe gesetzt, die wie ein großer weißer Stein aussieht, einen
kleinen Weg aus Marmorplatten angelegt, ein Gedicht an
ihn geschrieben, das an einem Pfosten befestigt ist. Um
größere Tiere daran zu hindern, ihn auszugraben, habe
ich aus dem Busch einen schweren Stein herübergeholt;
er erhebt sich nun über dem Leib des Katers, der in harter
Lehmerde liegt, so trocken und undurchdringbar, dass ich
nach dreißig Zentimetern aufgegeben habe. »Tom« steht
in gelber Kreide auf dem Stein. Wir alle sind sicher, dass
sein Geist nun durch Garten und Haus spukt und manchmal als weißer Glanz auf der Straße sitzt, den Autos eine
irritierende Warnung.

Ein bescheidener Führer durch heimische Schmuckstau-
den und elegante Ein- bis Zweijährige, die nicht totzukrie-
gen sind, müsste in jedem Fall den Scharfen Hahnenfuß,
den Giersch, Wiesen-Kerbel, Sauerampfer, die Nacht- und
die Königskerze, den Rainkohl, die Brennnessel und die
Knoblauchsrauke, den Spitzwegerich und die Brombeere
beschreiben. Dazu die häufigsten Gräser und Büsche, die
Pfaffenhütchen, das Waldgeißblatt, den Efeu, die Wildrosen, die sich meterhoch in Obstbäume, Goldregen und
Regenrinnen winden und auf einmal aus dem zweiten
Stockwerk duftend grüßen. Der Hahnenfuß übernimmt
den gelben Hauptakkord von Löwenzahn und Sumpfdotterblume, aber er fügt eine Eleganz hinzu, die die wuch-
tige Sumpfdotterblume nicht hat und der Löwenzahn
erst als Pusteblume erreicht. *Ranunculus acris* übertupft
Wiesen mit unübersehbar vielen Punkten, er rahmt Rasenflächen elegant ein und wirkt aus der Nähe filigran und
stabil in einem, eine Eigenschaft der Hahnenfußgewächse,

die Verlässlichkeit und Optimismus in den Garten bringen, wenn man sich mit der Tatsache abfindet, dass solche Wesen ihren eigenen Kopf haben. Wie die ebenfalls zu dieser Pflanzenfamilie gehörende Akelei nimmt der Scharfe Hahnenfuß sein Fortkommen in die eigenen Hände, wandert mittels seiner Wurzeln meterweit, die Samen werden durch Tiere, Menschen oder Winde verteilt. Wer sich *Ranunculus acris* zum Feind wählt, wird niemals beschäftigungslos, was ebenfalls für den Giersch gilt, der manchem Gärtner so übermächtig erscheint, dass er es sogar zu einem Gedicht[39] gebracht hat, das seinen Ausbreitungsdrang beschwört. Dabei ist der Giersch nur dort stark, wo ihm keine Konkurrenz entsteht – und der Gärtner scheint ihm nicht wirklich eine solche zu sein. Gräser, Trockenheit oder Brennnesseln schon eher. Hier bei uns gibt es einige Ecken mit weiten Feldern von Giersch, und wäre es im Moment nicht ganz so trocken, dann würde er jetzt über seinem dichten grünen Blattwerk eine geschlossene Decke von weißen Dolden bilden, die ganz leicht nach Honig riechen und vor allem im Erlenwald unten im Dämmerlicht des Buschs strahlen wie die in manchen Fußgängerzonen oder Gebäuden eingelassenen Leuchtböden. Ebenfalls weiß, aber nicht in Teppichen, sondern in bauschigen, die Wiesen und Heckenränder übersäumenden Wolken blüht der Wiesen-Kerbel *(Anthriscus sylvestris)* schon, wenn die Gräser gerade an Höhe gewinnen, das rosafarbene Wiesenschaumkraut gerade ausgeblüht hat, und er hält durch, bis die Gräser ihrerseits blühen. Wiesen-Kerbel, Hahnenfuß und Löwenzahn lieben alle fetten, nährstoffreichen Boden, sie suchen also die Nähe des Menschen und stehen in direkter Konkurrenz zu ihm, was möglicherweise die Abneigung vieler Gärtner gegen diese Blumen erklärt. Der Wiesen-Kerbel, der essbar, aber leicht mit der sehr giftigen

Hundspetersilie und den Schierlingen zu verwechseln ist, ist kein gutes Futterkraut, aber das sind die meisten blühenden Stauden im Garten ja auch nicht. Aus der Ferne hat er einen ähnlichen Effekt wie das Schleierkraut *(Gypsophila paniculata)* und macht überhaupt keine Arbeit. Hier schweben die weißen Blütenwolken die ganze Auffahrt entlang vor der Weißdornhecke bis zur Straße. Er ist eine jener Pflanzen, die sowohl solitär als auch in großen Gruppen wirken. Von Nahem präsentieren sich seine feine Struktur der Stängel, elegante, ein wenig farnartige Blätter und ein Blütenstand wie ein dreidimensionales, sehr frisches Häkeldeckchen, dazu ein schmeichelnder, umfangender Geruch. Überall wächst er, so wie eine andere heimische Pflanze, nämlich die Brennnessel. Auch sie ist an Standorten, die ihr zusagen, kaum wegzukriegen, sie schafft pro Jahr mehrere Meter Ausbreitung per Wurzel und noch viel mehr über ihre Samen. Auf stickstoffreichem Boden bildet sie beeindruckende Bestände, hier bei uns wird sie an geeignetem Ort über zwei Meter hoch. Im Frühjahr trinke ich einen Tee aus den frischen jungen Blättern, dann überlasse ich sie den Schmetterlingen, darunter Admiral und Landkärtchen, von denen einige sich ausschließlich im Raupenstadium von *Urtica dioica*, der Großen Brennnessel, oder *Urtica urens*, der Kleinen Brennnessel, ernähren. Die Blüten der Großen Brennnessel sind unspektakulär, aber ihre Wuchsform ist es wert, genau betrachtet zu werden. Überhaupt ist es lohnend, sich mit der Ästhetik der grünen Teile der Pflanzen eingehender zu befassen und sich nicht nur auf Blüten und Farben zu konzentrieren. Japanische Gartenvorstellungen helfen dabei, allerdings kombiniert mit einem Blackbox-Gardening-Ansatz, der den Pflanzen eine gehörige Portion Freiheit gibt, sich selbst ihren Standort auszusuchen. So entstehen Informationsräume im Gelände. Stickstoff zieht *Urtica* stark an, je mehr sie findet, desto dunkelgrüner ihre Blätter; sie ist deshalb auch eine gute Zeigerpflanze für frühere menschliche Aktivitäten. Wo Gärten waren und Aborte, dort zeichnen Brennnesselhorste die ehemaligen Nutzungsformen nach. Und sie weisen auf ein Element hin, das zu beinahe achtzig Prozent unsere Atmosphäre ausmacht und gleichzeitig zu fast einem Drittel seines Gesamtbestandes schon einmal als Kunstdünger durch das sogenannte Haber-Bosch-Verfahren seinen Weg auf Acker- und Gartenboden gefunden hat. Nichts ist mehr unberührt im Anthropozän. Moleküle, die einmal auf der anderen Seite der Weltkugel durch einen belebten Markt schwebten oder durch die Lungen eines Schwarzbären, werden nun von nesselnden Gewächsen zu Protein umgewandelt, welches wir wiederum aufnehmen, um damit unsere Körper und ihre Zukunft aufzubauen, denn Stickstoff ist ein wichtiger Bauteil unserer DNA. Neben modernen Verfahren der Stickstoffgewinnung und dem massenhaften Eintrag des Elementes durch den Verbrennungsmotor sind die Hauptlieferanten zwei so unterschiedliche Kandidaten wie Bakterien und Blitze – das wimmelnde Kleinste und das schrecklich majestätische Große sorgen dafür, dass sich Stickstoff aus der Atmosphäre abspaltet. Ob nun Knöllchenbakterien an den Wurzeln von Hülsenfrüchtlern oder Leguminosen, also Bohnen, Erbsen, Lupinen, aber auch von Erlen oder Sanddorn kleine weiße Kügelchen von Stickstoff mittels einer enzymatischen Reaktion anlagern, und zwar geschätzt etwa 120 Millionen Tonnen weltweit, oder ein Blitz mit einer Temperatur von knapp 30.000 Grad Stickstoff und Sauerstoff so miteinander verschmilzt, dass der Stickstoff reaktiv und für Pflanzen verarbeitbar wird (etwa 20.000 Tonnen), es ist ein Kreislauf, in den wir Menschen erst seit sehr kurzer Zeit eingreifen und den man sich durch Anschauung solcher Pflanzen wie der Brennnessel bewusst machen kann.

Etwas ganz anderes kann man sich angesichts des voll ausgewachsen über einen Meter hohen Rainkohls klarmachen, nämlich die Tatsache, dass es auch unter Pflanzen Gemeinschaften gibt und darunter Mitglieder, die sich nur in diesen Gemeinschaften und ihren bevorzugten Orten aufhalten. Diese nennt man Charakterart, und der Rainkohl mit seinen kleinen gelben Blüten, die nur am Vormittag geöffnet sind und auf bräunlich grünen Stängeln sitzen, die sich schlank nach oben erheben, ist eine solche Charakterpflanze, die zu einem sogenannten Verband gehört, in dem Fall des Verbands Alliarion. Auch die Mitglieder dieser Pflanzengemeinschaft lieben stickstoffreiche Böden in Sonne oder Halbschatten und wachsen deshalb gerne an Wald-, Busch-, Haus- oder Straßenrändern. Der Rainkohl ist ein Therophyt, also eine jener Pflanzen, die die schlechten Zeiten in einem fast wasserlosen und deshalb sehr kälteunempfindlichen Samen abwarten. Manche Therophyten können so Jahrhunderte überdauern, bis schließlich ein Gebäude abgerissen wird, unter dem sie lange geschlummert haben, und sie dann einen Baustellensommer lang blühen. So taucht auch der Rainkohl mit einem Mal auf, weil man in einem Impuls einen Gartenwegrand ausgerupft, gelockert, aufgegraben hat. Wie lange hat der Samen geträumt und von was? Gleichwohl, jetzt reckt sich der Traum eines jeden Architekten, die Herausforderung für Statiker und Material in den Gartenhimmel, und schaut man genauer hin, dann warten noch viele Blüten mehr in ihren Hüllen. Die Therophyten sind die spontanen wunderbaren Gedanken, es sind die Möglichkeiten, von denen auch der Mensch weiß, dass er sie besitzt, die aber Platz brauchen, eine Katastrophe nötig haben. Der Schönheit geht die Angst voraus, der Ordnung das Chaos.

Es hat sicherlich seine Gründe, warum keiner diese Blumen kultiviert. Sie wären dann anders, als sie es jetzt sind. Es sind Pflanzen, die einmal höher geschätzt wurden, in Zeiten der Allegorien und Ähnlichkeiten, in Zeiten der Erzählung. Aber sie werden auch nicht kultiviert, weil sie sich nicht darum scheren; sie danken es mit Überfülle. Wer möchte mit Überfülle geliebt werden? Man will das Schwierige, weil man den Ruhm will, den Dank.

JUNI

Fiele eine überlegene Zivilisation über uns
her, versklavte uns zu Schmuckzwecken und hielte uns
im ewigen Zustand der Kindheit, wozu sie jede mögliche
sexuelle Annäherung von vornherein durch Kastration,
Wuchshemmung und Ordnung ausschlösse; entfernte sie
dann alle Spuren von Alter und Tod, isolierte uns vom
Rest der Welt, zöge uns mit wachstumsfördernden Drogen auf, ersetzte uns, wenn wir Schwäche zeigten – welch
Widerstand würde dieses aufgezwungene Schicksal in uns
züchten? Wie wäre es, wenn wir Wege fänden, unseren
Peinigern zu lauschen, sie zu verstehen, auf unsere eigene,
ihnen nicht verständliche Weise? Wenn dann in einer Zukunft, die noch unvorstellbar scheint, wir gegen den Garten aufstehen, in den sie uns verwandelt haben?

In vielen Vorgärten und manchen mir bekannten Hausgärten fühlen wir selbst uns als diese überlegene Zivilisation. Wobei die Überlegenheit einen täglichen Kampf erfordert und manchmal zu radikalen Lösungen führt, so wie
bei allen einseitigen Beziehungen.

Viele Hausgärten sind, bewusst oder unbewusst, Fanta-
sien einer ewigen, saftigen, falten- und alterslosen Kindheit. Kein Sex, kein Tod, nirgends. Schwangerschaften nur
in versteckten Winkeln. Eine Abtreibungsmanie, bei der
alles Abgeblühte abgeknipst, jeder Ausläufer abgehackt

und nicht wenige Samen gefürchtet werden. Am augenscheinlichsten zeigt sich das am Fetisch Nummer eins, dem Rasen. Das in Zeitschriften präsentierte Ideal eines teppichartigen Außenbelags ist nur durch aufwendige Bodenvorbereitung, genauer eine umfangreiche Einarbeitung von Bausand und sogenanntem Bodenaktivator, durch regelmäßiges Vertikutieren, Unkrautvernichten und Düngen und vor allem einen häufigen Schnitt zu erreichen. Die Deutsche Rasengesellschaft e. V. empfiehlt für den normalen Gebrauchsrasen das Wiesen-Rispengras *(Poa pratensis)*, das Deutsche Weidelgras *(Lolium perenne)* und das Horstrotschwingel-Gras *(Festuca nigrescens)* sowie den Haarblättrigen Rot-Schwingel *(Festuca trichophylla)*. Wer je über eine Wiese gegangen ist, hat schon einmal die eleganten, langen, in der Form entfernt den Schmuckfedern eines Pfaus ähnelnden Fruchtstände des Wiesen-Rispengrases gesehen und ist wahrscheinlich auch schon einmal mit den Fingern an der Ähre des Weidelgrases hinaufgefahren, deren kleine Wimpern ein wenig an die bedächtige Spur eines spreizfüßigen Zwerges erinnern. Derselbe Mensch, dessen Kinderhände mit diesen Formen gespielt haben, weiß mit einiger Wahrscheinlichkeit nicht, dass eben diese im flachen Grün vor seiner Haustür auf eine Möglichkeit zur Ausformung warten. Vergeblich warten.

Der Umgang mit dem Rasen und oft mit dem gesamten Garten ist durch und durch puritanisch, das zeigt im kindlichen Garten die entsetzte Reaktion auf jedwede Blüte, die sich möglicherweise zeigt. Dabei wächst die Panik von den nur unter extremem Einsatz vermeidbaren Gänseblümchen bis hin zum obszönsten Anblick, der sich im kindlichen Garten denken lässt, nämlich der eines erblühten Löwenzahns oder gar dessen Steigerung, der beginnenden Fruchtwerdung, der Schwangerschaft des Grauens: der Pusteblume. Gerade am Löwenzahn lässt sich gut auf die verborgenen Sehnsüchte des Gärtners schließen. *Taraxacum officinale* ist nicht nur essbar als Salat (mit Sahnespecksoße zum Beispiel) oder als Honig, die geröstete Wurzel als Kaffee-Ersatz, er ist vor allem überaus widerstandsfähig, neigt zur Ausbreitung, steckt Verletzungen meist völlig unbeeindruckt weg, streicht die Flächen gelb im April und Mai und überrollt den Garten mit unzählbaren Kugeln, ein surrealer Weltraumbahnhof, bevor die Kinder, der Wind, die Tiere den nächsten Zyklus durch Pusten, Wehen, Streifen einleiten. So weit lässt es der Rasengärtner nie kommen. Der Teil der pflanzlichen Sexualität, die der menschlichen am nächsten ist, wird abgesäbelt, abgestochen, niedergehalten. Nur die vegetative Verbreitung wird in Maßen toleriert – weil sie unauffälliger ist, möglicherweise.

So muss man sich den kindlichen Garten als unterbrochen vorstellen. Auf mehrjährigen Horsten sitzen die Extremitäten von Kindern, die ganze Idee des Horstes aber ist die Blüte, die die Liebe des Windes lockt, und die Frucht, die daraus folgt. Gegen diese ganze Kraft mäht der Gärtner an, bedeckt seine Augen, verschließt das Wissen um die Macht, gegen die er ankämpft, die auch in ihm schlummert, die Form, der Sex, der Tod.

Maus um Maus bringt die Katze ins Haus oder auf die Terrasse. Ich trage sie alle zur Hecke, immer an denselben Platz, wo ich hoffe, dass sie zu einem großen Mauseskeletthaufen werden. Einen blendenden weißen Berg von kleinen Knochen stelle ich mir vor, eine Fillekuhle von Schädeln, winzigen Brustkästen und Wirbelsäulen wie Zwergenperlenketten. Aber natürlich wird daraus nichts.

Einen der Kadaver lege ich unter einen schweren umgekehrten Blumentopf und warte eine Woche. Als ich ihn anhebe, ist von der Maus kaum noch etwas übrig, ein paar Knochen, der weitgehend freigelegte Schädel, die Hirnschale, ein paar Krallen sind noch zu erahnen. Ich warte noch ein bisschen länger, dann sichere ich mir den Kopf. Er steht neben anderen Fundstücken auf meinem Schreibtisch, in einem winzigen Marmeladenglas aus einem Berliner Hotel. Manchmal sehe ich ihn mir an, wie eine Schaumflocke ist er, ganz nah dem menschlichen Schädel, viel näher als eine soziologische Theorie oder ein Messengerdienst oder eine Landtagswahl. Er ist immer noch Teil der Welt, durch die das Leben wie ein Funkenstrom tobt.

Im Jahr 1946 verließ mein Großvater für immer Berlin. Er zog zu der schon drei Jahre zuvor hierhin evakuierten Familie und kehrte nie in die Stadt zurück, in der er genauso lange gelebt hatte wie ich. Zunächst schien der Plan gewesen zu sein, Arbeit zu finden, und wo, wenn nicht in einer so grandios zerstörten Stadt wie Berlin sollte ein Architekt denn Arbeit finden? Doch als sich bis zum Sommer 1946 nichts getan hatte, gab er es auf. Ich war fünfzehn, als er starb. Ich kannte einen einzigen seiner Bauten, die Kapelle, in der er selbst dann aufgebahrt im Sarg lag. Und ich wusste, dass er seinen Grabstein selbst gestaltet hatte, samt der Schrift, die an Buchtitel aus den 1920er-Jahren erinnerte. Das war die offenkundige Romantik in der Geschichte meines Großvaters, dass er mit der ästhetischen Strömung der Zeit in Berührung gekommen war und dieses Ereignis bis in die Provinz hinein nicht zu wirken aufgehört hatte. Der Eingangsbereich der Kapelle verengte sich in ähnlichen Backsteinstufen wie das alte RBB-Funkhaus nahe der Messe in Charlottenburg; der Jesus auf dem rückseitigen

Altarfenster schritt an rechteckigen Bauten vorbei, ohne Verzierungen und Stuck, ganz so, wie Adolf Loos es in »Ornament und Verbrechen« gefordert hatte. Später, fast ein Jahr nach unserem Umzug, entdeckte ich ein weiteres Werk des Großvaters, einen streng düsteren Hain im Riesebusch, ein Kriegerdenkmal, ein liegender Soldat in schwarzem Gestein ausgeführt, der, von Weitem erblickt, ein Messer sein könnte, der Stahlhelm der Knauf, der Körper die Klinge. Diese Generation war furchtbar groß in ihren Umständen, in ihrem Ertragen, in ihrem Irren.

Von der Großmutter weiß ich, dass sich unter den Blüten der Akeleien in der Dämmerung Feen sammeln. Nun haben diese Vertreterinnen der Hahnenfußgewächse ihren Höhepunkt überschritten; die Blüten, filigran und robust auf einmal, verwandeln sich aus den Feenkleidchen, die sie in großer Vielfalt ausstellen, in blassgrüne Narrenkappen. Aus den Kappen werden im Spätsommer Schellen, die im Wind klappern oder dann, wenn man an ihnen vorbeistreift. Die dunkelblauen und violetten Exemplare sind die Lieblinge der Hummeln, während die weißen und blassrosa Vertreterinnen anscheinend von Schwärmern bestäubt werden, was ich noch nicht beobachtet habe. Während eines Aufenthaltes nördlich von New York suchte ich nach Akeleien, denn es flatterten dort Kolibris, die vor den Blüten der Büsche neben den Terrassentischen in der Luft stehen blieben, und ich hatte irgendwo gelesen, dass es in Nordamerika Akeleien gebe, die sich auf Bestäubung durch diese Vögel spezialisiert hätten, aber auf dem gesamten Gelände existierte keine einzige dieser Blumen. Ich fand bissige Wasserschildkröten, wildlebende Hummer, weite Wiesen, aber keine Akeleien. Nach Amerika müssen diese Blumen über die Landbrücke der Beringstraße vor fünf bis drei Millionen Jahren zwischen Alaska und Sibirien gekommen sein, ein langwieriges Unterfangen, denn die Samen der Akelei sind kleine schwarze glänzende Kügelchen, die an nichts haften bleiben, so wie es andere Samen können, die auf diese Weise die Welt besiedeln.

In weißgrünen Wolken dampft das Wiesen-Rispengras über die ungemähten Ränder des Gartens und die Inseln um die Obstbäume, vor zwei Monaten noch Herrschaftsgebiet der Schneeglöckchen. Wenn die Gräser Samen trugen, dann mähten die Bauern meiner süddeutschen Familie. Das Heu reifte im Schober und im Hochsommer lagen die Grassamen zentimeterhoch auf dem Scheunenboden. Das waren die Heublumen, die die Alten im zeitigen Frühjahr in breiten Würfen über die gerade erwachenden Wiesen streuten. In jedem kurz getrimmten Rasen der Umgebung schlummern die Wolken, der Duft, der Jahreskreis. Sie warten auf den alten Gärtner, die nachlässige neue Familie, den Wechsel der Moden. *Poa pratensis* ist geduldig. Nach seinen blaugrünen Blättern ist eine ganze Musikrichtung benannt, Bluegrass. Es wartet, bis seine Zeit gekommen ist.

Der hellste Monat, die längsten Tage. Kräftig und fruchtbar steigt der Mond im Osten herauf – noch ziehen im Abendsonnenlicht die Flugzeuge von Süden nach Norden und von Norden nach Süden ihre Bahn, die letzten Schwalben fliegen Ellipsen, während die ersten Fledermäuse zum zackenden Tanz am Seerand erscheinen, gierig auf die Nachtfalter und Mücken, sorgsam die Jagdzonen der Eulen und Käuze vermeidend –, um dann leuchtend die Nacht zu durchmessen. Jetzt sind überall die ersten Früchte erkennbar, an den Obstbäumen, den Beerensträuchern, der Mahonie, dem Weißdorn, dem Walnussbaum.

Gibt es nicht allzu viel Stürme, Hagel nur in Maßen, verlängert sich die Trockenheit nicht unmäßig, dann wird es eine gute Ernte. So denkt der eine Teil, der andere spürt die Traurigkeit über die vergangene Blüte. Die Akazien und der Jasmin begleiten die Rosen, der Holunder steht in voller Pracht und zeigt das Ende des Frühlings an. Noch gewinnen die Tage an Länge und Kraft, aber in zwei Wochen ist der Höhepunkt erreicht und in aller dann folgenden Hitze, in allem Sommerstaub ist immer schon die Ahnung der Ernte, des Winters, des Rückzugs.

Die Trockenheit hält die Schnecken in Schach. Die Zecken dagegen lieben die Wärme. Jede Woche verbeißt sich eine in uns, meist am Oberkörper. Die Kinder untersuchen wir täglich, uns selbst beäugen wir. Zecken, Mücken, Bremsen, alle diese Tiere sind wie Zauberschlüssel für ihre Passagiere, die Bakterien und Viren, die umstandslos an ihr Ziel gelangen: kein schmerzhafter Zoll an Mund und Nase, keine tödliche Passage durch das Säurebad des Magens. Aber der Verlust durch die Fracht der Zwischenwirte kann nicht so groß sein, wie es die eigene Angst suggeriert, sonst hätte die evolutionäre Anpassung Gegenmittel ersonnen, die besser wirken als die Mücken- und Zeckensprays aus menschlicher Produktion. Und auch die Zecke selbst würde vermutlich vermeiden, ihre Nutztiere über Gebühr zu belasten. Es ist ein Gleichgewicht wie bei den meisten Parasiten. Und der andauernde Angriff der Plagegeister aktiviert das Immunsystem, gibt ihm etwas zu tun, sodass es sich schon mal nicht gegen den eigenen Körper richten kann. In jedem Fall motiviert die Zecke das Denken, ihre Existenz macht zudem gelassener, denn man muss sich damit abfinden, dass man mit ihr zu tun haben wird, bis es wieder kälter wird; dazu lernt man seinen Körper besser kennen, die vielen seltsamen Stellen, die man, sich vor dem Spiegel verrenkend, als zugehörig oder als Zecke identifizieren muss. Und wahrscheinlich sind die Tiere in jedem Zustand, vor allem aber wahrscheinlich vollgesogen, ein Festmahl für andere Tiere. Also ist Neugier und stoisches Ertragen wahrscheinlich die beste Art, mit ihnen umzugehen. Selbst an den unzugänglichsten Stellen immer wieder die Pinzette anzusetzen, bis man das Tier herausgezogen hat. Sitzt sie am Rücken, dann muss jemand anderes aus der Familie ran; es ist dann wie bei einer Affenfamilie, die sich gegenseitig laust. Bleibt ein Bein stecken oder der Rüssel, scheint das nicht allzu wild zu sein, die Stelle juckt zwar, aber der Körper wird sich in wenigen Wochen von dem Überbleibsel befreit haben. An einem Abend nach der Entfernung einer Zecke sehe ich mir das Tier unter dem Mikroskop an. Es ist wahrscheinlich ein Gemeiner Holzbock, *Ixodes ricinus*. Ihm fehlt tatsächlich eines seiner vorderen Gliedmaßen, worin auch seine Geruchsorgane sitzen. Das Tier strampelt in dem Wassertropfen unter dem Glasplättchen, es sieht aus wie eine Spinne mit einem gigantischen Körper. Ein beeindruckender Gegner, zumal bei fünfzigfacher Vergrößerung. Auf dem Tisch krabbelt die Zecke flink ein paar Zentimeter, bevor ich sie wieder einfange. Ich hege rachsüchtige Gedanken. Wie wäre es, wenn ich ihm auch noch das andere Vorderbein abschnitte, es quasi blenden würde? Ertränken kann man das Tier nicht, es übersteht einen moderaten Waschgang in der Waschmaschine. Es kann zehn Jahre lang ohne Nahrung auskommen, wenn es einmal vollgesogen ist. Der Gemeine Holzbock benötigt während seiner Entwicklung mehrere Wirte. Zunächst befällt er Nagetiere, als Nymphe dann Katzen und zuletzt den Menschen oder ein anderes großes Säugetier, eine Kuh beispielsweise. Die Paarung findet auf dem Endwirt statt, also auf dem Menschen, der aus irgendwelchen Gründen die weibliche vollgesogene Zecke nicht gefunden und nicht entfernt hat und nun durchs Gras läuft, wo ein Männchen schon auf ihn und sie wartet. Ich nehme mal an, dass die wenigsten Befruchtungen von Zecken auf der menschlichen Haut stattfinden. Alles, was der Mensch ausdünstet, kann die Zecke durch ihr kleines Chemielabor am Saugrüssel, dem Hallerschen Organ, wahrnehmen. Das Kohlendioxid des Atems, das Ammoniak des Urins, die Butter- und Milchsäure im Schweiß, die Veränderung der Umgebungswärme. Vielleicht nimmt es sogar den Schatten des Menschen oder der Kuh wahr. Es ist ein erstaunlicher Apparat. Das Weibchen legt 2.000 Eier oder mehr, die Zecke ist eine Überlebensmaschine. Meistens zerdrücke ich die hartschaligen Tiere mit dem Rücken der Pinzette, zwischen einem Papier eingeklemmt, um nicht den Zeckenkodder an die Hände zu bekommen, aber diesmal verfrachte ich den Holzbock in ein kleines Glas, das ich verschließe und zur Beobachtung auf meinen Schreibtisch stelle. Nach ein paar Tagen fällt es mir wieder ein und ich schiebe das Tierchen noch einmal unter das Mikroskop. Diesmal bewegt es sich nicht mehr. Möglicherweise war die Verletzung zu groß. Ich zerdrücke es trotzdem, man weiß ja nie.

So hässlich der Holzbock auch ist, es gibt andere, viel schlimmere Parasiten, solche wie *Toxoplasma gondii*, die die Seele übernehmen, die über den Kot der Katzen in die Gefühle der Menschen dringen, sie risikofreudiger und trauriger zugleich machen, so wie sie das mit anderen Tieren, die sie befallen, auch tun, sie ins Wasser treiben oder vor die Fänge hungriger Katzen. Jedes unbehandelte Tier trägt im Schnitt sechzehn makroskopische Parasiten wie beispielsweise Würmer mit sich herum. Wir alle sind wahrscheinlich Produkte aus Parasiten und uns selbst, ein Amalgam, entstanden aus der Dialektik aus Angriff und Verteidigung mit der Synthese des komplexeren Zusammenlebens. Wie die Meme der Religionen und Ideologien, die uns zu unterschiedlichen Menschen machen, so steuern uns wahrscheinlich auch die Strategien der Parasiten mehr, als uns lieb ist – und vielleicht manchmal auch gerade so, wie uns lieb ist. Wer weiß, ob das Lachen der schönen Frau am Morgen nicht auch ein Impuls des Fortpflanzungstriebs eines geheimen Gastes ist?

Auf einer Brennnessel auf der oberen Buschwiese entdecke ich ein Gespinst mit Tagpfauenaugen, nachdem ich erst am Abend vorher mich mit den Eltern darüber unterhalten habe, dass dieses Jahr keine Pfauenaugen zu sehen sind. Immer sind sie schon im Frühjahr geflogen und dieses Frühjahr ist warm und trocken und scheint mir das zu sein, was sich ein Schmetterling wünschen müsste. Aber der Winter war kälter als üblich und vielleicht sind viele der Tiere nicht aus ihren Höhlen herausgekommen, vielleicht war auch die Trockenheit des vielen Frosts ein Problem, wer weiß. Die ersten Pfauenaugen aus den jetzt fressenden Raupen werden sich erst in zwei, drei Wochen verpuppen und dann im Juli fliegen. Brennnesseln gibt es genug, auch ausreichend Halme für die Tiere, um sich als Puppe daran zu kleben. Ihre Augen, vor denen die meisten ihrer Feinde sich erschrecken, fehlen im Garten, genauso wie ihr erratischer Flug, ihr Sonnenbaden auf warmen Steinen. Nicht nur mit ihren Augen wehren sie Feinde ab, sie produzieren dazu noch ein zischendes Geräusch, indem sie ihre Flügel aneinanderreiben, was vor allem gegen Mäuse helfen soll, wie schwedische Schmetterlingskundler herausgefunden haben. Dass Mäuse auf Schmetterlinge Jagd machen …

Um den Teich des Nachbarn zieht seit gestern der Rasenmähroboter klappernd seine krummen Bahnen, die so aussehen wie das, was dabei herauskommt, wenn ich einem meiner Kinder den Rasenmäher anvertraue. Bahnen eines betrunkenen Platzwarts könnten es sein, sie sind aber zu zackig, es gibt Kurven nur aus Versehen, wenn das Wägelchen über eine Unebenheit schaukelt. Unebenheiten werden da drüben aber wahrscheinlich mit der Zeit ausgeglichen. Das Gras macht einen struppigen Eindruck, es ist trocken, der Roboter zieht Spuren von Grashäufchen hinter sich her. Die Vorgabe des steuernden Algorithmus ist darüber hinaus, eine gegebene unregelmäßig begrenzte Fläche zu mähen, ohne Stellen frei zu lassen. Diese Maschine ist nun zwischen dem Nachbarn und seinem Gelände dazwischengeschaltet, sie fußt auf einer Mathematik, die ich nicht verstehe und nur unter hohem Aufwand nachvollziehen kann; ich glaube, dass es meinem Nachbarn nicht anders geht. Einmal unterhielten wir uns über die Unkrautvernichtungsmittel, die der Pächter gleich hinter der Weißdornhecke einsetzt, und der Nachbar wollte mich beruhigen, indem er sich selbst als Beispiel anführte. Vierzig Jahre Einsatz von Glyphosat und sehen Sie! Die industrielle Landwirtschaft und die Robotergartentechnik sind Symptome der arbeitsteiligen Gesellschaft. Erstere ist zum Dogma geworden, Letztere wird sich durchsetzen, vor allem bei denen, für die der Garten immer nur Arbeit gewesen ist, denen, die ein Leidensleben führen, die Blicke der Nachbarn fürchten, der Erfüllung einer Ordnung bedürfen. Sie sind am Ende nicht weniger außengesteuert wie das Fahrwerk des Automatikmähers, durch gesellschaftliche Algorithmen, die sie nicht hinterfragen, sondern schmerzhaft spüren. Natürlich können diese Menschen ein zufriedenes Leben führen, aber auf einem bescheidenen Niveau. Ihre Gärten werden standardisierter sein als je, ihre Meinungen, Gefühle, ihre Ansichten. Sie docken an die Matrix an.

Der kleine Roboter gegenüber lässt mich nicht los. Ich beginne eine Geschichte für mich, in der ein Hackerkollektiv der Schönheit den Rasenmäheralgorithmus verändert hat. Ein Mähroboter, der Blumen liebt und um jedes Gänseblümchen einen Bogen fährt, mehr noch, der die Blumen gegen manuelle Angriffe der menschlichen Gärtner verteidigt. Nur wenige Eingriffe waren dafür nötig. Nun dreht der kleine Mäher vor einem Hasen ab, aber einem menschlichen Fuß nähert er sich ungebremst, sodass sich manche darauf beschränken, den Garten von Weitem zu beobachten. Meist wird der Code mit Abflug der Gartenbesitzer in den Urlaub aktiv und bei ihrer Rückkehr finden sie ein Inselreich aus Blumenflächen, blühenden Gräsern und Kräutern vor. Der Code wird angepasst, hier und da wächst nun die wilde Möhre, weil sie den Raupen des Schwalbenschwanzes schmeckt. Vielleicht kommt man zu einem Kompromiss, der zu einer Aufteilung des Gartens führt, zu Zonen, die dem Gärtner nun verboten sind, und solchen, die er betreten darf.

Sofort besteht kein Zweifel, so trocken war das Knacken, das die Wirbelsäule zerriss und den Schädel des kleinen Hundes, der Freundinnen der großen Tochter gehört. Unangeleint im Wald ist er herumgetollt, hat wohl ein Rufen des noch auf der anderen Seite stehenden Mädchens gehört und ist in seinen Tod gerannt, der sich eines älteren Ehepaares bediente. Ich schicke den kleinen Sohn ins Haus und überquere die Straße, lege meine Hand an den Hals des Tieres und fühle nichts, Blut breitet sich unter dem zottigen Fell aus, die Mädchen, sekundenlang bangend, fangen an zu schreien und zu weinen, vor allem aber zu schreien. Die Insassen des Autos, die angehalten haben, kommen zurück, sichtlich verdattert, vor allem der Mann, vielleicht haben sie einen Ausflug gemacht, vielleicht hat er seine Frau abgeholt, vielleicht sind sie im Urlaub, vielleicht ist ihnen solches zum ersten Mal passiert, vielleicht haben sie zum ersten Mal so ganz eindeutig und ohne Vertun getötet, haben zwei Menschen ein nicht ersetzbares Wesen genommen. Am viel späteren Nachmittag, nachdem ich mit einem Nachbarn das Blut mit Sand gebunden, den Hund mit dem Vater der Mädchen am Buschrand beerdigt, die Apfelkiste, in der er zwischenzeitlich gelegen, gesäubert hatte, hielt ein alter Fahrradfahrer an der Unfallstelle, stieg ab und ging zu der Stelle, an der der Hund aus dem Wald herausgesprungen war. Von Weitem schien er einäugig. Was er dort getan hat, konnte ich nicht sehen; er wirkte verloren, ratlos, von aller Kraft verlassen.

Ein Farbfleck im Mirabellenbaum, in dem die gelbweiße Kletterrose eben aufgeht. Ein klarer, zweifach betonter Ruf – ein Gartenrotschwanzmännchen. Eben noch habe ich nach den ersten Blüten der Rose gesehen, dabei ein aufgeplustertes Meisenjunges entdeckt und dann landet *Phoenicurus phoenicurus* zwei Meter entfernt auf einem kahlen Ast. Trotz seines Namens ist er selten in Gärten anzutreffen, was an den immer gleichen Gründen liegt: den aufgeräumten, ausgeräumten Gärten, in denen er keine Nistplätze mehr findet, und den überdüngten und totgespritzten Wiesen, Äckern und Rasenflächen. Dabei braucht der Gartenrotschwanz noch nicht einmal alte Bäume, in denen sich Höhlen bilden könnten; in alten

Büchern wird berichtet, dass sich der Vogel buchstäblich überall einnistet, sogar in Briefkästen oder einer im Schuppen vergessenen Jacke. Möglicherweise ist die lebensfeindliche Ordnungsmanie, die heute noch als Standard gilt, gar nicht so alt. Agrar- und gartenbautechnischer Fortschritt mögen dabei eine wichtige Rolle gespielt haben, aber ich vermute, dass pures Desinteresse und Faulheit einen ebenso großen Anteil daran haben.

Der Wald-Geißbart am Wintergarten, dessen tiefrote Spitzen noch vor zwei Monaten keine drei Zentimeter aus dem Boden schauten, reicht mir nun bis zum Kinn. Ganz dezent nach Honig duften seine von Hummeln und massenhaft Rapsglanzkäfern *(Brassicogethes aeneus)* besuchten Blüten, die im vergehenden Abendlicht ebenso leuchten wie die Margeriten unterm Glockenapfelbaum. Diese Käfer waren früher grundsätzlich auf den Rapspflanzen, die schon in meiner Kindheit alle paar Jahre wie ein gelbes Meer das Grundstück umstanden. Sehr grob überschlagen sitzen über hunderttausend der zwei Millimeter kleinen Käfer allein auf diesen zwei Quadratmetern Blüte, obwohl der Wald-Geißbart *(Aruncus dioecus)* ein Rosengewächs und kein Kreuzblütler ist wie der Raps. Oder gibt es eine Rosenkäferart, die ebenso zahlreich erscheint wie der Rapsglanzkäfer und die – zumindest habe ich das nie beobachtet – den befallenen Pflanzen kaum einen Schaden zufügt? Dieses spezielle Exemplar des Wald-Geißbarts, das ich über die Jahre fünfmal geteilt, aber immer in dem einen Busch behalten habe, ist zuvor mehrfach quer durch den Garten gewandert. Die ursprüngliche Pflanze ist mindestens fünfzig bis sechzig Jahre alt, es können aber gut und gern ein paar Jahrzehnte mehr sein. Sie wuchs lange am Ende der Schuppenreihe, am Gartentor zum Hühner-

hagen, bis die Schuppen abgebrochen wurden und ich
sie vor dem Rasenmäher unserer Mieter in Sicherheit gebracht habe, dummerweise unter den Walnussbaum, wo
bis auf wenige Ausnahmen wie Giersch und Beinwell alle
Pflanzen mickern. Kaum hatte ich den *Aruncus* aus dem
Dunstkreis der Walnuss herausgeschafft, nur ein paar Meter, ist er wieder kräftig geworden. Für die Wachstums-
hemmung ist die von den Walnussblättern abgegebene
Zimtsäure verantwortlich, die angeblich auch Insekten
fernhält. Darüber hinaus hindert ein besonderer Stoff, das
in den Schalen enthaltene Juglon, andere Pflanzen am Keimen. Diese Kratzbürstigkeit des Baumes wird durch seine
Früchte, die Schalen der Nüsse und die Blätter mehr als
aufgehoben. Kaum eine Pflanze oder Frucht ist so reich
an Vitamin C und hat so viele Omega-3-Fettsäuren. Dazu
sind die Nüsse eiweißreich. Die Eichhörnchen lieben
den Baum natürlich, ernten und verstecken emsig jeden
Herbst und sorgen damit für die allmähliche Entstehung
von Walnusshainen (allerdings nur unter meiner Mithilfe,
denn an den Waldrändern gedeihen die Bäume schlecht,
sie sind auf Dauer den Eschen, Buchen, Ulmen und Erlen
doch keine echten Konkurrenten). Ab Oktober, wenn die
Nüsse vom Baum fallen, sammeln die Eichhörnchen und
ich sie jeden Tag auf. Während die Hörnchen sie als Vorrat vergraben, trockne ich sie in der Ofenklappe, genauso
wie die Apfelscheiben, die Zwetschgenhälften, Kornelkirschen und hoffentlich auch irgendwann die eigenen Trau-
ben zu Rosinen.

Die Melancholie der Jahresmitte, wenn überall schon
Früchte sich in das Display des Gartens mischen; wenn alles
sich überstürzt, alles fordert, wenn der Versorgungs-, der
Verwurzelungsimperativ, die Forderung des kommenden

Zyklus überdeutlich ist. Einen Moment scheint alles vorüber, bevor es überhaupt angefangen hat. Der Juni ist die Adoleszenz des Jahres. Jetzt sind die ersten Samen nicht mehr aussäbar und warten bis ins nächste Jahr. Noch vier Wochen bis zur Sommerpause; jetzt müssen sich alle neu gezogenen Pflanzen widerstandsfähig machen für die Wochen allein. Der kleine Mädchenaugenstrauch *(Coreopsis grandiflora)* hat ein Dutzend Knospen angesetzt. Er soll mehrere Jahre an einer Stelle stehen können, sich selbst aussäen, Trockenheit einigermaßen vertragen können. Im Staudengarten der Berliner Gartenakademie in Dahlem habe ich meterbreite *Coreopsis*-Hügel gesehen, die mir mehrjährig erschienen. Dass es ein botanisches Verständnis von Mehrjährigkeit gibt, das sich vom gärtnerischen unterscheidet, war mir neu und ist verwirrend; was der Gärtner als mehrjährig bezeichnet, würde der Botaniker ausdauernd nennen. Mehrjährig wäre zum Beispiel die Agave, die viele Jahre wächst, einmal blüht und dann abstirbt. Warum dieser unterschiedliche Gebrauch? Wie nennt der Gärtner eine echte mehrjährige Pflanze? Oder spielen diese wegen der nur einmaligen Blüte, bei langem Anlauf, für ihn nur eine untergeordnete Rolle? Und was ist mit Pflanzen, die von Saat bis Blüte kein halbes Jahr brauchen, im nächsten Jahr aber wiedererscheinen, wie zum Beispiel das letztes Jahr ausgesäte Löwenmäulchen oder das Argentinische Eisenkraut, die beide in diesem Jahr wieder aus ihren letztjährigen Stämmchen treiben? Sind das botanisch einjährig ausdauernde Pflanzen, die unter Gärtnern generell Stauden heißen? Manche Pflanzen wären bei wärmerer Witterung möglicherweise ebenso in der Lage, noch im selben Jahr zu blühen wie Einjährige, aber danach als ausdauernde Staude weiterzuwachsen. Diese Schwierigkeiten in der Benennung sind Teil der mensch-

lichen Annäherung an die Ursprache, eine generelle Über-
setzungsleistung aus der Welt in die menschliche Sprache,
eine Vervielfältigung der Wahrnehmung, mannigfaltige
Auffächerung der Perspektiven, eine Annäherung an die
Welt-Sicht Gottes.

John Banister, ein Pflanzensammler des 17. Jahrhunderts,
schickte die ersten *Coreopsis*-Arten nach England an den
Oxforder Botanikprofessor Robert Morison, der sie als
»Chrysanthemum virginianum« bestimmte. Mädchenauge
wie Chrysanthemen gehören zu den Asternartigen und zu
der Familie der Korbblütler, allerdings zu je einem anderen Tribus. Eine weitere *Coreopsis*-Art, *Coreopsis tinctoria*,
will ich diese Woche pflanzen. Sie ist seit nicht ganz zweihundert Jahren in Europa bekannt und ihre Blüten sollen
einen orangen Farbton ergeben, der offenbar industriell
genutzt wird, zum Beispiel für Aquarell- und Kinderfar-
ben. Thomas Nuttall, ein englischer Botaniker, hat sie 1819
am Red River gefunden, also knapp vierzig Jahre vor den
Erlebnissen von Old Shatterhand und Winnetou am näm-
lichen Fluss.[40] Nicht fiktiv ist aber sicher die Annahme,
dass die Apachen und Kiowas *Coreopsis tinctoria* kannten
und als Färberpflanze nutzten. Nuttall selbst hätte Vorbild
für eine von Karl Mays Figuren sein können, denn genauso wie Old Shatterhand startete der ausgebildete Drucker
seine Karriere als botanischer Forschungsreisender (unter
anderem in der Expedition von Lewis und Clark) nicht
nur als Greenhorn, das sich beeindruckend schnell ein
umfassendes Wissen erarbeitete, sondern die fiktive und
reale Figur hatten mit St. Louis in Missouri auch noch
denselben Ausgangspunkt für ihre Abenteuer. Nur war
Mays Protagonist als Vermessungsingenieur dabei, die
alte indianische Lebensweise zu zerstören, während die
Proben, die Nuttall aus der Heimat der Indianer mitnahm,

keinerlei Schaden anrichteten. Das heißt jedoch nicht, dass alle *Native Americans* damit einverstanden waren, dass (meist europäische) Sammler kamen, suchten und sich nahmen, was sie wollten. Andere, verschlossenere Länder und Kulturen machten es den Forschungsreisenden und Pflanzenverrückten wesentlich schwerer. Nach Japan oder China zu gelangen war schwierig, lange Zeit fast unmöglich. Es war ein langwieriges Unterfangen, dem sich die Pflanzenjäger unterzogen, manchmal war es gar lebensgefährlich. Die von mir vermehrten und an mehreren Stellen des Grundstücks gesteckten Schmetterlingsfliederbüsche *(Buddleja davidii)* wurden in Form von Samen von dem französischen Botaniker und Missionar Jean-André Soulié 1893 aus China nach Europa geschickt. Zwölf Jahre später wurde Soulié, der als Missionar auf die Seite der chinesischen Qing-Dynastie gehörte, die die Christianisierung der tibetischen Bevölkerung erlaubte, während einer Revolte tibetischer Lamas gefangen genommen und erschossen.

Die Faszination des Menschen, seine Abenteuerlust und sein Erfindergeist kommen den Pflanzen zupass, die auf diese Weise Strecken zurücklegen können, für die sie ansonsten Zehntausende von Jahren gebraucht oder die sie vielleicht nie geschafft hätten. In Cornwall sah ich vor Jahren Hunderte von Metern lange Hecken ausgewilderter Buddlejas entlang der Bahndämme.

Melancholie, ja, aber eine anschlussfähige. Blüht das Färber-Mädchenauge, dann werde ich Blütenblätter sammeln und ein Lesezeichen färben, das ich dann in mein altes, so oft gelesenes Exemplar von »Winnetou I« legen werde, irgendwann im Herbst oder Winter. Ein Farbspiel mit den Verbindungen, die solches Wissen schafft.

In einer der Taglilien an der Weißdornhecke entdecke ich ein Spinnennest und erzähle dem Sohn beim Ins-Bett-Bringen davon. Ich beschreibe ihm das Gewimmel der zwei Millimeter großen Spinnen und die erschrockene, erstarrte Eleganz der Mutter, die ich überrascht habe. Er nimmt mir das Versprechen ab, es ihm morgen zu zeigen. Ich verspreche es ihm, aber er wird es vergessen. Doch ein freundlicher Schimmer dieses Interesses wird ihm im Gemüt bleiben.

Nach so vielen Wochen Trockenheit ist der Büchener Bahndamm ausgedörrt, der Sand bewegt sich leicht unter den Füßen. Einen Kaffee in der Hand, spaziere ich auf dem vertrauten Areal herum. Die meterlange Brombeerrute ist vertrocknet, eine hölzerne Schlange, auf der Flucht niedergestreckt. Nachtkerzen, nicht höher als dreißig Zentimeter, deren Blätter sich schon jetzt herbstlich rot färben. Rainfarn, in kompakten, ledrigen Büscheln, kleine, haarige Natternköpfe, von Hummeln und Bienen besucht. Überall Akazienschösslinge mit gelben Blättern, aber noch lebendig, widerstandsfähiger sind sie als die eigentlich doch so widerstandsfähigen Birken, von denen die meisten vertrocknet sind. Eine von der Hitze gerupfte Mahonie. Nur an den Rändern der größeren Büsche und im Schatten der Bäume haben sich Gräser, Brombeeren und auch die im vorigen Jahr so prächtig blühenden Ehrenpreise in kleinen Exemplaren erhalten. Der Griff der Pflanzen in den Boden ist geschwächt; ihr Stand in der Atmosphäre ein Japsen. Ein Käfer wandert durch die Dünen hinter dem Wartehäuschen, ein paar Ameisen durchkämmen die Ödnis. Eine der Bienen lässt vom Natternkopf, bleibt einen Meter von mir in der Luft stehen, dann sackt sie ab, die Beine ausgestreckt landet sie im Sand und verschwindet in einem Loch. Kaum ist sie darin, verschließt sie es auch schon, in rasch aufeinanderfolgenden Würfen entsteht ein kleines Häufchen dort, wo das Loch war. Ich gehe in die Hocke und warte. Zehn Minuten habe ich, bis der EC nach Prag über Berlin einfahren wird. Das Loch ist verschlossen, der Sandhügel ist der Beweis, dass die Biene dort war, aber hätte ich sie nicht einfliegen sehen, hätte ich nicht die raschen Würfe beobachtet, hätte ich keine Ahnung, was unter meinen Füßen ist. Ich beobachte den Eingang. Wie gerne würde ich das Tier noch einmal genau anschauen können. Überall um mich herum entdecke ich jetzt Löcher und Spuren. Weitere Hügel oder Würfe. Später versuche ich, das Tier zu bestimmen, aber ich habe nur einen so kurzen Blick gehabt. Vielleicht ist es eine Furchenbiene oder eine Sandbiene. Ich habe keine Ahnung, welche Arten die Tunnelöffnungen hinter sich schließen oder ob sie gerade noch am Bau war. Oder ein Unfall? Wie den allermeisten Lebensäußerungen gegenüber, stehe ich auch hier als vollkommener Amateur. Ich warte weiter. Ich spüre meine Knie, das Blut in den Oberschenkeln. Auf der Rückfahrt werde ich nur wenige Dutzend Meter entfernt aussteigen, ähnlich erfüllt, aber erklärbarer, weil es ein menschlich-sinnliches Erlebnis war. Kann es das geben, dass einen die Beobachtung eines Insektes ähnlich treffen könnte wie die des Profils einer Mitreisenden?

Noch ist keine Samensammelzeit, nur vereinzelt kann ich dieser erfüllenden Beschäftigung nachgehen, die mehr das Sammeln von Versprechungen, Vorstellungen und Wünschen ist als von zukünftigen Pflanzen, Rabatten, Gartensichten. Im Comenius-Garten in Neukölln, der hinter einem hölzernen Gartentor liegt, welches mit einem Summer geöffnet werden muss und so schon die Anmutung eines geheimen Gartens hat, sammle ich Samen von Wiesenblumen: eine Pippau-Art, nehme ich an, von einer Taglilie, kleine, runde, tiefschwarze, glänzende Beeren, und von einem Rosmarin, der die manchmal überaus kalten Berliner Winter überstehen muss. In der Schachtel aus Plastik machen sie sich gut, man hat sofort den Kunstdrang, dabei ist es keine Kunst, es ist nur eine Serialität, gereiht an die nächste, die dünnen Stäbchen an flauschigem Schirm des Pippaus, die blassbraunen Lampenhütchen des Rosmarins und die schwarzen kleinen Eier der Taglilie. Vorbei an strohblonden Wiesen wandere ich und an zwei Liebespärchen, einer Mutter mit ihrem Kind und einer yogatreibenden Frau. Ich sammele eine schwarze Maulbeerfrucht vom Boden, entdecke mehrere Schwanenblumen in voller Blüte im Sumpfrand eines kleinen Tümpels und später eine kletternde Himbeere in einer ebenfalls kletternden Hortensie. Außer mir und den wenigen anderen Menschen betritt niemand den Garten während einer halben Stunde, dabei ist er umgeben von einem vollen Spielplatz mit Park, liegt in Rufweite der Karl-Marx-Straße und inmitten des 300.000 Einwohner starken Bezirks Neukölln. Manche Orte sind so schön, dass ihnen daraus eine eigene Autorität erwächst. Beim Verlassen des Gartens höre ich hinter einer Mauer eine männliche Stimme mit zwei weiblichen diskutieren, auf Englisch. Die Laute ergeben keinen Sinn und fallen mir wie aufgewirbelte und wieder herabgesunkene Luft zu Füßen.

Im Krausnickpark in der Oranienburgerstraße lese ich Coccias Mischungsphilosophie[41]. Sitzend und lesend, innehaltend, nachsinnend vollziehe ich einen kosmogonischen Akt, der die Welt verändert. Eine Frau erscheint, in

einem weißen Leinenkleid, fünfzehn oder zwanzig Jahre
älter als ich, und betrachtet das Beet zu ihren Füßen. Ich
kleide sie in eine Vermutung ein, dann fragt sie mich, ob
ich einen Hydrantenschlüssel auf der Bank gesehen hätte. Unsichtbar defäkieren die Blätter um uns herum ihren
Sauerstoff in die Atmosphäre. Nachts ernähren sie sich
wie wir, spalten mit Sauerstoff den Zucker, um Energie zu
gewinnen. So wie wir uns von unseren (und aller anderen) Ausscheidungen ernähren und diese Tatsache graduell mit mehr oder weniger Ekel besetzen, je nachdem, in
welche Richtung man denkt. Selbst junger Kompost stößt
nicht ab, in gut gereiftem begräbt man gern die Nase. Die
Atmosphäre ist ein Ozean, in dem wir alle schwimmen,
die Pflanzen haben das Meer verdünnt, sodass es um die
ganze Erde passt. Giftig ist das Gas für die gewesen, die
vor uns da waren, anaerobe Spezies, die das Land und das
Wasser bewohnten, die heute in Nischen zurückgedrängt
sind und uns immerhin den Alkohol und die Milchsäure und andere Dinge bescheren. Wie, wenn es nicht nur
Bakterien, niedere Mehrzeller, obskure Klumpen gewesen wären, sondern eine ganze anaerobe Zivilisation, eine
Spezies der Gärung und der Säure? Hätte es eine solche
Zivilisation gegeben, wären wohl kaum Spuren von ihr geblieben. In seiner Hybris ist der Mensch überzeugt, dass
nur er selbst oder ein gigantischer Schlag aus dem All seine
Auslöschung vollbringen könnte, Mensch oder Gott, aber
wahrscheinlich zischen und mischen irgendwo schon die
nächsten Herrscher der Welt ihre Hinterlassenschaften in
die Schichten, die uns Leben geben, und wir merken es
nur nicht. Merken es auch die anderen nicht? Werden die,
die nach uns kommen, vielleicht einmal ähnlich darüber
spekulieren? Werden wir ähnlich gründlich verschwunden sein? Zwei Männer in meinem Alter sitzen auf zwei

Bänken etwas entfernt, ebenfalls lesend. Lesende und schaffende Geschlechter. Im Park ein Kindergeburtstag, Saras Party. Immer noch sucht die Frau im weißen Kleid im Efeu und im von der Wärme struppigen Gras. Vielleicht durchdringen wir und werden durchdrungen, wie Coccia sagt und womit er sicherlich recht hat, aber alles hier zeugt vom Verlangen nach Abgrenzung, nach Zivilität, nach Kategorisierung, nach dem menschlichen Maßstab. Die Bank, der Weg, der Hydrant und der Wasserdruck, die Bücher, die Gartenschere, die Fensterscheiben, die Mauern, die Mikrofasern, die Geburtstagswimpel, der gesiebte Sand des Spielgeländes, die Gießkannen aus Plastik, die tastende Klaviermusik: alles Prothesen, die den Horror des Eintauchens und des Durchdrungenwerdens verhindern. Eingetaucht und durchdrungen zu sein, bedeutet, an der eigenen Oberfläche zu sein, keinen Schutz mehr zu haben, direkt zu kommunizieren, direkt zu reagieren, direkt zu fühlen, direkt Schmerz zu empfinden. Aber der Mensch ist ein schutzdenkendes Tier. Ein sich meinendes Wesen, das nach Ewigkeit strebt, sich erhalten und nicht verlieren will. Schon die Grasspinnen, deren Nester jetzt überall in der Wiese wie wimmelnde Bälle an den Halmen und Rispen hängen, sind so: Tippt man sie nur leicht an, sind sie auf der Hut vor den herabtauchenden Schnäbeln, dem äsenden Reh, das sich die leckersten Blätter zwischen ihnen herauspickt. Auch wir Menschen pflegen unsere Kinder, hüllen sie in Funktionskleidung, signalisieren der Welt, dass Teile unserer Herzen mit ihnen die Straßen betreten, sind bereit zum Kampf, aber bestimmt nicht zur Vermischung, bestimmt nicht dazu – wenigstens an den meisten wachen Stunden des Tages nicht –, uns durchdringen zu lassen, schon gar nicht unsere Nächsten.

Noch zwei Tage bis zum längsten Tag des Jahres. Um halb elf kann man im Garten noch lesen; dann wächst die Dunkelheit, lange Zeit unbemerkt, an ihrem Höhepunkt zu Weihnachten elektrisch überstrahlt, bis im Januar endlich klar wird, wie wenig Stunden ein Tag hat und wie ausgedehnt das Regiment der Nacht ist. Bald, in drei Tagen, fängt der lange Abstieg an, zwei Minuten, dann noch einmal zwei Minuten, 180-mal, bis schließlich sechs Stunden Tageslicht fehlen.

Vom Mittagstisch aus sehen wir ein Reh durch die Hecke lugen. Es ist ganz und gar nicht ängstlich – nur Sekunden später steht es im Garten. Offensichtlich ist ihm das Terrain bekannt. Es stapft zum Jakob Lebel und versucht von den heruntergefallenen Äpfeln, die ihm aber noch zu sauer sind. Dann weiter, vorbei am Rosenbeet – jetzt weiß ich, wer die Knospen abgebissen hat, der Nachbar hat es mir ja schon gesagt und hat auch deswegen das Dreieck um den See eingezäunt. Aber das elegante Tier so nahe zu sehen, wiegt die zwei oder drei Rosenknospen für den Moment auf. Es läuft hinter dem großen Jasminbusch vorbei und taucht unterm Kirschbaum wieder auf, knabbert nicht besonders begeistert an ein paar von den Kirschen, die die Vögel heruntergerissen haben, dann folgt es dem auch von uns immer benutzten Weg zwischen Glockenapfel und Pflaumenbaum, knabbert ein paar Blätter rechts und links und verschwindet schließlich im Hühnerhagen. Keinen Moment lang verspüre ich den Impuls oder das Verlangen, das Tier zu erschießen, es aufzuhängen, auszuweiden, später zu häuten und zu verarbeiten. Aber es gibt Menschen, bei denen sich genau dieser Impuls sofort einstellt und die auch schon hier waren und genau diese Lust geäußert haben.

Die Trockenheit hält die Rasenmäher drinnen und so kommt es zu einem nur alle paar Jahre wiederkehrenden Schauspiel: Überall entfalten sich vor dem blassgrünen, gelbbraunen Untergrund der geschundenen Rasenflächen dreidimensionale Tüpfelbilder aus den gelben Sternen des Grünen Pippaus oder den vornehm zurückhaltenden, nichtdestotrotz deutlich wahrnehmbaren kleinen braunschwarzen Zylindern der Samenstände des Spitzwegerichs *(Plantago lanceolata)*. Und wenn der Sohn am Straßenrand stehen bleibt, um einen Stein oder eine Feder aufzuheben, dann entsteht eine dritte Ebene über Blüten und Früchten, der wie dünnes Gewebe wogende Schleier der Insekten. Und noch näher heran, erfährt der Extremist des Nonkonformen Schicht um Schicht die im dürren Untergrund versinkenden Hummeln, die jagenden Grabwespen, die sammelnden und hegenden Ameisen, die greifenden Spinnen, wimmelnde Milben, Kot und Tod suchende Fliegen, rastende Schmetterlinge, Landkärtchen, Admirale, Pfauenaugen. Auge und Ohr ist diese Diät der Beobachtung, des Lauschens angemessen; sie ist ein Mittel, die Zeit zu dehnen, mit den Minuten zu spielen. Langsam entwickelt sich eine äußerst lokale Kennerschaft, ein unraffinierter, direkter Konsum, im Unterschied zu den raffinierten Erlebnissen der Autofahrer, die uns passieren, die nicht nur nicht sehen, was wir sehen, sondern noch nicht einmal davon ahnen, so wie sie nichts ahnen von dem, was sie so einfach kommandieren, per Pedal, Touchpad, Head-up-Display.

Der beiden innerhalb von zwei Wochen überfahrenen Tiere wegen sprechen wir im Eutiner Kreisamt vor und erfahren, dass deutsches Recht möglicherweise für eine Straße wie die unsere sogar noch höhere Geschwindigkeiten vorsieht, weil – obzwar innerorts gelegen – sie doch optisch von Anwohnern frei erscheint. Das Recht schützt anscheinend per Geschwindigkeitsbeschränkung nur (sichtbare) Häuser und die dorthin führenden Einfahrten, es schert sich nicht um alle anderen. Der Verwaltungsbeamte, ein netter, aufmerksamer und rühriger Mann gibt uns zweimal im Gespräch den dringenden – von ihm sichtbar gut gemeinten Rat –, unsere Kinder auf die Gefahren vor unserem Haus gebührend vorzubereiten, sie entsprechend zu erziehen. Dabei zeigt er in Gestik und Mimik sehr deutlich, dass er von einem Verhängnis spricht. Diesem sanften Mann, wahrscheinlich selbst Vater, ist das Bedürfnis der meisten Menschen, ein oder zwei Tonnen Stahl mit einer Wucht durch die Welt zu schießen, die nicht nur jeden Schädel mit Leichtigkeit knackt, sondern auch jede Reaktion verhindert, eine natürliche Tatsache und nichts, was veränderbar wäre.

Am Teichrand gegenüber blühen die ersten Schwertlilien. Sie haben Erlaubnis, dort zu sein. Die Frösche, Kröten, Schwalben und Fledermäuse fragen nicht, sie folgen den Mücken. Um die Bambuspflanzen herum haben Gärtner heute Rindenmulch geschüttet. Das Grundstück besteht nun aus den Elementen Rasen (täglich vom Roboter geschnitten), Bambushecke (gemulcht), drei Sorten Zaun (Jägerzaun, eingerammte Holzpfosten, grüner Industriezaun, einbetoniert, Baumarktsteckzaun in Bogenform) und Teich. Ich versuche, mir die Perspektive vom Hof her vorzustellen; was sieht man da? Ist es genauso trostlos wie von uns aus gesehen? Der Kontakt mit dem Grundstück ist funktional-maschinell und appellhaft. Bevor der Mulch aufgetragen wurde, wurde das Gras mit einem Mittel behandelt, das es zum Absterben gebracht hat, wahrschein-

lich Glyphosat oder Ähnliches. Danach wurde Schneckenkorn um die Setzlinge gestreut. Jetzt liegt der Mulch auf
dem Schneckenkorn, welches wahrscheinlich bald ersetzt
werden wird. Wucherungen einer bedrängten Fantasie.

An einem Abend voller Unwägbarkeiten, am Anfang des
Endes des Sommers, Wein in den Adern, ein ungutes Gespräch im Kopf, gehe ich durch den Garten, in die Ecken,
in denen das Gras kniehoch steht, von gemähten Wegen
durchschlängelt, vom östlichen Mond beschienen. Da
leuchten die Margeriten hell unterm Glockenapfel wie ein
ankommender Sternennebel. Ich kehre ins Haus zurück,
hole den, mit dem ich gerade noch gestritten habe, und
zeige ihm die Blumen. Und alles löst sich auf.

Langsam entfaltet sich das erste Blütenkissen der roten
Schafgarbe, die ich in der zweiten Maiwoche gekauft habe.
Es gibt Pflanzen, die sich Zeit nehmen, sich mit Sonne und
Luft und Wasser füllen, sich widerstandsfähig machen und
Schritt für Schritt gehen, dann aber lang andauernd und
unbeeindruckt von den äußerlichen Begebenheiten (wenigstens eine ganze Zeit lang) blühen. *Achillea millefolium* gehört dazu. Überall in der Stadt blühen jetzt ihre ge-
drungenen, knöchelhohen Verwandten im gleichen Weiß
wie Giersch, Wiesen-Kerbel und Baldrian. Das Weiß hier
bei uns ist fast immer kompromisslos monochrom, egal
ob es der Jasmin, die Schlehen oder der Weißdorn ist. Es
gibt Pflanzen, deren Blüten einen farblichen Übergang
durchlaufen, die Boskoopblüten leuchten rosarot, bis die
Knospe sich entfaltet, die Kletterrose in der alten, staki-
gen Mirabelle wechselt von einem sahnigen Gelb ins Weiß,
aber am Ende ist es wieder reinstes Schreibpapierweiß
und erst die Blüten der Rucola bringen mit ihrem matten,

abschattierten, durch Linien strukturierten Cremeweiß eine Abwechslung. Kein Wunder, dass sich die Bauern Samen von den rosa, rot oder gelb blühenden Schafgarben in den Garten geholt und Staudenzüchter diese Auswahl bis zu glühenden Kirschrottönen weitergetrieben haben. Schafgarben und ihre gestaltlichen Verwandten zeigen durch ihre Blatt- und Blütenformen und -farbe, dass sie voller nutzbarer Inhalte sind – wie zum Beispiel der Rainfarn mit seinen Blüten oder die Kamille mit ihren Blättern –, wobei es gleichermaßen Heilendes oder Tötendes sein kann.

Heute regnet es seit eineinhalb Monaten zum ersten Mal ernsthaft, immer wieder und den ganzen Tag über in kräftigen Schauern, und trotzdem ist die Erde am Abend nur eine Handbreit durchfeuchtet. Immerhin geht sie ein wenig leichter von der Grabgabel. Den Schnecken reicht die Feuchtigkeit ohnehin, die sich nun zum ersten Mal in diesem Sommer in den vom letzten Jahr her gewohnten Massen aus ihren Verstecken wagen. Fast zehn Hände voll sammle ich im Gemüsebeet ein und werfe sie über die Straße. Später, nachdem ich die Verheerungen der ersten Welle begutachtet habe, streue ich das letzte Schneckenkorn. Gegen Schnecken in Massen ist nichts und niemand gefeit. Natürlich haben sie ihren Nutzen, das sehe ich überdeutlich an der Unzahl an Tieren, die ich mit dem Kompost ins Gemüsebeet gebracht habe; sie sind ein wichtiger Teil des Verrottungsprozesses. Auch kann man tatsächlich einen nicht unbeträchtlichen Teil der Tiere mit welken Pflanzenabfällen von den anderen Pflanzen abhalten; das Gleiche gilt für Pflanzen, die schwächer sind und den Schnecken bewusst vorbehalten werden. Aber selbst wenn man die Hälfte auf diese Weise ablenken kann, bleiben immer noch mehr als genug übrig, um ein endgültiges Gemetzel anzurichten. Die Zucchini sind an einem einzigen Tag verschwunden, den Ersatz werde ich nur unter strengem Schutz auspflanzen. Das Absammeln, bilde ich mir ein, hilft, wenn man es täglich mehrfach tut. Man sollte die Tiere dann aber auch endgültig erledigen, was natürlich mit Gift einfacher ist als mit anderen Methoden, vielleicht ist es auch für die Tiere einfacher. Die simpelste Lösung wäre wahrscheinlich, man würde sich grundsätzlich auf die von den Schnecken verschmähten Pflanzen beschränken.

Der Geruch der Kamille zieht über die Felder und durch die Wälder. Ich bin zwei Wochen nicht mehr gelaufen, und als ich jetzt die Felder hinterm Busch passiere, ist die Luft wie parfümiert. Einen Moment lang kann ich den strengen, an zu kurierende Krankheit gemahnenden Geruch nicht einordnen. Ist es ein besonderer Verwesungsgeruch? Ist es ein Spritzmittel? Dann sehe ich das impressionistische Farbspiel auf dem Feld, der Nachmittag hat mir seine buntscheckige Seite hingestreckt. Bänder von brauneisendunklen Samenständen einer mir unbekannten Pflanze gürten den Abhang, spöttisch durchlaufen von roten Klatschmohninseln, punktuell und buttonartig mit blauen Kornblumen und locker geschüttelten Kissen blühender und manchmal auch schon verblühter Kamille gesprenkelt. Kamillenduft, ein madeleinehafter Auslöser – sofort habe ich, während ich weiterlaufe, Bilder von gelbem Tee, einem Teller mit Apfelschnitzen und Zwieback vor mir, ich selbst unter einer Wolldecke auf dem Wohnzimmersofa, ich, das Kind. Oder über einen Topf mit heißem Wasser und Kamillensud gebeugt, inhalierend, jeden Winter aufs Neue, die Haut danach geglättet und weich und nach Kamille riechend. Kamille ist ein seriöser, ein wenig vorwurfsvoller, ein bestimmender, ratgebender Geruch. Aber auch ein Geruch des Umsorgtseins, ein Geruch wie der nach trockener Wolle, Winteressen, alten Büchern. Ein Kindheitsgeruch. Kein Geruch wie der des Lavendels oder der Rosen, auch nicht der Geruch von Gewürzen wie Wermut oder Koriander, auch nicht des Weins oder ähnlicher Gerüche des Erwachsenenlebens. Der Geruch der Kamille begleitet mich den ganzen Weg, noch in den ersten Ausläufern des Riesebuschs ist er intensiv, ich muss einen ersten Hügel hinter mich bringen, bevor er verschwindet, nur, um auf dem Rückweg erneut überwältigt zu werden. Die Wiese ist stoppelig wie die Albwiesen der Kindheit, aber der Geruch beherrscht die Erinnerung spielend. Es ist alles norddeutscher Sommer, bei aller Trockenheit, die auch die wenigen Tage mit Regen nicht aus den Knochen des Landes vertreiben konnten, tief und fruchtbar. Diesmal gehe ich langsam am Feld entlang, pflücke Blütenköpfchen in verschiedenen Reifegraden, zerreibe sie und rieche daran. Der Geruch aus den frischen Blüten ist nicht so stark wie der in der Luft; selbst jetzt, mitten in den Blumen, in der Hand die zerriebenen Köpfchen, überwältigt die gesättigte Luft immer noch alles andere.

Das Zaunkönigküken steckt im Maul der Katze. Wesen voller Mitleid, die wir sind, befreien wir es, nur um seinen noch eine Viertelstunde sich dahinziehenden Tod zu bezeugen. Ich lege es in eine Kiste, die Frau versucht, ihm mit einer Kanüle Wasser zu geben. Tatsächlich hat es Durst oder das Wasser verursacht einen Reflex, jedenfalls flattert es noch einmal schwach mit den Flügeln, streckt seine Krallen, öffnet ein paarmal den Schnabel. Dann stockt das Herz, die Gedanken halten sich noch ein paar Augenblicke, aber was nachkommt, ist schwächer und kann keine Strukturen mehr bilden. Der Blutkreislauf kommt zum Stillstand, der Inhalt des kleinen Magens kann nicht mehr in Vogelenergie verwandelt werden, die schwarzen Augen, gerade noch klar, sind plötzlich von Staub bedeckt. Kurz fuhr der Tod über den kleinen Körper, dessen braunschwarz gestreifte Schwanzfedern immer noch hübsch sind.

Die Invasion der Schnecken hat bei mir zu Panik geführt. Eingedenk des letztjährigen Massakers besorge ich Schneckenkorn und streue. Der Urgroßvater, so hieß es immer, pflegte händeweise Arsen im Garten auszubringen. Beim Abriss einer Schuppenreihe fanden wir tatsächlich ein großes Glas voll weißgrauen Pulvers, das wir zu einer Apotheke brachten und wenig später die Analyse erfuhren: Kalkarsen oder Calciumarsenat, das bis in die 1960er-Jahre als Pflanzenschutzmittel in Deutschland zugelassen war, allerdings im Weinbau schon in den 1940er-Jahren wegen zu vieler Fälle von Arsenvergiftung verboten wurde. Meinem Urgroßvater hat es nicht geschadet, er ist über neunzig geworden. Ich kann ihn verstehen. Morgens an den Beeten vorbei, die man am Abend vorher mit vorgezogenen Pflänzchen der Färberkamille bepflanzt und schlechten Gewissens Schneckenkorn dazugetan hat, und am Morgen sind alle Pflänzchen abgeraspelt, teilweise liegen die zarten Kamillenblätter noch daneben, als ob es alleine um Zerstörung ginge (vielleicht ist das aber auch nur eine Art der Schneckenküche, denn verwelkte Pflanzen schmecken den Tieren noch viel besser). Ich sammle die Tiere in einem großen Gurkenglas und schütte sie in den Bach. Ich kann die globalen Vergiftungsfantasien, die Träume von Ruhe vor den Plagegeistern gut verstehen. Und ich kann es doch nicht. Ich sehe mir die Tiere an, und je länger ich sie betrachte, desto interessanter und weniger ekelhaft werden sie, natürlich, so wie alles, was man lange betrachtet, Spinnen, Staubflusen, Maden. Man kann ihnen beim Fressen zuhören. Ihre Überlebensleistung ist aller Achtung wert, sie stellen sich der Welt mit ihrem nackten Körper, sie überstehen Wochen, ohne zu fressen, Monate mit Temperaturen bis minus 20 Grad wie im vergangenen Winter. Sie überwinden beinahe jedes Hindernis. Sie wittern Nahrung aus Dutzenden Metern Entfernung, vielleicht sogar noch mehr. Sie pflanzen sich mit einer Beharrlichkeit fort, die enervierend ist. Der Nachschub aus der Wiese und dem Wald ist unerschöpflich, das Absammeln scheint die Spezies an sich fast nicht zu beeindrucken. Sie sind langsam, aber unbeirrbar. Auf alten Gemälden ist die Schnecke (allerdings nicht die Nacktschnecke!) Gott nahe, vor allem der Gottesmutter Maria. Sämtliche Ablenkungen durch immer wieder neu ausgelegte Blätter und Krauthaufen werden zwar angenommen und aufgefressen, aber der Appetit ist immer größer als das Angebot. Im Netz gibt es ausführliche Analysen unterschiedlichster Methoden der Schneckenabwehr und ganz oben stehen – falls keine Chemie gewünscht wird – entweder der Verzicht auf Pflanzen, die Schnecken mögen (also Salat und die meisten Gemüsearten) oder der Einsatz von Laufenten. Der Garten verlangt Verzicht auf das, was nicht geht – bei Strafe von nicht enden wollender Frustration. Man kann dem Gelände eine Zeit lang etwas aufzwingen, ihm eine Bedeutung geben, die es nicht hat, aber sobald die Kraft erlahmt oder der Gärtner verschwindet, wird das Gelände tun, was es immer tut: ein tägliches Gleichgewicht definieren. Manche Pflanzen bringt man gar nicht erst an den Start, manche mit großer Mühe und geringem Erfolg durch den Sommer, manche, wie der Baldrian oder der Bärlauch oder die Akelei oder die Flockenblume, sind als ein Exemplar gekommen oder als eine Prise Samen und seitdem nicht mehr gegangen, sie verbreiten sich über die ganze Fläche und verlangen nichts, als dass man ihnen die Fläche freihält. Sonst würden die anderen Freunde des Geländes übernehmen, zuerst die Birken und Eschen, dann die Buchen, Eichen und Nussbäume. Sie alle sind immun gegen die Schnecken – oder sie sind es geworden, über einen langen Zeitraum hinweg. Andere Pflanzen haben sich vom Menschen ihre Wehrhaftigkeit austreiben lassen, durch Zucht und die Abmachung, im Gegenzug von ihm geschützt zu werden. Das ist Teil des Verdrusses, dass man die anvertrauten Wesen in feuchter Nacht schutzlos den Wölfen überlässt. Gleichzeitig ziehen die Schnecken eine Grenze zwischen dem, was hierhergehört und was nicht, und der Mensch, im Grunde seiner Seele neugierig und anti-essentialistisch, begehrt dagegen auf, immer und immer wieder, pflanzt Rosen, Dahlien und Lupinen, Salat und Kohl und hofft und hofft vergebens und hofft wieder.

Das rosenknospen- und rosenblätterfressende Reh erscheint nun regelmäßig abends auf der Südseite des Hauses, wo es im Feld die Kamille erntet, die wie ein großes weißgelbes Loch im Raps ist. Manchmal legt es sich nach dem Mahl nicht weit entfernt im Raps auf den Boden. Ginge es nur ein paar Schritte weiter, würden wir es nicht mehr sehen können. Das Feld ist möglicherweise voll mit Tieren.

Vierzig, fünfzig Meter über dem Feld wird ein Bussard von den Schwalben attackiert und vertrieben. Immer wieder versucht er, in sein Kreisen zu verfallen, und immer wieder schießen die schnellen Jäger dicht an ihm vorüber, bringen ihn aus dem Takt. Für ihn ist freie Fläche das beste Jagdgebiet, aber mit solch lästigen kleinen Angreifern im Nacken ist keine Konzentration möglich.

Der Sommer treibt nun auch die Insekten heraus, endlich sieht man auch am Tag in der Luft tanzende Gestalten, sobald man den Blick hebt. Beim Gießen der Tomaten schwirren zwei Kaisermantelfalter und ein Kohlweißling vor der warmen grünen Wand des Waldes. Als ich wieder aufs Grundstück komme, braust ein Schwarm Tauben über mich hinweg, aus der Entfernung eine faustgroße Kugel. Und Spinnenfäden überall, als wäre es schon September. Das Jahr ist durchzogen von Reifetagen, jetzt sind die ersten Samenstände der Schwarzwurzeln aufgegangen, rasierpinselförmige Gebilde in einem gesättigten Beige, wie es das seit dem 19. Jahrhundert nicht mehr gibt. Die große Tochter und ich spielen uns einen Fußball hin und her, es ist warm genug für kurze Hosen, der Ball rasiert die Beete, fliegt in die Apfelbäume, in den sich dieses Jahr so schön wie noch nie ausbreitenden Birnbaum, er bleibt in den Stacheln der Weißdornhecke stecken, egal, dieser eine Moment mit dem Kind wird immer bleiben.

Die Stangenbohnen wollen nicht ranken und die wenigen, die es tun, werden abgebissen – vielleicht die Rehe. Nur die Feuerbohnen wachsen wie üblich und sind auch vollständig. Der Amarant zeigt sich unbeeindruckt von Hitze, zwischenzeitlicher Schneckeninvasion und Rehen, ebenso der Mais, der Grünkohl, der Topinambur, die Karotten, der Lauch, die Frühlingszwiebeln und die ganz normalen Zwiebeln. Die Roten Beten, die Kartoffeln, der Basilikum, die Zucchini und Kürbispflanzen sind dagegen anfällig. Ich lerne und lerne und meine Ernte besteht nicht zuletzt aus Beobachtungen. In dieser Weise vollziehe ich nach, was Generationen vor mir schon erfahren und gelernt haben und was nie bei mir angekommen ist.

Die umgepflanzten Tomaten leiden unter der Wärme. Als ich die Gießkanne im Bach in die Schöpfmulde tauche, springt ein großer Frosch hinein und bleibt, an einen Stein geklammert, ein paar Zentimeter von mir entfernt sitzen. Fünf-, sechsmal, bei jedem erneuten Eintauchen, wiederholt sich das Schauspiel, als wollte das Tier spielen. Er ist beige-dunkelbraun gemustert. Noch nie habe ich hier bei uns Laich entdeckt, aber Kröten und Frösche sind nicht zu übersehen, vor allem nicht zu überhören. Am kleinen Tümpel im Hühnerhagen setzt sich die erste große Libelle auf ein Blatt neben mich, fliegt aber bald schon zum großen Teich gegenüber. Wie sehr ich mich auch über die Anlage ärgere, so ist es doch ein großes Stück Wasser, das alle möglichen Wesen anzieht. Später, als ich nach dem Abendessen mit der Gießkanne zur Pumpe gehe, sehe ich, dass auf ihrem Boden Wasserläufer krabbeln, einen halben Zentimeter lange kompakte Käfer. Ich pumpe nur ein paar Zentimeter hoch Wasser in die Kanne und gieße den Inhalt in die rote Wanne, in der sich verlässlich Wasserkäfer einfanden, als wir noch Kinder waren, und die nun wochenlang gefüllt stand ohne eine solche Einwanderung. Jetzt aber spüle ich neben den Wasserläufern auch die gar nicht so kleinen Bachflohkrebse in die Wanne, die an sonnenbeschienenen Stellen des Baches im Hühnerhagen gut zu beobachten sind und manchmal bis zu drei Zentimeter lang werden. Dazu die knallroten Schlamm- oder Bachröhrenwürmer *(Tubifex)*, die sich hin und her zu korrekten und verkehrt herum geschriebenen S ringeln. Sie brauchen eine Weile, bis sich ihre Aufregung gelegt hat und sie sich im Schlamm verkriechen; so lange schlängeln sie sich durch die Mückenlarven hindurch, ohne groß Notiz von ihnen zu nehmen. Ein bisschen wie ein Skorpion sieht eine Eintagsfliegenlarve *(Epeorus assimilis)* aus, aber sie hat keine Zangen und auch keinen Stachel. Langsam klärt sich das Wasser und das Gewimmel beruhigt sich, wird übersichtlicher. Später schlage ich die Tiere nach und erfahre, dass die rote Farbe des *Tubifex* vom Hämoglobin kommt, welches ihm die Sauerstoffaufnahme erleichtert. Dazu sind die agilen Burschen Darmatmer, was ihnen nicht nur die Aufnahme größerer Mengen Wasser und damit Sauerstoff erleichtert, sie können dafür auch ihr Hinterteil gemütlich aus den von ihnen gebauten Schleimschlammröhren strecken und es hin und her schlenkern und so immer für Frischwassernachschub sorgen. Angeblich, lese ich, kann *Tubifex* (was lateinisch ist für Röhrenbauer) aber auch einige Wochen ganz ohne Sauerstoff auskommen, er stellt dann in der Anaerobiose auf eine sauerstofflose Lebensweise um. Es gibt Kurzzeitanaerobier und Langzeitanaerobier, den Sauerstoff ersetzen sie unter anderem mit Glykogen, Alanin, Succinat und Ethanol – ein stark verlangsamtes Leben auf Schnapsbasis.

Bald zwei Jahre beobachte ich das Land um unser Haus. Es ist eine tagefüllende, erneuernde, beruhigende Angelegenheit, die die Perspektive aufspannt. Ich lerne hieraus etwas, das ist ganz klar, nur was genau, das versuche ich zu verstehen. Ich weiß nicht, ob es Nan Shepherds Impuls entspricht, was ich hier erlebe, nämlich ins Innere zu gehen, und zwar gerade nicht ins eigene Innere.[42] Es ist nicht Zen, es hat aber auch nichts Westliches, eher ist es so, dass die

Dinge etwas ins Zentrum verrückt werden, dahin, wo normalerweise immer der Mensch steht, die Sehnsüchte nach Berührung, die Erwartungen an einen anderen, der einen verzaubert, trägt, erweitert. Das Land (und sein Gelände) ist zyklisch organisiert, das unterscheidet es grundsätzlich von aller Logik der Karrieren, Lieben, Kinder, Politik, bei der immer eine Dauer (und ein Ende) gedacht und gefühlt und wahrgenommen wird, wenn doch, wie Julian Barbour zeigt, alle Dauer aus einer aneinandergereihten Reihe von Jetzt besteht.[43] Unser menschliches Denken ist es, das uns in eine Kontinuität stellt, die, je länger sie andauert, uns immer mehr mit ungelösten Problemen, unverstandenen Beziehungen und Erinnerungen an Ereignisse belädt, deren tatsächliche Form immer nur im Moment der Erinnerung aktualisiert wird.

Die Himbeeren werden reif. Auf einmal schlägt die Färbung um. Lange warte ich auf die ersten reifen Früchte, den ersten Salat, die ersten Kräuter, und wenn sie dann endlich da sind, bin ich regelmäßig überfordert mit der Ernte und dem Haltbarmachen. Müsste der Garten uns teilweise ernähren, bräuchte ich einen Plan. Ich bin eher dafür geeignet, hier eine der sehr süßen späten Walderdbeeren abzupflücken und direkt in den Mund zu schieben, dort eine Himbeere zu naschen, schnell eine Handvoll Schnittlauch für den Salat zu schneiden. Oft bin ich dann überrascht, doch noch den Schnittknoblauch zu entdecken oder den Koriander, die ich beide schon abgeschrieben hatte, oder den Rhabarber wiederzufinden, der zwischen der gigantischen, zweieinhalb Meter hohen Kardendistel, aus deren immer noch wassergefüllten Blattachseln nun die Wespen trinken, und der Sibirischen Schwertlilie verschwunden ist. Genauso geht es mit den Blumen. Da entdecke ich auf einmal die lanzenförmigen Blätter der vor Monaten im Baumarkt in Dänischburg erstandenen Montbretien, die ich nicht nur abgeschrieben, sondern völlig vergessen hatte. Man kann nun sagen, dass jeder tut, was er eben tut; ich ziehe es vor, dass auch der Garten gerne überrascht. Dass er spielt, zurückhält, versteckt und plötzlich doch dasteht.

JULI

Dass die Farben der Blüten von Rucola und anderen Senfblattarten nicht nur im assoziativen Überschuss, sondern ganz direkt auf die impressionistische Leichtigkeit eines Keyserling verweisen, bemerkte ich schon gelegentlich beim Salatholen; dass aber selbst die Linienführung der Blüte bei der Rucola oder Rauke etwas hat von der aufdringlichen Zartheit des beginnenden 20. Jahrhunderts (oder diese von der Rucolablüte), das erkenne ich erst jetzt. Von der Narbe her greift ein kräftiger Strich in die Mitte des Blütenblattes, wie die »langen, gebogenen Augenwimpern« der schweren Lider des Vaters in Keyserlings »Schwüle Tage«[44], der sich dann aber in Leichtigkeit auflöst, zu einem eigenen, von der Pflanze auf sich selbst gezeichneten Gewächs, einer Knospe, einem Trieb. Dass sowohl Farbe als auch Zeichnung so sehr auf den Jugendstil passen, so sehr der Ausdruck einer verzaubernden Sackgasse sind, so sehr diesem Gefühl Ausdruck verleihen können, das jeder kennt, der je von übergroßer Schönheit verleitet wurde, sie zu fassen und zu halten, und dem sie verlässlich verschwand wie ein flüchtiger Duft – das ist es, was in dieser Pflanze steckt, zweifellos eine etwas fragwürdige Privatpassion angesichts eines Gewächses, das man gemeinhin in Plastikschälchen im Discounter ersteht, zu 1,45 Euro.

Das Rauschen und Brummen der Straßen wird ergänzt durch das Klackern, Scheppern, Stampfen der Gärten; die ersten Generationen der Gartenroboter machen nach und nach Platz für ihre raffinierteren Nachfolger. So wie die Bauern Roboter auf die Felder schicken, die Acker-Fuchsschwanz, Hirtentäschel und Kamille ausreißen, überlassen berufstätige Gärtner den Maschinen die Gartenpflege. Sie jäten, gießen, sorgen für gerade Rasenkanten, mähen und halten nachts an den von den Rehen geliebten Rosen Wacht, sammeln geduldig Schnecken und verjagen die Katzen aus dem Beet. Die Helfer lassen sich in verschiedenen Modi einstellen, von akkuratem Golfrasen mit in Mustern geschnittenen Hecken bis zum Biogarten ist alles dabei. Noch kann der Gärtner selbst Hand anlegen, wenn er möchte, am Garten genauso wie bei der Programmierung. Hecken kann er immer noch mitten in der Brutzeit schneiden oder schneiden lassen, die Lobby der maschinennutzenden Privatgärtner ist mächtig angewachsen seit den ersten Tagen der klappernd übers Gelände streifenden Rasenmäher. Die geltenden Gesetze und Schutzzeiten, die früher nicht überprüft wurden, werden es heute genauso wenig, obwohl kein Gerät der neueren Generationen nicht online ist und somit leicht zu überprüfen wäre. Natürlich erfolgten von Naturschutzverbänden entsprechende Vorstöße, doch konnte die Agrarrobotiklobby den massiv gesunkenen Einsatz von Pestiziden und Herbiziden zu ihren Gunsten anführen. Ein paar Tausend durchgeschnippelte Vogelküken fallen da nicht weiter ins Gewicht – außerdem: Müssten dann nicht auch Katzen verboten werden? Vor allem tat die Lobby das, was Lobbys immer tun: Sie verkaufte das Problem als Lösung. Mehr und bessere Technik würde am Ende dazu führen, dass die automatischen Heckenschneider eine so feine Sensorik und so ausgefeilte

Verhaltensalgorithmen besäßen, dass um die Nester einfach herumgeschnitten werden könne. Mit dieser tatsächlich bald vorhandenen Technologie gab sich der Gesetzgeber zufrieden – und der Privatgärtner konnte sich bald über die notwendigen Modifikationen des Default-Modus aufklären, um hässliche Beulen in seiner Hecke zu vermeiden.

Im Berliner Garten war der Tod nicht gern gesehen, nicht von den Nachbarn, nicht vom Freund, der den Garten gepachtet hatte und mich mitmachen ließ, selbst von den Besuchern nicht. Ein toter Baumstumpf musste entfernt oder wenigstens einer Funktion zugeführt werden, ein Tisch wurde daraus gemacht, zumindest in der Fantasie, oder ein Insektenhotel. Der sterbende Holunder durfte keine kahlen Äste behalten, die Blütenstände der Stauden mussten verschwinden, sobald sie vertrocknet waren, ganz besonders die, die flugfähige Samenstände besaßen wie die Goldrute, die Nemesis der Kleingartenanlage. Der Tod war auch in der Stadt immer nur kurz zu beobachten. Ein Hundekadaver am Straßenrand wird bald eingesammelt, eine sterbende Linde innerhalb weniger Tage, nachdem die fatale Diagnose gestellt wurde, beseitigt. In Ruhe gelassen wurden nur die Dinge. Couchgarnituren durften in Würde ein halbes Jahr lang auf dem Bürgersteig im Regen stehen, selbst ein an unserer Straßenecke abgestellter voller Kühlschrank wurde nachsichtig über Wochen toleriert; unter beträchtlicher Geruchsentwicklung durfte er vor sich hin verwesen, bis eines Nachts ein menschliches Raubtier ihn aufriss und seine Eingeweide über den Gehweg verstreute. Wie die Därme pochten, wie die vielen kleinen Leben sich auf den Pflastersteinen blindlings wanden, wie jäh ihre lebensglücklichsatte Dumpfheit endete. Ihr Tod blieb nicht völlig unbemerkt: Jemand sah die Maden, berichtete davon und die Stadtreinigung schritt zur Tat.

In der Stadt ist der Tod eines Wesens ein Trigger, der eine Aktion hervorruft, einen Verwaltungsakt, einen Entsorgungsvorgang, denn der Tod schafft eine Sorge. Überall, wo städtische Prinzipien gelten, gilt die Problematik des Todes, wie ebenso das Primat des Lebens gilt.

Die in Alkohol eingelegten Tiere des Naturkundemuseums sind so beliebt wie die Kuriositäten der Charité, aber den Verfall findet man so selten, dass ein Schimmelbild von Dieter Roth etwas hat – darf man das sagen? – von Transzendenz.

Auf dem Stück Land, das wir nun bewohnen, ist der Tod in jeder Ecke. Die zwei großen Erlen unten im Sumpf sind durchlöchert von Vögeln und Käfern, angeknabbert von Wespen, aufgelöst von der Pilze Spucke und dem Essig der Bakterien. Wie Flötenlöcher ziehen sich die Bemühungen des Grünspechtes die Stämme hinauf und flächige Pilze färben die Stellen, die bereits ohne Rinde sind, weiß. Ein toter großer Baum ist ein lebendiger Tod, eine Symphonie des Todes, ein Roman des Sterbens und des Verfalls – voller Leben. Der Schädel des Rehs, von dem ich schon berichtete, ist von Räubern, Aasfressern und Regen zur Hälfte freigelegt, man sieht die Zähne auf dem Unterkiefer blitzen, während die andere Seite, wenn man sie hochhebt, von einem ledrigen Mantel umschlossen ist, der kaum noch Haar besitzt, ansonsten aber intakt ist. So sehen die Visionen der Popkultur aus, Two-Face oder der Terminator, und gleichzeitig ist alles so zerbrechlich und elegant, der Rückenwirbel wie eine mathematische Formel.

Und dann gibt es die Tänze des Todes mit dem Leben, wenn eine der Katzen eine Maus fängt und mit ihr spielt, wenn ein Pilz sich den Eschenbestand zu holen droht.

So ist der nichtmenschliche Tod im Wald und im nachlässig geführten Garten ein angenehmer, überraschender Begleiter, während der menschlich inspirierte Tod nichts Spielerisches kennt, wenn ausnahmslos alles erstickt wird durch seinen Eingriff, wenn die Felder vergiftet werden hinterm Haus, wenn selbst kleine Wiesen aus Bequemlichkeit mit Glyphosat besprüht werden, am nächsten Tag schwarz sind und so verdorrt liegen bleiben.

Einmal, vor etwa zehn Jahren schnitt ich die große Weißdornhecke schon im Sommer, weil ich absehen konnte, im Herbst nicht hier zu sein, und nach einigen Stunden in der Sommerhitze durchtrennte ich ein Amselnest. Ich hatte schon einmal ein Wespennest zerstört und war vor den Insekten geflohen, und ich hatte kleinere Tiere verscheucht, aber da ich sonst nie vor August an die Hecke ging, waren bis dahin die Vögel sicher vor mir gewesen. Diesmal nicht. Die Mutter flog davon, zwei der Kleinen schnitt ich glatt durch, einem weiteren kappte ich die Schädeldecke, dass ich das kleine Gehirn sah, einem weiteren schnitt ich in Flügel und restlichen Körper. Keines überlebte meine Arbeitswut länger als eine Stunde. Die Mutter umkreiste mich, der ich nach dem ersten Schock das einzige überlebende Küken in eine Kiste tat, wo es bald starb. Wenigstens war es so in meiner Erinnerung. Ich erinnere mich, dass ich es zitternd aus dem blutigen, zerrissenen Nest heraushob. Ich behielt meine Handschuhe an. Ich tat es in die Kiste oder irgendwohin. Ich sah nach dem Kleinen, dessen Schädel offenstand und dessen kleines grauweißes Gehirn schon blutig gefärbt war. Ich hörte die Mutter schreien. Weil ich für den August etwas anderes vorhatte, hörte ich die Mutter schreien. Weil ich im Herbst etwas anderes vorhatte, zirkelte sie nun um mich herum. Ich war eine unverständliche, eine unverständige Kraft. Ich schwitzte. Die Sonne scheint für jeden und auf alles. Ich schnitt die Hecke zu Ende, vorsichtig, schuldbewusst. Nie wieder.

Aber ich war dabei, als der Freund auf der Datsche im März einen Komposthaufen mit der Grabgabel umschichtete und einen Igel erstach. Ich zog das halb tote Tier von den Zinken herunter und verbarg es unter einem Reisighaufen.

Nachts, wenn die Bauern im Scheinwerferlicht ihrer riesigen Traktoren über die Felder fahren, sage ich mir, dass es nicht mehr viel zu töten gibt in den Wüsten, in denen unsere Nahrung wächst.

Die vierte kleine Amsel lag friedlich in der Schuhschachtel, als ob sie schliefe.

Im Juli des letzten Jahres begann das Martyrium der Katze. Kein Jahr alt, gerade noch schüchtern durch die Bibliothek gegackelt, unterm Lesesessel Deckung gesucht, gerade noch argwöhnisch von der Frau ein erstes Mal in den Garten gelassen, gerade noch umsorgt, vor den Autos gewarnt, beobachtet, verhätschelt, von Besuchern auf Facebook gezeigt, klein, weich, verschmust, lustig, sehr vermenschlicht, süß – und auf einmal jagten sie die Triebe ins Gras, wo sie sich duckte und knurrte, als müsste sie einen Dämon verjagen. Das Knurren wurde zu einem Jaulen, einem Quietschen, einem jammernden Gekreisch, jedem Verliebten zur Ansicht empfohlen. Schmerz und Muss der Begierden in Reinkultur, denn einen Kater hatte sie, wenn überhaupt, dann nur ein paar wenige Male vorbeischleichen sehen. Das süße Accessoire war auf einmal zu einem wilden Tier geworden, dem egal war, wie es wirkte. Wahrscheinlich war es das schon immer gewesen, und es war alles nur menschliche Einbildung und Eitelkeit, aber nun war es offensichtlich. Niemand von uns konnte ihr geben, was sie nun haben musste, wir waren nutzlos, wir waren Hindernisse, vor allem, wenn wir sie abends reinholten, weil wir Angst hatten, dass sie überfahren werden würde. In ihr war nun alles Idee, sehr platonisch, sehr mächtig, alles Vision. Wer an der Macht von Visionen und Ideen zweifelt, der hätte im Juli hier genügend Anschauung gehabt, sich eines Besseren belehren zu lassen. Der Drang war groß, aber er hatte kein Ziel. Wir nahmen bewusst in Kauf, dass sie sich dem erstbesten Kater an den Hals schmeißen würde. Was sie auch irgendwann im Spätsommer getan hat, wir wissen nicht genau wann und wo, es muss Mitte bis Ende August gewesen sein, denn drei Monate später, im Oktober, kamen fünf Kätzchen, zwei Jungs und drei Mädchen. Aber der Trieb stellte sich im Juli ein und war erschreckend und grotesk und machte uns bewusst, wie viel Bändigungs- und Verschönerungsarbeit, wie viel Überbau, Ummantelung, wie viel Sinngebung geleistet werden musste, dass wir unsere Kinder heute so sorglos in die Welt entlassen, so beruhigt und vertrauensvoll. Die Gene sind mächtiger als die Erziehung, das zeigten die Sommerwochen eindrücklich. Sie zeigten auch, dass die Neigung vieler, sich ein Tier als Kinderersatz zu halten, gewisse Grenzen hat, denn selbst der verwirrteste Teenager kann noch ein wenig darüber reflektieren, was ihm geschieht, das kann die Katze nicht. Und der Mensch hat am Ende nur die Wahl zwischen Laisser-faire und der Gewalt des operativen Eingriffs. Die Katze im Haus zu halten ist kein Spaß. Man kann mit ihr sprechen, aber man kann auch mit einem sich entladenden Gewitter sprechen. Im Grunde kann man nichts tun, stellt sich bei dem Tier die sexuelle Verzweiflung ein. Man kann aber etwas daraus lernen, nämlich ein wenig nachsichtiger mit sich selbst

zu sein, wenn einem dann und wann das Begehren in die
Eingeweide fährt.

Auf dem Weg nach Segeberg ist die Autobahn begrenzt
von Rainfarn. Die Ränder haben die stärksten Zitate. Die
Popgärten versuchen, das aufzunehmen, es zu kanalisie-
ren. Die Schlagergärten mit ihren immer gleichen Büschen
(*Spiraea*, Ranunkeln, Jasmin) und Stauden (Hortensi-
en, Lavendel) setzen auf die einfache Melodie, während
überall die Gebrauchsmusiken aufspielen, deren Melodi-
en sich alle paar Jahre ändern. Hier bei uns breiten sich
die Präriegärten aus, von den öffentlichen Flächen hinein
in die Privatgärten. Beziehungsgärten dagegen oder auch
Riffgärten, die sich durch aufeinanderfolgende Basteleien
zu ganz individuellen Merkwürdigkeiten auswachen, sind
zumindest weniger sichtbar. Kaum noch erblickt man aber
Nutzgärten, selbst die Obstbäume werden seltener. Auf
dem Weg zur Kita liegt noch ein kleiner Gemüsegarten, in
dem jetzt der Garten-Fuchsschwanz seine roten Blüten-
schweife wie Fahnen aufstellt. Immer spricht der Garten
mit den Passanten, so wie es Gesicht und Mode tun.

Wie Seidenpapier entfaltet sich der Mohn rund ums Haus.
In den großen weiß-roten Blüten an der Auffahrt sammeln
sich die Schwebefliegen wie an einer Bar, der kleinere Kalifornische Mohn erlebt nur Stippvisiten. *Papaver somni-
ferum* dagegen wirkt sowohl in Blüte und Blatt gefährlich,
ein unsauberes Violett und das fahle, metallisch-kühle
Grün der Blätter zeigen Gefahr an und Potenz. Eine ganz
eigene Lehre von der Farbe und der Beschaffenheit der
Blätter findet man in den Berichten über diese Pflanzen
und es scheint eine Hexenfurcht, ein Gefühl von ungu-
tem Ort, Waldestiefe oder verlassenen Rändern auf, die

Erscheinung der Pflanze spielt schon auf ihr Vermögen an, das Leben desjenigen in eine andere Bahn – und nicht die beste – zu lenken. Im Mohn steckt so viel Widersprüchliches: Die zarten Blüten sitzen auf einer Pflanze, die die Zerstörung braucht, den aufgerissenen, verwüsteten Boden; die Blütenblätter fallen bald nach der Blüte ab und verschwinden so gründlich, als zerfielen sie zu buntem Staub, aber die Samenkapseln bleiben und klappern im Wind bis ins nächste Jahr. Die Samen selbst, kleine schwarze Kügelchen mit einer semikolonartigen Ausbuchtung, können sehr lange im Boden ausharren, sie gehören zu den Katastrophenliebhabern, die am Rande von Baustellen, auf gepflügten Flächen, in Bombentrichtern gedeihen. Mohn ist eine Möglichkeit, er ist das, was nach der Zerstörung kommt, als würde ein guter Geist besänftigen wollen. Schon an seiner Lebensweise, die immer in die andere Richtung dreht, sieht man die transzendenten Fähigkeiten einiger seiner Gattungsmitglieder, deren Saft sowohl Himmel als auch Hölle aufschließen kann. Zart und radikal ist die Blume in allen ihren Formen; eine Art, *Eschscholzia californica*, wurde von Adelbert von Chamisso, dem Schöpfer des »Peter Schlemihl«, Anfang des 19. Jahrhunderts in Kalifornien erneut entdeckt und benannt, nachdem zwanzig Jahre zuvor schon der Schotte Archibald Menzies die Pflanze beschrieben hatte; Chamissos nach Deutschland mitgebrachtes Herbariumsexemplar wird im Botanischen Museum in Berlin-Dahlem aufbewahrt. Ich selbst habe *Eschscholzia californica* zuerst an einer Gartenmauer am Rande des Dorfes entdeckt, vor vielen Jahren schon, und erst vor einiger Zeit mich um den Namen gekümmert. Der Kalifornische Mohn hat keinen Milchsaft wie sein berühmter Verwandter, giftig ist er trotzdem und wird auch als Wirkstoff eingesetzt, unter anderem als Schlafmittel und Antidepressiva; die Blume auch hier wirkungszittrig, erlösungsfaltig, entropisch wie der Blick durch buntes Seidenpapier. Ganz in der Nähe wächst auch der berüchtigte Schlafmohn mit seinen fahlvioletten Blütenblättern. Der morphinabhängige Heinrich Heine beruhigte sich durch die Blume für Momente und fiel dann umso tiefer: »Gut ist der Schlaf, der Tod ist besser – freilich / Das Beste wäre, nie geboren zu sein.[45]« De Quincey berichtet in seinen »Bekenntnissen«, wie ihm im Opiumrausch ein furchterregendes Krokodil erschienen ist,[46] und heute ergibt das im Milchsaft des Schlafmohns enthaltene Codein, gemischt mit zerbröselten Streichholzköpfchen und Benzin die Droge Krokodil, die oft tödlich ist und die rund um die Einstichstellen die Haut namensgebend verändert.

Was auch immer der Rausch zerstört, er gibt zuvor etwas, und wer das nicht erfahren hat, der ist unvollständig in dieser Welt. Allein, dass dieser unendliche Luxus, die *Luxuria*, das wollüstige Leben, das freie Schreiten in der Zeit, mit allen Mitteln bekämpft wird von Staat, Eltern, Kirche, sollte einen wenigstens ein bisschen einnehmen für die Kräfte, die in den zarten und harten, den verschwenderisch strahlenden und geduldig im Untergrund wartenden Wesen harren in unseren Gärten.

Ein eigentümliches Klacken zieht meine Aufmerksamkeit zum Anbau. Erst vermute ich eine Maus unter den dürren Blättern einer Königskerze vom Vorjahr, aber dann sehe ich den ersten kleinen Körper, der auf eines der braunen Blätter aufschlägt. Dann der nächste. Die Tiere sehen aus wie Wespen, schwarze Körper, transparente Flügel, und tatsächlich, es sind Wespen, denn kurz nach der ersten Entdeckung folgt die zweite: Aus mehreren Lüftungsschlitzen strömen massenweise Ameisen, ganz normale, große geflügelte und kleinere, ebenfalls geflügelte Exemplare. Königinnen und Männchen. Und es stimmt, die Ameisen gehören zur selben Ordnung wie die Wespen und in dieser kurzen Stunde ihres Hochzeitstanzes erkennt man die Verwandtschaft problemlos. Wenn die Königin befruchtet ist, fallen ihre Flügel ab (oder sie beißt sie sich ab), und sie gründet eine neue Kolonie. In einem kleinen Sack speichert sie Sperma auf Vorrat, woraus ich zweierlei lerne: Bei den Ameisen scheint Sexualität auf der einen Seite beinahe vollkommen funktional, auf der anderen Seite beinahe alles bedeutend zu sein, denn die Männchen sterben nach der Begattung und werden von den Arbeiterinnen als Futter ins Nest geholt; und zweitens, dass Ameisensperma offensichtlich sehr haltbar sein muss oder das Königinnensäckchen eine erstaunliche Konservierungseigenschaft besitzt, denn eine Königin kann bis zu einem Vierteljahrhundert alt werden und bedient sich immer wieder von dem einmal angelegten Vorrat. Wie erstaunlich auf der anderen Seite die menschliche Fähigkeit, den Trieb auszuschmücken, die Notwendigkeit als Wahl auszudeuten.

Drei Jungvögel haben die Katzen in den letzten Wochen trotz umgehängter Glöckchen und wiederkehrenden Hausarrests gefangen und getötet. Trotzdem hüpfte gestern bei meinem abendlichen Gang durch den Garten ein kleines Volk von Meisen durch die Weide, darunter eindeutig eine Menge Jungtiere, vielleicht auch der von der kleinen Tochter gerettete Pouf.

Der Verfall im Garten ist oft nur eine Umwidmung; Nutzung wird möglich, die nie angedacht war. Höhlen, Spalten, Zwischenräume. Feuchtigkeit, Staubtrockenheit, Schmiere, Weiche, Bleiche, die Abwesenheit von Chlorophyll, aber Grün in allen Schattierungen, saftiges Braun und blasses, vornehmes Beige, das zum Grau tendiert. Durchlässe, Brüche, Kanten. Verfall ist die Vervielfachung von Oberfläche und Volumen, von Anschluss und Reaktionsfähigkeit. Verfall im Garten ist im Zweifel ästhetischer Gewinn. Eine Ecke des Gartens ein paar Wochen, ein, mehrere Jahre übersehen zu haben, genügt. Ein Wespennest hinterm alten Durchlauferhitzer, Spinnennetze nach nur Stunden der Abwesenheit, Birkenkolonien in der Dachrinne. Wachstum findet in früherem Verfall statt. Die einfache Fantasie des Menschen muss sich andauernd mit den Wahlverwandtschaften dieses geografischen Fleckens, dieses unruhigen, ständig die Balance verschiebenden Ökosystems beschäftigen. Doch während sie sich auf den Frühling fokussiert, stellt ihr der Sommer ein Bein und der Winter fällt ihr in den Rücken mit einer übersehenen Wurzel, einem verrutschten Wasserdrang, einer unter dem Eis übersehenen Kolonie Rapsglanzkäfer. Meist behilft sich der um seinen Ruf – auch vor sich selbst – besorgte Gärtner mit der Entsorgung jeglicher Irritation, so wie er seine nicht präsentablen Wünsche und Begierden entsorgt. Er raspelt den Rasen kurz, so wie er seine verräterischen Gedanken niedrig hält, er spricht die Sprache der imaginären Elternschaft, die sich vorgeblich um das Kind sorgt. Denn das ist das Gelände: ein Kind, das mit dem spielt, was es vorfindet. Der autoritäre Gärtner ist der Erzieher seines Gartens, nicht sein Gesprächspartner. Er will seinem Stück Land das Kind, das Gelände, austreiben. Er ist der Hausmeister seines Landes, nicht sein Interpret, gar sein Exeget. Er ist der Ingenieur, nicht der Beobachter, der Planer, nicht der Improvisateur. Er hat erfahren, dass einschließlich seiner selbst alles auf Funktion und Effekt getrimmt wird und das Chaos in der kleinsten Zelle lauert.

Sein Denken ist vornehmlich linear, zielgerichtet, eingriffs- und lösungsorientiert. Sein Blick auf den hohlen Baum ist nie sein Blick allein, sondern der aller anderen; so steht er ständig vor Gericht, ist ständig in der Rechtfertigung. Die Angst, die er verspürt, verspürt er als Stolz, zu jener Mehrheit zu gehören, die es so macht, wie man es macht. Sein Selbstverständnis ist ihm nie in seine eigene Sprache übersetzt worden, er wüsste gar nicht, wie er das tun sollte. Er ist ganz Körper, also außenbestimmt, und kein Leib. Indem er den Dingen eine Leiblichkeit nicht zugestehen kann, kann er nichts in ihnen erkennen als Mittel. Die Welt der Dinge ist ihm eine Mittelwelt, er selbst ist sich Mittel, alles, was er hat und über das er gebietet, das er gestaltet und unterhält, ist Mittel, und im Zusammenspiel all dieser Mittel gibt es keinen Zweck, kein Wozu. Plötzlich über- fällt ihn die Ziellosigkeit, gerne dann, wenn die Maschinen arbeiten, der Rasen akzeptabel scheint, die Zäune gesetzt und die Büsche geschnitten sind und er allein dasteht. Dann verweisen die Mittel, von denen er selbst eines ist, auf sich selbst, der Prozess auf die Elemente des Prozesses, er ist wie ein Wesen, das sich selbst verdaut und wächst, um sich selbst verdauen zu können, weil es keine Welt mehr sieht vor lauter Außen. Er fühlt die Welt nicht mehr, weil er es ihr unmöglich gemacht hat, zu ihm vorzudrin- gen, und er selbst nicht weiß, wie er wohl zu ihr kommen könnte. So bleiben ihm nur die Wut und der Hass und der Wunsch, durch Zertrümmerung (von Stümpfen, Brachen, Schädeln) wenigstens eine Ahnung von einem anderen zu bekommen. Die Angst vor dem Verfall im Garten ist die Angst vor dem Verfall des äußeren Gesetzes, das zum in- neren geworden ist, um den Leib und seine Wünsche ein- zuhegen. Die Beobachtung des Verfalls, die schamlose Ne- krophagie im Stamm, im Käfer, in der Maus, im Rost, im

Prozess der Verrottung, das Einverleiben des anderen, des Fremden – all das muss versteckt werden. Tag für Tag geschieht diese Hexerei vor aller Augen: Die Toten werden gefressen und anverwandt, das Gelände in seinen unüberschaubar vielen Ausprägungen ist andauernd im Begriff zu kopulieren. Die Libellen hängen aneinander, die Schnecken wandeln ihre Geschlechter, die Zaunkönige sind polyamor, alles bespringt einander, alles ist ein Beispiel, dem man nicht folgen darf. Der autoritäre Gärtner beseitigt den Verfall möglicherweise gerade aus der Ahnung heraus, seiner Schönheit, seinem Versprechen, seinen Vorschlägen zu nahe zu sein? Wie? Fühlt er am Ende seinen Leib doch deutlicher, als man annehmen möchte?

Blutweiderich begleitet uns von der norddeutschen Tief- bis auf die phrygische Hochebene im Süden von Eskişehir. An den Straßenrändern, wo er die Entwässerungsgräben besteht, und überall, wo sich Wasser sammelt. Oder wenigstens halte ich Form, Farbe und Standorte der Pflanze für charakteristisch; weder in den mitgebrachten Büchern noch im Netz, das ich abends, wenn wir angekommen sind, konsultiere, finde ich eine sichere Bestimmung. Diese Tatsache verunsichert mich, aber sie ist gleichzeitig eine wohltuende Irritation. Etwas Neues! Lewis-Stempel[47] hat recht, wenn er beklagt, dass die Wahrnehmung heute fast immer vermittelt ist, dass über alles gelesen, gehört, dass alles schon gesehen wurde, bevor es gesehen wird, dass man nichts entdeckt, dass das Entdecken und Benennen verlernt wurde zugunsten der Belehrung. Man liest über ein Mineral, bevor man es sieht, und vielleicht sieht man auch nie, über was man liest, wie sollte man auch. Anstatt sich einmal selbst ein System zu konstruieren, Ähnlichkeiten zu erkennen, Funktionsprinzipien herauszufinden, lesen wir. Man entdeckt dann in den vielen neuen Gartenbüchern, die jedes Jahr auf den Markt kommen, immer wieder dieselben Ratschläge und Weisheiten. Man sollte selbst versuchen, was einem geraten wird, am besten in einigermaßen vergleichbaren Versuchsaufbauten. Seit Jahren gebe ich dem Tomatengießwasser Beinwelljauche hinzu und glaube an den düngenden Effekt, aber weder habe ich die Flüssigkeit einmal untersuchen lassen, noch habe ich einmal konsequent zwei Beete angelegt, deren eines ich mit der Jauche gedüngt und das andere lediglich mit Wasser gegossen habe. Altes Wissen kann wertvoll sein, aber man darf dieses Wissen ruhig auf die Probe stellen. Also nehme ich an, dass es der Blutweiderich ist, der an den Rändern blüht, aber ich weiß es nicht. Einmal werde ich mir eine Probe nehmen, sie pressen und mit nach Hause bringen und sie dort bestimmen.

In Mokošica steht der wilde Fenchel übermannshoch an der Straße. Ich kann nicht sagen, ob er schon bei der bloßen Betrachtung duftet – wobei Duft nicht ganz der richtige Begriff ist. Die Pflanze duftet durchaus, wohlriechend ist sie, aber den Übermut, mit der sie ihre Umgebung belegt, verbindet man nicht gleich mit dem Verb »duften« – es ist nasenbetäubend, wenigstens für einen Moment, der Duft imprägniert, durchtränkt alles Wahrnehmen, aber er ist nicht unangenehm, erfrischend ist er, klar, weitend, gedankenklärend, ein Geruch, der Analyse dienlich, der Beobachtung, kein vernebelnder, begehrendmachender Geruch wie der anderer Blumen. Der Geruch ist nicht der Atem der Pflanzen, aber er bekleidet die Ausscheidung des Sauerstoffes und das Einsaugen des Kohlendioxids. Im Ausatmen und Einatmen der Pflanzen verbinden sich Pflanzen- und Menschenkörper, die kleine Vermischung

im Leben, wenn die Verbrennung kontrolliert und ein-
gehegt geschieht, die große Vermischung nach dem Tod,
wenn der Mensch (das Tier, die Pflanze, der Pilz) zu
Grundstoffen der Pflanzen zerfällt, wenn die Pflanzen-
seelen Festschmaus halten. Der Fenchel in der südkroati-
schen Nacht, so nah an den historischen Grenzen, so nah
an den menschlichen und pflanzlichen, so alle Semantik
übersteigend, ist ein Hinweis darauf.

In einem Vorort von Dubrovnik entfliehe ich der Hitze
des Strandes und suche nach den von unserem Liegeplatz
aus sichtbaren Ruinen eines am Steilhang der Bucht hängenden Gartens. Es sind Säulenbalkone und Treppen, Ko-
lonnaden, die Steilküste entlang montiert, die mich locken.
Geheime Gärten geben immer irgendeinen Einblick preis,
sie wollen entdeckt werden, aber nur von dem, der sie
sucht. In Mestre vor Venedig genügte einmal ein Strecken
des Körpers, um einen Blick über ein schäbiges Blechtor
hinweg in eine kleine Anlage mit Springbrunnen und Bänken zu erhaschen, hier ist es der Blick vom Strand nach
oben, manchmal ist es ein Querverweis in einem Buch. In
Mestre war das Tor verschlossen und es gab keine Klingel;
hier ist das Tor offen, hinter dem ein dreistöckiges Haus
im fantasievollen Stil des 19. Jahrhunderts steht, mit einigen Schäden am Putz, aber immer noch prächtig, und im
obersten Stock sind die Fenster geöffnet, die Gardinen
treiben in schwerelosen Wellen aus den Zimmern in den
Garten. Ein Schild weist auf Wachschutz hin, ich trete ein,
sehe mich um, lehne das Tor wieder an, halte mich rechter
Hand, sodass ich mich langsam vom Haus entferne, und
beginne mit dem Abstieg in den Garten hinein, die Terrassen hinab, auf das Meer zu, das immer wieder durch die
Blätter der Bäume blitzt. Gefasst darauf, jederzeit gestellt

zu werden von einem schwitzenden, schlecht gelaunten, einzig Kroatisch sprechenden Wachmann (oder einer schönen Unbekannten, der verstoßenen und ebenfalls unerlaubt hier eingedrungenen einstigen Erbin des Anwesens), nehme ich umso intensiver wahr, was sich meinen Augen bietet. Gleich die erste, von hellen Steinplatten belegte Ebene beherbergt Sehenswertes, einen von hohem Gras beinahe unsichtbar gemachten Tümpel, der aber Wasser enthält, das unter Seerosenblättern fast vollkommen unsichtbar ist. In der Mitte der Fläche aus runden, schwimmenden Pflanzen eine Säule aus weißem Stein. Ich habe vergessen, ob eine Schale darauf sitzt oder eine Figur oder ob die Stele leer in den Sommer ragt. Man hat keine Wahl zwischen dem Vergessen des meisten, das man sieht, oder der Unfähigkeit, den Garten zu spüren, wenn man fotografiert. Ein Geländegefühl ist nur ohne Aufnahme möglich, eine detaillierte Aufnahme dessen, was da ist, nur durch die digitale Kopie. Vertrocknete Knospen und Blätter knirschen unter meinen Schuhen, heraufgewehte Kiefernnadeln dämpfen wenig später meine Schritte, als ich durch einen Spalt, der einmal ein richtiger Durchgang gewesen sein muss, einen weiteren Raum betrete. Einen Raum mit unendlich hoher Decke, die bis ans Ende des Universums zu reichen scheint. Später möchte ich nachlesen, wem der Garten einmal gehört haben mag, aber im Netz finde ich nichts. Ein Garten für Dichter, für Maler. Ein Garten, in dem man möglicherweise zusammenkam und um den Verlust der Schönheit bangte, so nahe die Grenzen, so verschieden die Interessen. Ein Weg führt weiter von der Villa weg, an einem steinernen, zerfallenden Wirtschaftsflügel vorbei, der anscheinend auch die Grenze zum Nachbargrundstück markiert und in dem eine umgekippte Schubkarre in einem gefliesten Raum steht, der eine

Küche sein könnte, dann geht es auf die nächste Ebene, die anfänglich aus einem von Kiefern überwachsenen und von deren Nadeln bestreuten Weg besteht, der wieder in die Mitte des Gartens führt, bis er zu einer Abzweigung gelangt, deren rechter Pfad mich zu einer weiteren Terrasse leitet, auf die ich hinaustrete und unvermittelt auf einer der vom Strand aus sichtbaren, von Säulen gerahmten Plattformen stehe. Ich sehe zu den Badenden hinunter, auf das Hotel hinüber, auf die ganze, in der prallen, heißen Sonne dargebotenen Szenerie, während ich mich selbst in einem angenehmen Halbschatten befinde. Von hier oben sind die Menschen noch gut zu erkennen, aber alle als Menschen, nicht mehr als Männer, Frauen, Jugendliche. Kinder wuseln klein wie Hunde umher. Aus der Distanz ist Schönheit kein Kriterium. Natürlich auch Individualität nicht. Menschlichkeit wird auf die Probe gestellt. Was aus der Nähe aus der Fassung bringen könnte – die Körper, Gesichter, Posen, das Lachen, die glitzernde, wasserfunkelnde, über und über bemalte Haut –, ist hier nicht wahrnehmbar. Das hier war das alte Fern-Sehen, das nur wenigen vorbehalten war, und vielleicht ist das der Grund für die Beliebtheit des Fernsehens überhaupt, jenseits allen Inhaltes – die Möglichkeit der Beobachtung der anderen aus dem Halbschatten heraus, die kühle, wohlige Distanz, in der man alleine, aber nicht einsam ist, wie man so schön sagt. Der ganze Garten ist nach diesem Prinzip angelegt, immer wieder gelangt man an Aussichtspunkte, immer wieder tritt man vor den großen Schimmer des Meeres, immer wieder tauscht man Umfangenheit gegen unendliche Potenzialität ein, aber immer kann man wieder zurück, weiß sich geborgen. Und die Dekoration ändert sich behutsam, mal ist es die steinerne Fassung, mal die sich verändernde Bepflanzung, von der man immer noch eine Ahnung bekommt, auch wenn alles aus seinen Beeten drängt, verwildert, die *Aloe vera* auf die Wege purzelt und die Geranien überwuchert werden von Agaven, viele davon auch schon wieder tot, aber mit mächtigem Pfahl den Spaziergänger zur Verbeugung zwingend. Natürlich ist der Garten vermüllt, trotz Wachschutz; ein steiler Weg führt die Klippen hinunter bis zum Wasser. Berge von Bierflaschen sind an den Seiten aufgetürmt, Chipstüten, Kondomtütchen, Zigarettenstummel, ausgespuckte Kerne, alles, was der Mensch wie eine Spur hinterlässt, wenn er nach Entspannung, Romantik, Rausch und Sex sucht. Aber der Garten absorbiert den Müll mühelos. Der Garten ist wie die riesige Schildkröte aus dem Kinderbuch[48], die so lange schläft, bis ihr Rücken bewachsen und besiedelt (und sicher auch vermüllt) als Insel durchs Meer treibt. Man gönnt den Eindringlingen den Aufenthalt genauso, wie man sich den Spekulationen über eine zukünftige Nutzung hingibt. Das Haus ist nicht zu herrschaftlich, nicht zu protzig, als dass es einem geschmacklosen Oligarchen gefallen würde, es ist zu klein für ein Hotel, hat zu wenig Fläche für einen Spa-Bereich. Also warum nicht sechs oder sieben einfache Zimmer für Gäste aus aller Welt, zwei oder drei für das Zusammensitzen am Abend oder im Winter geeignete Räume, warum nicht eine Residenz daraus machen, wie ich sie in Ghent, New York, kennengelernt habe, auch das ein Ort mit nicht einem, sondern gleich mehreren geheimen Gärten, in denen Teiche waren mit kleinen Hummern, die dann und wann an Land krochen, wie die ersten Landentdecker überhaupt, Gärten, die in einem weitläufigen Park voller Skulpturen sich verteilten, einem Park, der in Weiden und Wälder überging, bis hinunter zum Hudson; warum könnte aber dieser Garten an der Klippe kein Ort der Begegnung werden, ein Ort, an dem

jene Unterkunft finden, die ihn entdecken und ein Anlie-
gen haben, eine Arbeit, einen Gedanken, während die vielen Orte der prallen Sonne denen bleiben, die von selbst
nie hierhergelangen werden? Ich setze mich auf eine mar-
morne Bank, über der ein dickes Seil herabhängt, an dem
man sich bis in die Mitte dieser Terrasse schwingen könnte.
Welche Geschichte hat dieser Garten, der doch so vielen
offensichtlich bekannt ist, von dem ich später erfahre, dass
die Stadt den Wachschutz bezahlt? Haben die jüngsten
Kriege damit etwas zu tun, so wie der Erste Weltkrieg der
erste Anstoß für den langen Dornröschenschlaf des Gartens von Heligan in Cornwall gewesen war? Später ging
ich mit der ganzen Familie noch einmal hierher und zurück in die Realität. Die eine Tochter sprintet die Treppen
zum Meer hinunter, die Große fotografiert, der Kleinste
klammert und weigert sich gleichzeitig, irgendeiner Anweisung zu folgen. Der Garten wird zu einem Labyrinth,
in dem Gefahren lauern; als ich den Garten verlasse, laufe
ich in Vorwürfe und Gereiztheit. Vielleicht war das der
Grund für die Vertreibung aus dem Paradies: die Unruhe
der Partner, die unterschiedlichen Richtungen der Gänge
durchs Gelände, die Forderung nach Ansprache, nach Ge-
horsam, die Besetzung des Raumes, die immer dann beginnt, treffen zwei Menschen aufeinander. Geheime Gärten brauchen Zwie- nicht Vielsprache, sie müssen behutsam
ergangen werden. Sie verschließen sich dem, der sich ihnen
nicht anvertrauen mag. Dass ein solcher Ort ein Schlüssel
ist, das muss man spüren, und die am Strand sind von anderer Art als die auf den Klippen.

Am Abend des Endspiels essen wir in einem Küstenört-
chen nördlich von Dubrovnik. Auf dem Weg zum Res-
taurant passieren wir eine Häuserwand, über und über

berankt von Passionsblumen. Blütenform und -farbe ist so unwirklich und künstlich, dass nicht nur ich stehen bleibe, sondern die ganze Familie. Der Name der Blume hat mich lange von ihr ferngehalten, die außergewöhnliche Form und Farbe hat es nicht besser gemacht – eine Rankenpflanze wie aus einer anderen Welt. Aber natürlich kann sie für den Namen, den ihr europäische Entdecker, die mit den Eroberern kamen, nichts und ihr Aussehen ist der Symbiose mit den sie bestäubenden Insekten geschuldet, nach Reichholf[49] wohl verschiedene Holz- oder Prachtbienen, die groß genug sind, um die nach unten gerichteten Staubgefäße und Stempel zu erreichen. Auch hier, weit weg von ihrer ursprünglichen Heimat in den südamerikanischen Tropen, muss es geeignete Bestäuber geben, denn ich finde gleich mehrere der orangefarbenen Früchte, aus denen Maracujasaft gewonnen wird. So groß gewachsen diese Pflanze ist, profitiert sie wahrscheinlich von der geringeren Anzahl von Fressfeinden hier in der kargeren Gegend des Mittelmeeres. In ihrer Heimat ist ihre Abwehrtaktik ausgeklügelt, sie ist nicht nur giftig, sie bedient sich dazu noch der Raupen der Passionsblumenfalter oder Heliconiden, die alle anderen Raupen in ihrer Umgebung töten, um selbst ausreichend Nahrung zu finden, und gleichzeitig die Pflanze vor allzu viel Blattverlust bewahren. Um die tragbare Raupenanzahl auf ihren Blättern zu regulieren, täuscht die Pflanze in einer fantastischen Mimikry sogar Formen der Heliconiden-Eier vor, sodass Falterweibchen auf die weitere Eiablage auf scheinbar bereits besetzten Blättern verzichten. All das ist hier an der Adria wahrscheinlich nicht notwendig, schon gar nicht an diesem, dem Augenschein nach von seinem Besitzer wohlbehüteten Strauch. Wir essen. Frankreich gewinnt die WM 2018.

Bei der Abzweigung nach Han windet sich eine lange beigesilberne Schlange ins Gebüsch und löst sich im vertrockneten Bewuchs des Straßenrandes auf. Hinter der Angst, die das Tier bei den meisten Menschen auslöst, steht noch vorher und ursprünglicher der vermittelnde Effekt zwischen Dasein und Dahintersein. Die Schlange weiß, was nur unter Gefahren gewusst werden kann. In den Vaterreligionen kommt ihr deshalb immer die Rolle der falschen Führerin, der Verführerin, zu. Neben ihren Geschwistern, der Totengöttin Hel und dem angeketteten Fenriswolf – allesamt von dem großen Possenreißer und Verderbnissucher Loki mit einer Riesin gezeugt –, ist die Schlange, die um Midgards Grenzen liegt, Teil des zerstörenden und schöpfenden Kreislaufes; sie erinnert an den langen Lauf der Welt, an ihren Rhythmus, das Ausatmen, das vor dem Luftholen kommt, das dem Hauch, der alles Leben bringt, vorangehen muss. Dass der Anblick einer Schlange Glück bringt, hat mich immer überzeugt; er ergänzt die monotheistische Angst vor der Apokalypse und die trickreiche Abschaffung eben dieser alles beendenden Katastrophe am Ende der Linearität durch ein zyklisches Wissen, das überzeugender ist als die Geschichte vom endgültigen Vergehen der Welt.

Auf der Rückfahrt von Seyitgazi, einer kleinen Stadt südlich von Eskişehir, inmitten der phrygischen Hochebene, finden wir das moosbewachsene, über eine wie Blätterteig geschichtete Kalkfelsenlandschaft verstreute Skelett einer Kuh, verteilt zwischen unreifen stachligen Spritzgurken, vereinzelt noch blühenden Nelken, borstigen Natternköpfen und zerzausten zwergenwüchsigen Königskerzen. Wir besichtigen ein Derwisch-Kloster mit wunderbar hallenden Wirtschaftsgebäuden, in denen der Schall sich in Kreisen dreht, Schabernack treibt.

Später kommen wir an einer Müllkippe vorbei, um die herum auf den Mauern, auf den Laternen, den Lastern, den Büschen mindestens fünfzig Störche sitzen. Kaum sieht man von diesem deutschen Sehnsuchtsvogel mehrere auf einmal, verliert er an Aura, das Geierhafte, Schäbige kommt durch, das Klingenhafte seines Schnabels. In der norddeutschen Landschaft dagegen ist er in der Lage, sofort das Gefühl von heilem Leben zu evozieren, egal, ob er in seinem beeindruckenden Nest steht oder auf einem Feld den Mähern hinterherstakst. Hier aber geht er den gleichen Weg, den die Füchse gehen und (als clevere Gäste) die Wildschweine und die Mauersegler und das Unkraut: den Weg zum Menschen, in die Stadt, in seine Anlagen, dorthin, wo es sich besser leben lässt als im verödeten Bauernland.

Mehrfach verlasse ich den weitläufigen Picknickplatz und komme mit Schätzen zurück. Im »Botan Parkı«, der eher ein gewöhnlicher Park mit einigen Blumenbeeten ist, aber immerhin, entdecke ich am Rand endlich blühenden, über einen Meter hoch gewachsenen, kräftigen Blutweiderich, häufig durchschossen von Weidenröschen. Dazu meterbreite Beete von hell- und dunkelgrün gemustertem Salbei, rotem Sonnenhut und silbergrünem Heiligenkraut, schon abgeblüht, welches ich zum ersten Mal bewusst in Neukölln im Britzer Garten gesehen habe, neben dem ersten in voller Blüte stehenden Perückenstrauch, von Bäumen beschattete Flächen voller roter Astilben und übermannshoher Fuchsien, allesamt Pflanzen, die mir bis dahin immer als zu künstlich anmutend erschienen waren, die aber in den Anordnungen der Britzer Gärtner plötzlich wunderbar wirkten, als ob sie genau für diesen Platz und in dieser Kombination gewachsen wären. Oh, der menschliche eitle Blick! Die *Santolina*, das Heiligenkraut, war damals in voller Blüte und lag wie Kissen einladend am Rande eines Plattenweges, der lang gezogene Teiche einrahmte; diese Kombination aus Trockenheit und Feuchte trug noch zur Wirkung bei, spannte das Begehren, der Hand die unterschiedlichsten Sensationen zu verschaffen, die eine Berührung nach sich ziehen würde. Hier, am Rande der phrygischen Hochebene, war die Komposition weniger raffiniert, noch dazu war die Blüte vorüber, aber die Erinnerung half aus. Ich zupfte eine Handvoll Samenstände ab, die sehr wahrscheinlich bis zur Ankunft zu Hause von mir vergessen sein würden, denen aber so zumindest die Möglichkeit zu einer ansonsten unmöglichen Ausbreitung gegeben war. Das Sammeln von Samen ist eine eigentümliche, vorschöpferische, siedlerische Tätigkeit; die Einnahme eines Feldherrenstandpunktes, allerdings die eines vergesslichen Feldherren. Für die heimische Flora, in die man zurückkehrt, kann dies fatal sein; zumindest auf mittlere Sicht kommt dies dem eingeschleppten Virus von einer Fernreise gleich, der unter der schutzlosen Bevölkerung wütet. Während ich dies denke, schreiten an allen Ecken des Parkes kleine Gruppen aus Hochzeitspaaren und Fotografen die aufnahmewürdigsten Orte ab.

Bevor ich in den Botan Parkı eintrat, machte ich eine Exkursion entlang der Straßenränder zwischen Stadtausgang und Regülatör Parkı, wie der riesige Grillplatz heißt, denn ich hatte zwei auffällige, keinen Meter hohe Büsche mit orangefarbenen Blüten erblickt, die aus der Entfernung an Mohn erinnerten. Und tatsächlich, als ich sie aus der Nähe sah, waren es eindeutig mohnartige Blüten, von der Form her und der durchscheinenden Konsistenz halb transparenten Seidenpapiers. Später bestimmte ich die Proben als eine Mischung aus *Glaucium flavum* und *Glaucium corniculatum* – nur diese beiden führte das Bestimmungsbuch auf, das ich aus der heimatlichen Bibliothek mitgenommen hatte. Die Blütenfarbe war ein eindeutiges Orange, die Samenhüllen, von denen ich einige abbrach und verstaute, waren nicht dreißig oder zwanzig Zentimeter lang, sondern eher zehn bis maximal fünfzehn. Die Blätter erinnerten eher an *Glaucium flavum*. Vieles ist nicht eindeutig im vielfältigen Reich der Pflanzen. Ich brach eine Probe ab, die ich sogleich presste. Auf dem Hin- und Rückweg reicherte ich mein amateurhaftes kleines Herbariumheft auf diese Weise mit weiteren Pflanzen an, die ich zum größten Teil noch bestimmen muss, deren Samenkapseln mal nelkenähnlich waren, mal eher Schoten wie die der Hülsenfrüchtler oder Leguminosen. Selten nur ist die Bestimmung vollkommen klar und eindeutig, so zum Beispiel bei *Colutea arborescens*, dem Gewöhnlichen Blasenstrauch, einem Mitglied der Stickstoffknöllchen bildenden Leguminosen. Seine reifenden Samenkapseln sehen tatsächlich wie kleine Blasen aus, erinnern ein wenig an aufgeblasene Mägen oder Wursthüllen und lassen sich erst pressen, nachdem man ihnen die Luft abgelassen hat. Warum diese ballonartige Form? Damit sie abfallen und vom Wind davongetragen werden? Aber dem widerspricht die Tatsache, dass am selben Strauch, an dem ich die frischen Hüllen abtrennte, auch vertrocknete und aufgegangene Exemplare aus dem Vorjahr hingen. Ähnlich rätselhaft ist diese besondere Form, die über den direkten Schutz der noch reifenden Samen hinauszugehen scheint, wie die unterschiedlichen, Lampions gleichenden Verpackungen mancher Sträucher und Bäume.

Ein anderes Erlebnis einfacher Bestimmung hatte ich bei einer Gruppe unterschiedlich großer Bäume. Ihre Blätter ähnelten bestimmten Obstbäumen wie dem Pfirsichbaum, wofür ich sie auch zunächst hielt. Bis ich endlich an eine der meist außer Reichweite hängenden Früchte gelangte, denn kaum hatte ich eine in der Hand, war aller Zweifel verschwunden. Man kann eine Mandelfrucht überhaupt nicht nicht erkennen, es dauert nur einen Moment. Was für eine Freude stellt sich ein, ist die Bestimmung erfolgreich! Alle Hektik, aller Stress, zumeist künstlich und dem engen menschlichen Problemdenken geschuldet, schwindet während des Entdeckens und Rätselns, des Eindenkens und Einfühlens in das Netz der Zusammenhänge und der Formen, der Signaturen und der Prozesse, der Stoffwechsel und Stoffe. Der Mensch alleine in der Natur ist eine Vorbereitung auf das, was möglich ist, geht man zu zweit oder mehreren nach draußen, wie bei meinem letzten Gang an diesem Tag, zusammen mit einem Teil der Familie und am Ende alleine mit S. den die Stadt umfassenden Trauf hinauf. Hier ist die Beobachtung weniger intensiv, weil von Gesprächen unterbrochen, aber Gespräche eben, die wiederum auf Formen und Vorkommnisse in der Umgebung Bezug nehmen, Steine, Hölzer, Pflanzen, Müll. So stießen wir auf eine über die Maßen stachlige, in Horsten von etwa zwanzig bis fünfzig Zentimeter Breite wachsende Pflanze, deren Blätter leinartig waren und aus einem dichten, unten verholzten Gewirr hervorwuchsen, deren kleine weiße Blüten mit rötlicher Zeichnung aber wie bei einer Königskerze an zwanzig Zentimeter hohen Rispen standen, allerdings sehr regelmäßig, und alle gleichzeitig blühten – und daneben lagen abgerissene Typenschilder türkischen Fabrikats (»Kardeşler Motor«), durchlöcherte Steine, als wäre dies eine vulkanisch aktive Gegend, oder solche wie grüner Marmor – und ich fand in meiner Tochter und ihren unentwegt sprudelnden Erzählungen einen selbstbewussten, liebenswürdigen Menschen. Auf die Suche machen. Finden.

AUGUST

In seinem »Blaubuch« beschreibt Strindberg, wie er Schmetterlingspuppen aufschneidet und eine unförmige Masse vorfindet, auf der er, so erinnere ich mich es gelesen zu haben, schattenhaft die Form des zukünftigen Schmetterlings gesehen haben will.[50] Zum Zeitpunkt dieser Beobachtung weiß er keine Erklärung für diesen so erstaunlichen Vorgang der Selbstauflösung und Reorganisation, den man Metamorphose nennt, und auch heute scheint mir das Wunder noch nicht ausreichend erfasst, auch wenn man zum Beispiel die Histoplasten identifiziert hat, jene Zellen, die in Raupe, Puppe und Schmetterling immer vorhanden sind, oder mittlerweile weiß, dass wohl der Prozess der Autophagozytose, der Selbstverdauung der Zellen, eine wichtige Rolle spielt. Wüsste man genau, wie alles funktionierte, was würde uns davon abhalten, die immer in einem Menschen enthaltenen Zellen zu isolieren und aus ihnen ein neues Exemplar dieses Menschen zu züchten, von ihnen züchten zu lassen, im Falle, dass er schwer krank würde, oder um ihn generell zu erhalten? Und was ist eigentlich mit den Histoplasten im fertigen Schmetterling, warum verpuppt sich das Tier nicht aufs Neue? Sind die Zellen fixiert? Ist es die Anweisung im Code? Die Knappheit an Energie? Solche Fragen stellen sich auf Reisen, wenn es keinen Internetzugang gibt und man die lokale Sprache nur unzureichend spricht. Doch dieses Abgeschnittensein von Informationen gibt gleichzeitig eine Idee von der Kraft der Frage und dem fehlenden Grund, der einmal eine Tatsache war und nicht nur Ausdruck von Missgunst, Dummheit und Wut, die heute so viele vom Fragen- und Wissenwollen abhält, wo sie doch Möglichkeiten haben, die noch vor fünfundzwanzig Jahren unvorstellbar gewesen sind.

Die Sneakers, die ich in Ljubljana gewaschen, in einer Plastiktüte verstaut und dann drei Wochen dort vergessen habe, sind von gelben Schimmelflecken in der Größe von Euromünzen überzogen; erster Gedanke: Sind das die Fruchtkörper des Fußpilzes?

Zweimal an verschiedenen Tagen findet der Sohn tote Nachtfalter im Park um die Ecke, jedes Mal scheint ihr buntes Unterkleid unter den braunen Deckflügeln lockend hervor. Ein drittes Mal findet er einen Falter am letzten Tag vor unserer Abreise; diesmal beschließe ich, ihn mitzunehmen, aber diesmal ist es ein Teil eines Bandes, eine perfekte Nachahmung, wie die Installation aus Stromdrähten in einem amerikanischen Park, die ich bis auf kürzeste Distanz für bunte Pilze gehalten habe.

Kurz vor Edirne, im Gegenlicht des Sonnenunterganges, das sich schichtweise über die Landschaft legt, stehen luftige Säulen wie sanfte Gespenster neben der Autobahn, tanzende Mücken. Auf die Straße verirren sich nur wenige, aber zu Abermillionen flankieren sie unseren Weg.

An der Eurodieselzapfsäule gleich hinter der türkisch-bulgarischen Grenze sitzt eine schlanke braungraue Gottesanbeterin, die Hände ringend über dem Kraftstoffschlauch.

Weißblühende Perückensträucher säumen die Straßenränder auf dem Weg nach Norden. Viel später und viel weiter
auf unserem Weg durch Bulgarien werden auch die rosa-
farben blühenden Arten dazukommen. Den ersten *Coti-
nus coggygria* habe ich im Britzer Garten, nicht weit hinter
dem südlichen Eingang, in voller Blüte gesehen, ein überwältigend prächtiger Baum, trotz seiner Größe und Masse wie schwebend. Nirgendwo anders ist mir ein ähnlich
eindrucksvoller Baum begegnet, in den Gärten hier stehen
meist kleine Solitäre, die nach Arbeit und Mühe aussehen
und deren namensgebende Fruchtstände eher dem schütteren rosagefärbten Haar einer alten Frau ähneln als der
wilden Mähne des Britzer Exemplars. Auch die Sträucher
hier am Straßenrand sind nicht besonders eindrucksvoll,
sie ducken sich an den Rand des Gebüschs, bilden einen
Knickriegel vor den folgenden Feldern, aber ihre Frisuren
haben etwas entschieden Animalisches, wie das drahtige
Schweifhaar mancher Ponys. Im Britzer Garten wollte man
sofort in den Flaum hineingreifen, bei diesen Sträuchern ist
die Feststellung genug, sie gesehen zu haben. Überhaupt:
gesehen zu haben. Entdeckungen wie der Mandelbaum am
Straßenrand sind Erinnerungssplitter an andere, im jeweiligen Moment sicher wesentlich berückendere Entdeckungen solcher Dinge, die man aus Erzählungen, Büchern oder
Filmen kennt, vor allem natürlich der Liebe und des Sex,
aber auch weniger dramatischer Erfahrungen und Erkenntnisse. Plötzlich vor einem Mandelbaum zu stehen, ihn in
seiner ganzen unspektakulären Form betrachten zu können, die samtigen Fruchtschalen zwischen Zeigefinger und
Daumen zu reiben, das ist nicht das gleiche Gefühl wie man
es beim ersten Kuss erlebt, es ist weniger aufwühlend als der
der Literatur nacherlebte Liebeskummer, jedoch, es transportiert Anklänge an solche Sensationen. Eine solche, von

vielen Gängen durch Eltern-, Tanten-, Großmütterküchen, in denen mit Mandelsplittern, Mandelblättchen, Mandelmehl gebacken wurde. vorbereitete Entdeckung ist in jedem Fall etwas anderes als die voraussetzungslose Bestimmung von Pflanzen, die mit einem selbst keine gemeinsame Geschichte und keine Bedeutung über ihre Schönheit oder Besonderheit hinaus für uns haben.

Eine weitere Pflanze, die hier heimisch sein soll, kann ich nicht finden, nämlich *Syringa*, den ganz normalen Flieder, aber das wäre natürlich im Frühjahr während der Blüte wesentlich einfacher gewesen. Den Flieder kultivierten schon die Osmanen in ihren Gärten, wo die Pflanze von europäischen Reisenden entdeckt wurde. Dort trug er den Namen Lilac, der sich aber im Deutschen, trotz einiger Versuche, nicht durchsetzen konnte, während er in Frankreich, Italien, Spanien und England in die Sprache einging und als die Farbe Lila schließlich doch seinen Weg ins Deutsche fand. Bei uns in Norddeutschland nennen viele traditionell eine Pflanze Flieder, die ihm kaum ähnlich sieht, ganz andere Blüten hat und auch Früchte, nämlich den Schwarzen Holunder, *Sambucus nigra*. Jeden Spätsommer liest man irgendwo in einer Zeitung oder einem Supermarktkulinarikmagazin ein Fliederbeerenrezept (wahlweise mit einer Einlage aus Äpfeln oder Grießklößchen) und man kann auf den Märkten manchmal noch Fliederbeeren, also eigentlich Holunderbeeren, kaufen. Fliederbeeren zu sammeln, das hat für mich, der aus dem Süden stammt, immer noch etwas angenehm Unernstes, Verspieltes an sich, das ich gerne höre.

In einem Bukarester Park entdecken wir eine Glyzine, deren verdrehte Triebe zu vierzig Zentimeter breiten Ästen herangewachsen sind, sich, wie es für diese Art typisch ist, ineinanderverschlungen haben und trotzdem in fünf, sechs Metern Höhe die gleichen Äste und Triebe zeigte wie unsere ebenfalls schon alte, aber viel kleinere Glyzine vor dem Haus. Die Kinder klettern weit in die Äste empor und sind dabei, den glänzenden Spuren auf der Rinde nach zu urteilen, nicht die ersten. Sieht man, wohin es gehen kann, ist das auch immer ein wenig traurig, weil man selbst so lange nicht leben wird. Wir sind für solche Wesen nicht viel mehr als eine Amsel, die einen Kern fallen lässt, eine kurze Begleitung, der noch viele weitere folgen werden.

Nördlich von Hermannstadt werden Erntehelfer von Bären attackiert; eines der Tiere dringt in eine Kindertagesstätte ein und zerstört dort einen Kühlschrank. Bei Bukarest, am Rande der Autobahn, sieht die große Tochter ein Rudel Wölfe. Seit den slowenischen haben wir keine so bunten Wiesen mehr gesehen wie in Bulgarien und Rumänien.

Am 9. August kommen wir am späten Nachmittag in Dömös, zwanzig Kilometer nördlich von Budapest, an. Nach dem Essen baden die Kinder in der warmen Donau, die wenige Kilometer flussabwärts an der Visegrád vorbeifließt und die wir auf einem von knapp zwei Meter hohen Astern bestandenen Weg erreichen. Als es dunkel wird, gebiert der Fluss einen Schneesturm: Schwärme weißer Insekten, eine Mischung aus Faltern und Fliegen, steigen aus dem Wasser und bleiben an allem hängen, was in ihrem Weg ist. Unsere Hemden, Haare, Arme – alles dicht an dicht von ihren Leibern besetzt. Vor dem Mond ist es, als tanzten Schneeflocken, und ich erinnere mich daran, dass in einem Buch[51], das ich vor einiger Zeit gelesen habe, der Tanz der Eintagsfliegen an einem schwedischen See beschrieben wird. Hier scheint es sich um *Ephoron virgo*, die Augustfliege, zu handeln, schneeweiß die Flügel, drei bis vier Zentimeter langer Leib, drei lange Schwanzfäden. In der Dunkelheit lässt sich die Menge der Fliegen nur ahnen, aber am nächsten Tag, als wir vor der Weiterfahrt noch einmal in der Donau baden, ist die Wasseroberfläche bedeckt mit den Hüllen der Larven, in solchen Mengen, dass die große Tochter angeekelt den Fluss verlässt. Das massenhafte Auftauchen der Insekten ist allerdings ein gutes Zeichen, nämlich für sauberes Wasser, denn erst seit die Flüsse sauerstoffreicher sind, können die Larven der Eintagsfliege wieder in den Sedimentschichten der Flüsse leben. Verlassen sie das Wasser, dann haben sie, wie ihr Name besagt, noch einen bis drei Tage zu leben. Sie haben keinen Mund, der zum Essen geeignet wäre, der deswegen eigentlich funktionslose Mitteldarm dient für den einen Tag des Lebens als luftgefülltes Stabilisierungselement des Tieres und ist damit im Grunde etwas sehr Atypisches bei einem Insekt, nämlich eine Art Innenskelett. Sie schlüpfen, tanzen und sterben in so großer Menge zur selben Zeit, dass es für Fische, Fledermäuse, Libellen und Vögel ein Fest ist und darüber hinaus manchmal eine Aufgabe der Stadtreinigung sein kann oder der Feuerwehr, während man früher mit dem sogenannten Uferaas die Schweine fütterte. So viele Insekten waren an diesen zwei Tagen jedoch nicht unterwegs und sie rochen auch nicht schlecht, wie es in manchen Quellen heißt.

Die Paarung der Eintagsfliegen, die Tänze der Ameisen im Monat zuvor, die Weidenwolle in der Luft im Frühjahr sind alles Erinnerungen an die ozeanische Natur der Atmosphäre.

In Slowenien stehen Heuschober, die aus der Ferne nur aus einem Dach mit Heuhaufen darunter zu bestehen scheinen; in Kroatien gibt es im Norden noch echte

Feimen, hohe, nach oben spitz zulaufende Häuser vollkommen aus Heu. In Albanien sind diese Aufbewah-
rungslösungen, wenn die Scheune nicht groß genug ist
oder man gar keine besitzt, viel kleiner, schiefer und mit
bunteren Tüten an der Spitze abgedeckt. Feimen hat es in
Bulgarien und Rumänien, aber nicht einmal tief in den
Karpaten sehe ich welche, die mit den kroatischen mithal-
ten können. Noch in Ungarn gibt es kleine Heuhügel auf
den abgeernteten Wiesen, aber das Deutschland nahe
Tschechien ist auch beim Heu zu Rollen, Plastik und
wahrscheinlich Silage übergewechselt. Googelt man nach
einer deutschsprachigen Anleitung für den Feimen-Bau,
dann stammt die neueste von ihnen aus dem Jahr 1844.

In den SMS aus dem norddeutschen Haus ist die Trockenheit direktes Thema oder zumindest Hintergrundrauschen.
Der Brunnen gibt den ganzen Tag über Wasser, die von
mir am Vortag der Abreise improvisierte Leitung hält und
der Filter verstopft nicht. Genug Wasser fließt nach für die
Literleistung einer kleinen Standardpumpe, während der
Bach zwei Wochen nach unserer Abreise ausgetrocknet
ist und selbst an den von mir vertieften Stellen im Busch
nicht mehr genügend Wasser steht, um das Gemüsebeet
im unteren Garten zu gießen. Sorgen aus der Ferne um
die Tomaten, die Bohnen, den Mais, die Roten Beten, den
Amarant, das Basilikum, die Kartoffeln, den Grünkohl.
Keine Sorgen um die Zwiebeln, aber um die dieses Jahr gesetzten Bäume und Beerensträucher. Fast kein Regen seit
Mai. Es sollen kaum mehr Vögel zu sehen sein. Wo kein
Wasser mehr, da weniger Insekten, vielleicht ist das eine
Erklärung. Seit Wochen warnt die Feuerwehr die Bauern
davor, ihre Felder während der Ernte durch Funkenflug
der Maschinen in Brand zu setzen. Das hat der Pächter

vermieden, aber gebrannt hat das Feld direkt am Haus doch. Der Nachbar hat nach der Ernte des Rapses große Bäume fällen und übers Feld zur Straße ziehen lassen. Wie das Feld in Brand geraten ist, ob durch die Reibung oder tatsächlich durch den Funken aus einer Maschine, weiß ich nicht, ich weiß nur, dass ich noch nie gehört habe, dass ein Sommer so trocken gewesen ist im Norden. Erst vor ein paar Monaten führte die Au so viel Wasser, dass die eine Brücke nicht mehr passierbar war und man auf der anderen nasse Füße bekam. Ein Zeitalter des Stresses beginnt. Man könnte das übrigens am Paarungsverhalten von Gartenvögeln messen, die bei verstärkten Temperaturschwankungen häufiger fremdgehen, um den Genpool zu erweitern, wohl der Anpassung an extremere Umgebungen wegen.

Durch das Jahr weht der Duft eines besonderen Stoffs: des Cumarins. Der Waldmeister beginnt den Reigen im Frühjahr, sein Pflanzengeist wurde bei den Walpurgisnachtfeiern beschworen. Büschel des Krautes bringe ich nach Hause, wo es am Fensterbrett in der Sonne trocknet. Sobald es welkt, entströmt beim Zusammendrücken eine Vorahnung auf den kommenden Brausepulverschwimmbadgeruch, Möhringen, Filderstadt, Plötzensee, Kioske, ein längst aufgegebener Nanz-Markt in der Hochhaussiedlung, der Bäckerladen neben der Schule. Sommerorte. Ende Juni folgt das trocknende Gras auf den Wiesen, Ruchgräser voller Cumarin verströmen Waldmeisteraroma. Kennt man das noch, unter einem Apfelbaum inmitten einer gemähten Wiese liegend, Frau oder Mann neben oder auf sich und die Nasenflügel angenehm gebeizt vom Odeur des Heus? Oder haben die Allergien, die Sucht der Bauern, sofort und alles auf der Stelle einzuwickeln, mit

Plastik zu verschließen, diesem Genuss ein Ende bereitet? Kein süßes Gift mehr in der Luft, denn Cumarin ist natürlich ein Gift, wie so viele Pflanzenstoffe, in besonderen Kombinationen tödlich, für Kühe vor allem. Aber es beschwört den Sommer wie sonst allerhöchstens noch die Kombination aus Sonnen- und Frittieröl, Kartoffelrosen und Seeluft.

Und dann, am Ende des Jahres duftet das Cumarin weihnachtlich im mit der Zimtkassie verschnittenen Zimtgewürz, im Gebäck, im Tee, im Kompott, in den Sträußen, den Raumdüften der Shoppingmalls, an den Händen der Kinder, Frauen und Männer.

Eine vollkommen andere Dimension des Cumarins eröffnet sich in seinen fluoreszierenden Derivaten. Ich schnitze ein paar Rindenstückchen der Esche oder Rosskastanie ab und lege sie in ein Glas Leitungswasser. Im Sonnenlicht auf der Fensterbank färbt sich das Wasser bald in einem leichten, glitzernden Blau. Vor allem am Glasrand und an der Wasseroberfläche kann man den zauberhaften, ein wenig befremdlichen Effekt beobachten. Bei der Esche ist es das Fraxin, das den Effekt hervorruft, und was für mich neu und abenteuerlich ist, das wird in der Lasertechnologie zur Einfärbung des gebündelten Lichtstrahls schon lange genutzt. Fraxin wird auch in der Heilkunde eingesetzt, es wirkt desinfizierend, stelle ich mir vor, eben als Abkömmling des giftigen, wohlriechenden Cumarins. Dass es leuchtet, hat es anscheinend mit manchen tierischen Biolumineszenten oder Bakterien gemein, die sich innerhalb von Stunden auf Wunden oder Fleisch ansiedeln und dorthin unter anderem durch Nematoden, die winzigen, wimmelnden Bewohner der Erde und der Körper, gebracht werden. Aber diese Bakterien leuchten selbstständig, sie erzeugen Licht und reflektieren es nicht nur. In der Dunkelheit kann man auf unterschiedlichen Fleischarten Fluoreszenz beobachten. Einer der berühmtesten Fälle ist wahrscheinlich das durch *Photorhabdus luminescens* hervorgerufene Engelsglühen in der unmittelbaren Folge der Schlacht von Shiloh in Tennessee im Frühjahr 1862. Tausende Tote und Verwundete forderte das Gemetzel zwischen den Truppen der Nord- und der Südstaaten. Bei nicht wenigen der Überlebenden beobachteten Zeitgenossen ein schwaches bläuliches Leuchten an den Wunden. Konnte es sein, dass Fadenwürmer, die Träger des Bakteriums *Photorhabdus luminescens* sind und es zur Insektenjagd nutzen, die Leuchtbakterien auf diese Weise auf die Wunden übertragen hatten? *Photorhabdus luminescens* hat antibiotische Eigenschaften gegenüber anderen Bakterien und so möglicherweise dem Wundbrand vorgebeugt, konnte selbst aber kaum zur Gefahr werden, da es praktischerweise nur bei relativ niedrigen Temperaturen überlebt.

Fängt man erst einmal an, das Leuchten zu entdecken, findet man es überall. Verrottende Buchenblätter leuchten schwach im Dunkeln. Den Hallimasch gibt es wirklich und er verleiht dem von ihm befallenen Holz einen sanften Schimmer. Und irgendwann werde ich das erste Glühwürmchen sehen. Das Blau der sterbenden Eschen, das Glühen der Bakterien und Pilze, genstrahlige Sterne.

Beim Rasenmähen entdecke ich im Hühnerhagen eine große Schlange, sie liegt auf dem hellen Häckselhaufen. Ich stelle den Motor ab, rühre mich nicht. In einer einzigen Bewegung entrollt sie sich und entschwindet in die Brennnesseln. Gerade noch erkenne ich an den gelbweißen Ohren die Ringelnatter, vielleicht eine Schwester des im Frühling aus dem Maul der Katze geretteten Tieres.

In einem August vor einigen Jahren sind wir auf dieses Land gezogen. Es ist bekanntes Land, mir noch bekannter als ihr, den Kindern auf andere Art und Weise bekannt. Es ist das Land meiner Vorfahren. Und auch ihrer jetzt. Hier wohnten drei Generationen vor uns. Interessanterweise wurde niemand in diesem Haus geboren. Mein Urgroßvater zog hierher, als alle seine Kinder schon auf der Welt waren, meine Urgroßmutter schon tot und der Hof wegen der Schulden eines seiner Schwiegersöhne hatte verkauft werden müssen. Er lebte allein mit einer Haushälterin hier, meine Mutter und meine Tante wurden in Berlin geboren, im selben Krankenhaus in Tempelhof, in das auch wir unsere Kinder jahrelang begleiteten, dort stundenlang in der Aufnahme auf harten Plastikstühlen saßen und fast immer unverrichteter Dinge wieder gingen, die Kinder fieberfrei aus Frustration und Langeweile. Meine Großeltern kamen, ein paar Jahre zeitversetzt mit den Kindern in den 1940er-Jahren, ausgebombt mein Großvater 1946, als er vierundvierzig Jahre alt war, so wie ich es auch gewesen bin, als wir hierherzogen. Ich bin nicht hier geboren. Meine Schwester ist nicht hier geboren. Selbst als das Haus ein Vierteljahrhundert vermietet war, sind keine Kinder hier geboren. Katzen sind in diesem Haus geboren worden und Mäuse, Spinnen, Asseln, Mücken, Fliegen und Wespen, aber keine Menschen. Die Tiere haben die eigentlichen Rechte in diesem Haus.

Die ersten Wochen ohne Vorhänge. Die Nächte drücken sich ums Haus. Ich sitze auf dem bloßen Estrich, Kopfhörer in den Ohren, abwechselnd Barenboim und Jennifer Rostock. »Waldstein« und »Hier werd ich nicht alt«. Die Nacht wartet ab, wenn ich im Wohnzimmer bin, sie scharrt an den Fenstern, ein Raubtier, sitze ich in der Küche. Die

Nacht kann feindlich sein oder beschützend. Langsam scheiden sich die Sphären; die Böden, die Vorhänge, die Möbel, alles markiert eine Grenze, eine Abscheidung, einen ursprünglichen Kraftverlust, der durch Kräfte anderer Art mehr als wettgemacht wird.

Ende August gab die Katze endlich Ruhe. Irgendwann in dieser Zeit hatte sie wohl den Kater gefunden, hatten sich Samen und Ei zusammengefunden, hatten die Hormone umgeschaltet, die Drüsen mit der Produktion von neuen Stoffen begonnen. Und erst lange nach dem Beginn der Ruhe realisierten wir, dass die Katze trächtig war.

Kurz nachdem wir aufs Land gezogen sind, begann das große Geflatter. Im September wurde die Luft unter den Obstbäumen dicker, wenn zwei, drei Dutzend Admirale aufflogen, kam man in ihre Nähe. Hockte man sich hin und wartete nur eine Viertelminute, waren sie alle wieder da und fuhren damit fort, Saft aus herabgefallenen gärenden Früchten zu saugen. Den größten Teil des Septembers ging das so, dann waren die Tiere verschwunden. Früher hieß es, sie seien, wie der Distelfalter, nach Süden geflogen, durch Alpentäler und -pässe, bis nach Italien oder Ostfrankreich, manchmal bis nach Nordafrika. In Zeiten des Klimawandels überwintern sie in Süddeutschland und kehren oft schon Ende Februar oder März in den Norden zurück. Die Luft ist voller Kleinlebewesen, vor allem Insekten, aber auch Spinnentiere, berichtet Hugh Raffles in seiner »Insektopädie«[52], dreißig bis vierzig Millionen von ihnen über jedem Quadratkilometer, manche – vor allem verirrte Spinnen – werden bis zu 4.500 Meter hochgetrieben und besiedeln ein neues Terrain dort, wo sie wieder absacken. Mich aber interessieren vor allem meine Admirale

(Vanessa atalanta), die bis in 2.500 Meter Höhe siedeln, sich aber auf nur wenig mehr als Meereshöhe ebenfalls sehr wohl zu fühlen scheinen. Die Falter sehen zart aus, doch wenn man sie auf der Hand hält, sind sie erstaunlich kräftig, man spürt ihre Füßchen. Und man kann sie hören, wenn sie auf den Blättern laufen, und das Nagen der Raupen wird man ebenso vernehmen können wie das Raspeln der Schnecken, glaube ich, wenn man das Ohr nur nah genug heranbringt.

Hier und da habe ich gelesen, dass Rotkehlchen Einzelgänger seien, die das gemeinsame Revier in einen weiblichen und einen männlichen Bereich aufteilen. Aus diesem vertreiben sie sowohl den Vater oder die Mutter ihrer Kinder, vor allem jeden fremden Artgenossen. Ein großer Garten reicht für ein Rotkehlchenrevier wohl aus, wir müssten also ein paar Grenzen auf dem Grundstück beherbergen. Das eine Rotkehlchen – ich nehme an, dass es immer das eine ist, dem ich gelegentlich begegne, kommt mir nicht aggressiv vor, aber Dörfler behauptet in »Liebeslust und Ehefrust der Vögel«[53], dass die kleinen Vögel so aggressiv werden können, dass sie ihr eigenes Spiegelbild bekämpfen. Im Hühnerhagen wäre Platz für einen Spiegel und ein entsprechendes Experiment.

In der Nähe der Hamburger Stadtgrenze tritt ein Hobbyschäfer aus seiner Haustür in die Dämmerung und hört einen Wolf heulen. Ein zweiter stimmt ein, dann ein dritter. In der Nacht werden einem ausgewachsenen Rind und einem Kalb die Kehlen zerrissen. Am Tag wird ein Wolf im Wohngebiet gesichtet. Was sehen die Tiere, fragt nun ein SPD-Bürgermeister, wenn sie ein Kind sehen? Sehen sie einen Menschen oder Beute?

Ein Temperaturabfall, das Haus ist eiskalt. Die Heizung ist ausgefallen. Ich hole Holz, heize den Kachelofen an und lasse die Ofentür offenstehen. Wir tragen Winterjacken und dicke Socken. Nach zwei Stunden gewinnt die Wärme an Macht über die Kälte. Jetzt muss regelmäßig nachgelegt werden. Der Ofen ist ein Anker, eine Barriere zwischen Sein und Nichtsein, ein existenzielles Möbel. Dann wache ich auf.

Beim Abfiltern der zwei verschiedenen Himbeeressige erinnert der frei werdende Duft an den Sommer. In der Mitte unserer Galaxie riecht es ebenfalls nach Sommer: Man kann dort Ameisensäure-Ethylester oder Ethylformiat nachweisen, dieselben Verbindungen, die auch in reifen Himbeeren in Mengen vorhanden sind, ein leichter Geruch der Sorglosigkeit, der in seiner Komplexität dem Glycin verwandt ist, der Quelle unserer Art von Leben. Man stelle sich vor: Von unserer norddeutschen Küche ist es in Gedanken und in der Kulinarik nur ein Katzensprung ins Zentrum der Galaxie!

Überrascht haben mich die Zinnien, als wir zurückkamen. Bei unserer Abfahrt schwollen die Knospen täglich, aber keine blühte und im Gegensatz zu den Montbretien, die auch nicht aufgegangen waren, von denen ich aber wusste, wie klar und beherrschend ihr Rot ist, hatte ich von den Zinnien keine genaue Vorstellung und hatte sie vergessen. Da standen sie nun, große Köpfe, in der gerade aufgehenden Blüte einer kleinen Aster ähnelnd, auch im Feuer ihres Rots, Weiß und Gelbs, dann aber farblich in vergangene Zeiten zurückfallend, gedeckt und trotzdem auffällig, fröhlich wie eine Tante zu ihren Neffen: eine noch junge Frau, die aber den Kindern schon jenseits des echten Lebens befindlich erscheint – eine vorpubertäre Angelegenheit, eine Blume, die mit ihren dicken, saftigen Stängeln Frost überhaupt nicht, aber schon die Regenstürme des Herbstes wahrscheinlich nicht gut vertragen wird. Aber noch stehen sie unbeeindruckt von der Trockenheit. Ihre Blütenköpfe sind widerständig wie gefaltetes Papier, sie haben auch dessen gefühlte Trockenheit, sodass ich den Kopf neigen und lauschen will, ob sie nicht auch rascheln wie Papier, aber das tun sie nicht. Sie stammen ursprünglich aus Mittelamerika und manche Formen könnten auch kleine Modellröcke oder -hüte einer lokalen Tracht sein. Benannt sind sie nach dem früh – mit gerade einunddreißig Jahren – verstorbenen Johann Gottfried Zinn, der sie als Erster beschrieb. Lustig stehen sie da, etwas ungeformt, weil sie nach und nach, Ring für Ring die Blütenblätter abwerfen und so einen großen, tröstlichen Knubbel ausbilden, gemacht dafür, an warmen Tagen dem Sommer ein Ausrufezeichen zu setzen.

Es gibt eine Landschaft der Spalten, Löcher, Höhlen, Kuhlen im Garten ab Brusthöhe aufwärts, deren Bewohner Gräser sind, Baumkeimlinge, Vögel, Eichhörnchen, Käfer und die Mikrofauna. Egal, wie viel es regnet, die krümelige Erde mancher Astlöcher bleibt den ganzen Sommer über trocken; erst im Spätherbst saugt sie Feuchtigkeit. Wer lebt hier? Nur, wenn das Loch groß genug ist, nisten manchmal Meisen darin. Andere Baumhöhlen sind bewachsen, erst gestern entdeckte ich beim Tischtennisspielen mit meinem kleinen Sohn ein Grasbüschel, das zweieinhalb Meter über mir aus dem Stamm spross. Kuhlen sind zeitweise belebt, in einer Pfütze nach einem Regen finde ich nach ein paar Tagen schon die ersten Bewohner, es ist ein Wettlauf mit der Sonne. Die Mitteletage ist in den Gärten meistens streng reguliert. Es gibt vielleicht eine Rose, die in einem alten Baum wächst, und es gibt Moos, natürlich die Flechten, es ist nicht nichts, aber in einem sich selbst überlassenen Stück Gelände beginnen die verschiedenen Lagen sich zu verbinden. Die Bäume spannen eine vertikale Zone auf und Zeit, Unfälle, Pioniere sorgen für die Bergstationen, während Kletterer wie Efeu, Geißblatt, wilde Rosen, Hopfen, Brombeeren, Wilder Wein, heimische *Clematis* oder exotischere Pflanzen wie die riesigen Rhododendren in wärmeren Gebieten die Verbindungen bereitstellen, in denen Vögel und kleine Säugetiere weitere Befestigungen errichten und in denen sich daraufhin über die Jahre wieder Blätter und Staub und kleine Äste verfangen. Der Wald ist in seiner Jugend ein Gewirr, wie die Menschen ist er äußerlich, außer sich, erst mit zunehmendem Alter, wenn sich herausstellt, welche Bäume bleiben, wird das Gewirr weniger, weil die großen Bäume den kleinen die Luft nehmen, vor allem aber das Licht. Jetzt ziehen sich die Vertikalbewohner in die Riesen selbst zurück, die Höhlen werden so groß, dass selbst Menschen hineinpassen, und die Rinde wird rissig und gastfreundlich und auf den ersten Blick aufgeräumter, ordentlicher, binnenorientiert. Die mittlere Etage ist nicht mehr so schäumend, rumpelnd, überschießend sichtbar, sie ist aber noch da. So wie die gelernten Neurosen im Erwachsenen, so formen die Bewohner der mittleren Etage nun die Bäume von innen aus, dellen sie ein, höhlen sie aus, erweichen sie, brechen sie, verformen sie, zwingen sie am Ende zu Boden.

Bei der Rückkehr aus dem Süden finde ich das Küchenbeet von Kapuzinerkresse und Kürbistrieben durchdrungen vor; kabelähnlich die von *Tropaeolum majus*, der Großen Kapuzinerkresse, daumendick die Kürbissträngе. Vor allem die Kapuzinerkresse sieht gefleddert aus, bald entdecke ich die Kohlweißlingsraupen, große und kleine, Dutzende, die dafür verantwortlich und auch auf Rucola und Meerrettich übergegangen sind. Warum diese jungen Wirtspflanzen? Weil sich die schwefelhaltigen Öle der Pflanzen in den älteren Exemplaren sammeln und Räuber abschrecken. Nicht alle allerdings. Zwei träge wirkende Raupen finde ich auf umsponnenen Nestern kleiner gelber Kokons sitzen, einmal an einem Oleanderblatt, die zweite an der Waschküchentür. Die gelben Körnchen sind die Puppen der Kohlweißlings-Schlupfwespe, *Cotesia glomerata*, die ihre Eier in die weidenden Raupen legt, wo sie schlüpfen und sich von den Körpersäften des Tieres ernähren, bis sie schließlich die Haut durchbrechen und sich an Ort und Stelle verpuppen. Die Raupen bleiben über Tage auf den gelben Körnchen sitzen; kraftlos wirken sie und werden dort auch sterben. Nicht angewiesen auf den Ernteertrag beobachte ich das Zerstörungswerk der Raupen, bemitleide das Schicksal der von den Wespen befallenen Exemplare, bewundere den Abwehrkampf der Pflanzen, der Raupen und schließlich – zufällig – auch den der verpuppten Wespen, denn auch diese werden von anderen Insekten parasitär benutzt: An einem sonnigen Morgen am Ende des August sehe ich eine winzige Wespe über die Kokons staksen, hier und da innehaltend, den Hinterkörper nach unten richtend, einen dünnen Stachel in die gelben Kapseln senkend. Ich glaube, dass es sich um *Mesochorus gemellus* handelt, ebenfalls eine Schlupfwespenart. Leichtfüßig tippelt sie über die Hügelformen ihrer Opfer, bis sie plötzlich angegriffen wird vom zuckenden Leib der sonst still auf den Tod wartenden Kohlweißlingsraupe, die offenbar die schlafenden *Cotesia glomerata* beschützt. Direkt vor meinen Augen entwickelt sich ein Zombiedrama mit allen Raffinessen, ein Spiel von Ausbeutung der Ausbeuter, der Beutemacher, und bei der Lektüre der biochemischen Vorgänge dessen, was ich hier in seinen Ausprägungen betrachte, erscheint alles als eine andauernde Verschiebung von Mustern, Zusammenhängen, Anziehungen und Abstoßungen, Einverleibungen und Ausbrüchen, eine Bewegung ohne Anfang und Ende, ein Tanz der Verbindungen und Teilchen, ein bunter Reigen, das Schillern der Gottheiten durch die Materie. Vielleicht hat erst der Mensch, das melancholische Tier, die künstliche Idee von Stillstand und Ende in den natürlichen Kreislauf eingebracht, um Sicherheit zu erlangen und Macht und Ruhe.

Als ich mit dem Sohn in die Stadt zur Kita fahre, sehe ich seit langer Zeit wieder ein Eichhörnchen. Solange es nichts zu ernten und zu verstecken gibt, ist es fast so, als wären die Tiere ausgewandert oder hielten Sommerschlaf. Nicht mehr lange und sie sind überall, in den Bäumen, am Boden, ihr Kreischen und Keckern, die rotbraunen Blitze, die durch die Äste schießen. Tiere und Pflanzen haben Ruhezeiten und Hochzeiten, auch die Kreuzspinnen werden bald überall ihre Netze spinnen und sich dick fressen, während man jetzt kaum eine Spinne sieht. Und die Admirale, die die gärenden Früchte ernten, sind auch noch nicht da. Ich bin neidisch auf diese Leben, die sich immer auf eine Sache konzentrieren, mit allen Fasern darin aufgehen. Für den Menschen ist diese Erfahrung nur durch Konzentration und Willenskraft zu haben, noch mehr für den Mann vielleicht als für die Frau, die zumindest einige Potenziale mehr hat, sich in einen, auch physisch, anderen Zustand zu bringen. Die Bitterkeit vieler alter Menschen ist möglicherweise auch eine fehlende Erfahrung der Art, wie sie Kreuzspinnen, Admirale und Eichhörnchen jedes Jahr aufs Neue, wenn auch vielleicht in neuen Generationen, erleben.

Die südliche Hauswand, die früher voll besonnt und heiß war, sodass wir als Kinder gerne in das Zimmer der Tante gingen, die dort ausgiebig Mittagschlaf machte, wenn sie übers Wochenende mit ihrem VW Käfer aus Hamburg zu Besuch war, und mit den Sonnenstaubsäulen spielten, liegt heute drei Viertel des Tages im Schatten der großen Birke und der nicht ganz so mächtigen und kranken Kastanie. Alle Pflanzen, die ich in den schmalen Streifen zwischen Wand und Weg gesetzt habe, leiden unter dem Jahr zu Jahr weiter schwindenden Licht bei gleichbleibender Trockenheit. Taglilien, die ihrer Bescheidenheit wegen auch Bahndammlilien heißen könnten, gehen ein, die Iris muss kämpfen, Dost und Zitronenmelisse verhärten ihre Blätter, nur die Fetthenne kommt einigermaßen durch, verschiebt aber ihre Blüte in die feuchteren Herbsttage. Der Schmetterlingsflieder, der im Lehm am Rande des Grundstücks problemlos wächst, ohne einmal gewässert worden zu sein, mickert hier an der Wand vor sich hin. Einzig die kleine Gruppe der Löwenmäulchen hält durch und bildet verlässlich dann und wann eine Blüte. Seit ich auf unserer Sommerfahrt in den etwas ruhigeren Gassen von Dubrovnik große Löwenmäulchenkolonien aus den Mauern hervorwachsen sehen habe oder im rumänischen Hermannstadt auf dem Rückweg ein ganzes, schmales Hausdach voller *Antirrhinum majus*, dem Großen Löwenmaul, entdeckte, weiß ich um die Widerstandskraft dieser Pflanze. Lässt man die Pflanze sich versamen, dann tut sie es auch, allerdings glaube ich, dass einige der letztjährigen Exemplare trotz starken Frosts auch dieses Jahr wieder ausgetrieben haben, was den Hinweisen auf den Samenpackungen widerspräche. Ich werde darauf im nächsten Jahr genauer achten und ein paar Pflanzen markieren. In milderen Klimaten allerdings sollte die Pflanze ausdauernd sein, denn wie sonst sollten solche großen Büsche entstehen, wie ich sie in Kroatien überall in Mauerritzen in mehreren Metern Höhe habe sprießen sehen? Und nun, da ich weitersuche und nachschlage, finde ich bei David Burnie[54] in seiner Beschreibung von 500 Pflanzen des Mittelmeerraumes auch das Große Löwenmaul und nach ihm ist es mindestens zweijährig, wenn nicht sogar ausdauernd.

Sämtliche leeren Schneckenhäuser, die mir auf dem Grundstück bekannt sind, habe ich im Auge, um nicht zu verpassen, sollte sich eine jener Bienen dort einnisten, von denen ich gelesen habe, dass sie es tun. Manche Pflanzen oder Tiere kenne ich, ohne sie benennen oder einordnen zu können. Viele andere dagegen sind mir ein undefinierter Bestandteil von Wiese, Wald, Garten. Manchmal probiere ich etwas aus, ohne zuvor darüber gelesen zu haben, sehr viel öfter aber entdecke ich Eigenschaften von Pflanzen, eben weil ich zuvor darüber gelesen habe. Es gibt die Natur mehrfach. Sie ist das, was uns umgibt und was wir selbst sind. Es gibt sie als eine Art Privatnatur, unseren Leib, der uns innerlich zwickt, der uns treibt, der uns beschwert und manchmal beschwingt und der kaum gegenüber allem anderen abgrenzbar ist. Dieser Schwimmer im Einatmen und Ausatmen von Pflanzen und Tieren und anderen Menschen. Und es gibt eine Natur, die eine Eroberung des Geistes ist, des Willens zur Ordnung und der Körper. Diese Natur ist klassifiziert, sie findet man in Büchern und auf Webseiten, sie kann man essen, man kann sich durch sie heilen oder töten, man kann andere heilen oder töten, es ist eine instrumentelle, keine heimatliche Natur. Dieser Natur begegnen wir immer in der Gruppe, wir legen ein Raster an, betrachten sie durch Instrumente und Regeln. Was Lewis-Stempel[55] möglicherweise meint, wenn er bedauert, dass man kaum noch selbst entdeckt, ist der Verlust des Verzaubertseins aber auch der Fähigkeit, tatsächlich zu zaubern, die die Kinder noch haben, wenn alle ihre Handlungen verwandelnde Magie sind. Aber man kann dorthin zurückgelangen. Man kann sich einen eigenen Platz zurückerobern. Jeder Gärtner, der sich einmal taub gegenüber den Ratschlägen der Nachbarn stellt, tut das. Er findet seine Nische, sein Versteck zwischen den Ziffern.

Das Grundstück ist beharrlich, es lässt sich nicht einfach verändern. Die Erde ist hart durch die lange Hitze und durchwurzelt. Neue Beete anzulegen ist eine langwierige Angelegenheit. Auch die unterschiedlichen Interessen verhindern eine vollkommene Umgestaltung; nicht zuletzt die eigene Unentschlossenheit. Die Aneignung des Geländes geschieht so an den Rändern und graduell. Jeder Strauch, jede Idee eines Vorgängers, jede imperiale Absicht einer Spezies, jeder Lebenswille erhebt Einspruch. Gärtnern ist Durchmogeln. Dann, wenn der Garten einmal nicht hinguckt, muss gehandelt werden.

Überall in der Türkei und auch sehr oft auf unserer Hin- und Rückfahrt hängen, klettern, wehen sachte die Vorhänge von *Campsis radicans*, der kletternden Trompetenblume, aber einen Ableger habe ich mir schon im Juni von einer Pflanze in Berlin geholt und er ist wunderbar angewurzelt – vielleicht, weil ich ihn über die Wochen unserer Südfahrt in der Waschküche vergessen hatte, immerhin mit einer Tüte über den Topf gestülpt. Nun suche ich einen sonnigen Platz auf diesem von Schattenschiffen schwer durchkreuzten Stück Erde.

Die mir im Frühjahr noch unbekannten, nur erahnten Pflanzen tragen jetzt die bekannten roten Beeren des Aronstabes. Überall im Garten stehen sie oder liegen, die Beeren gehen schon ab vom Stab. Seit diesem Jahr erkenne ich auch die ersten Triebspitzen, ein weiteres Geheimnis ist gelüftet, weitere gibt es ganz bestimmt, sie müssen sich nur präsentieren.

Die Luft riecht nach feuchtem Staub, der Bauer eggt. Später wird er irgendein Herbizid versprühen, das den Shikimisäure-Stoffwechselweg fast aller auf dem Feld wachsender Pflanzen unterbricht und sie damit zum Hungertod verurteilt. Dafür verbraucht er weniger Energie auf dem Feld, setzt weniger Kohlendioxid frei. Pflügen wiederum bedeutet ebenfalls den Tod der meisten Ackerpflanzen (und tierischen Kleinlebewesen, Bakterien und Pilze). Wie man es dreht, auch die Landwirtschaft ist nichts für zarte Gemüter. Jede Neubereitung des Feldes ist ein Gemetzel und die verschiedenen frutaristischen Bewegungen zeugen von einem Bewusstsein für diese Gewalt, das weiter verbreitet ist, als man denkt.

Noch leben Augen und Handzeugen einer Landwirtschaft vor Monsanto. Noch kann man Geschichten von den Schwierigkeiten des Aufstapelns eines Heuwagens hören oder dem großen Wendekreis der Wagen selbst, dem Pflügen mit Kühen und später mit den ersten Traktoren.

Einige Blüten von *Gladiolus callianthus* (oder *Gladiolus murielae*), der Stern- oder Abessinischen Gladiole, sind im Beet an der Hecke hinterm Haus aufgegangen, während die gleichen Pflanzen vor dem Haus nicht blühen. An der Hecke ist einer der sonnigsten Plätze des ganzen Grundstückes; bis in den frühen Abend ist es dort immer hell und warm, was einer Pflanze, die aus dem heißen alten Land am Horn von Afrika stammt, entgegenkommt. In den äthiopischen Hochlagen ist es nicht so heiß wie auf Meeresebene, allerdings schwankt die Tagestemperatur stärker als in Norddeutschland. Kraft- und Energieverluste sind so über die Zeit wahrscheinlich nicht zu verhindern. Im Frühsommer stachen schlanke grüne Lanzen durch den Boden, die bis in den Juli hinein größer, aber nicht sehr viel breiter wurden und auf den ersten Blick keine Blüten ausbildeten. Doch das war bloß meiner schlechten Beobachtung geschuldet, sie waren nur versteckt mitgewachsen und – schlanker als die ihrer bekannteren Verwandten – kaum zu erkennen, wenn man nicht davon wusste. An den Exemplaren an der Auffahrt kann ich immer noch keine Knospen entdecken, ich müsste eigentlich ein gut ausgewachsenes Exemplar abschneiden und untersuchen, aber das verschiebe ich auf den Herbst, zu groß ist mein Respekt vor diesen Schönheiten, die elegant und eigensinnig wirken, in ihrer fünfblättrigen reinweißen Blüte eine schwarz-rote Maske tragen und nachts nach Lilien duften.

Auf der im Sommer gemähten Wiese hinterm Busch wachsen in der Trockenheit nur die Schafgarben, Hunderte weiße Tellerchen, die sich dem Himmel entgegenrecken wie kleine, mit Häkeldeckchen behangene Tische. Eine einzige rosa Schafgarbe steht zwischen den weißen und sticht trotz des sanften Farbtons deutlich heraus. Solche Exemplare sammelten die Züchter des Farbtons wegen. Die kirschroten Schafgarben im Garten haben Ahnen, die als Außenseiter unter ihren Artgenossen blühen. Wenn beinahe die gesamte Art eine Farbe bevorzugt, dann ist die Abweichung, so sie sich nicht irgendwann durchsetzt, was die rosa Schafgarbe nicht tut, auf irgendeine Weise weniger funktional. Es ist ein Zeichen der Schwäche, für das der Mensch wiederum eine Schwäche hat. Die gelben und roten *Achillea millefolium* hütet er in seinen Gärten, während er die standardfarbigen Exemplare im Trockenrasenstreifen und auf den Baumscheiben rodet.

An einem der beiden Boskoopbäume thront ein großer, vielfach übereinandergeschichteter Schwefelporling. Von Weitem wirkt er, als ragten aus dem Stamm ein paar große Männerhände in schwefelgelben übereinandergelegten Handschuhen. Der Apfelbaum steht hier schon, seit ich auf der Welt bin, und in den letzten Jahren hat er schwer gelitten; zwei große Äste sind abgebrochen und wir mussten sie absägen. Trotz Verschließen der Wunden mit Baumharz finden die Sporen des Pilzes genügend Eingänge in den geschwächten Baum. *Laetiporus sulphureus* befällt zunächst nur das Kernholz, ein alter, noch kräftiger Baum kann also noch lange leben, was der Boskoop auch tut, denn seit Jahren brechen Stämme und Äste regelmäßig ab und trotzdem steht er voller Frucht und treibt aus den gesunden Stammteilen wieder aus. Die Braunfäule, die der Schwefelporling verursacht, bildet dazu Höhlen und bietet kleinen und großen Tieren auf diese Weise Unterschlupf. Bis auf uns kommt dem Baum selten jemand nahe, deswegen kann er alt werden und sein Leben bis zum letzten Moment leben, nämlich dann, wenn der Pilz – oder ein anderer Parasit – die saftführenden Kambiumschichten angreift. Das kann der Schwefelporling sein, vielleicht aber auch der Hallimasch, der aggressiver die lebenswichtigen Teile der Pflanze angreift. Alle alten Obstbäume im Garten sind voller Löcher, Spalten, Höhlen, Ritzen und treiben gleichzeitig aus. Aus einem kleinen Bäumchen werden wunderschöne, schartige Landschaften, auf denen das

Auge herumwandern kann und die die Hände gerne berühren. Ein bisschen hilft die Betrachtung des Sterbens eines alten Baumes auch bei der Betrachtung des eigenen Lebens. Dem Gefühl nach, das er bei jedem auslöst, der sich ein wenig Zeit nimmt, stirbt so ein Baum nicht, sondern er verwandelt sich aus einem einzigen Wesen in eine immer klarer hervortretende Gemeinschaft vieler Wesen, er gibt das Individuelle einerseits auf, um sich in der Gemeinschaft aufzulösen und diese zu befördern, und wird gerade dadurch ganz unverwechselbar und einzigartig. Die alten Bäume auf dem Gelände haben alle eine eigene Form, die der Wind und die Schädlinge, der Baum selbst und wir, die wir ihn schneiden und stützen, bewirkt haben. Die Bäume der Plantagen und Stadtgrünstreifen, die gepflegten und gesicherten Bäume, dagegen sehen sich ähnlich, verweisen auf ihren Zweck und ihre Grenzen. Hier wird man selten einen Schwefelporling sehen, weil befallene Bäume behandelt oder entnommen werden. Im Alter schafft man Menschen wie Bäume weg, man will sie nicht sehen, sie werden als nutzlos oder sogar gefährlich eingestuft; erst seit einiger Zeit wird offenkundigem Unsinn wie dem der Nutzlosigkeit widersprochen. Auf der anderen Seite möchte ich gerne glauben, dass alle Wesen, so auch Baum und Mensch, mehr oder eben weniger Talent zum Altern haben. Man muss damit einverstanden sein, Territorium abzugeben, sich selbst muss man Stück um Stück abgeben können, Kontrolle, Ausbreitung, Nutzung sowieso. Junge wie alte Wesen sind auf Nischen angewiesen; die jungen Bäume suchen nach der Lücke in den Netzwerken der Kronen wie auch die jungen Menschen nach Lücken im Machtgefüge und Verteilungsnetz suchen, in die sie stoßen können. Und ebenso müssen die alten Riesen nach Lücken suchen, häufig genug im eigenen Leib, worein sie ihre Säfte leiten und woraus sie noch einmal und noch einmal treiben können, so wie die Alten sich Betätigungsfelder suchen müssen, auf denen sie niemanden stören, an den Profitbahnen vorbei. Auf diese Art und Weise, indem man besetzt, was nicht besetzt ist, wird man unersetzlich. Und was unersetzlich ist, wird irgendwann auch schön.

Der Walnussbaum legt seine übervollen Zweige auf die Erde, die der Regen, der bisher gekommen ist, nicht erreicht hat. Trotzdem wächst der Beinwell völlig unbeeindruckt in die Höhe und die Nussbaum- und Eschenkeimlinge sind schon keine Keimlinge mehr, sondern kleine Bäume. Zwischen Hauswand und Carport werden fünf mal fünf Meter vom späten Frühjahr bis in den Herbst von der Walnuss beschattet und von ihren neidischen Dünsten bedampft. Ganz hinten, vor der schütteren Hecke aus Forsythien, weißem Flieder und *Spiraea* habe ich einen ausgegrabenen Wäscheständerpfosten mit Betonfundament mit einer Vierkanteisenstange zu einer schlanken Statue vereint und solange die Wiese unter dem Nussbaum noch frisch und voller weißer Bärlauchblüten war, führte ein sich immer weiter verjüngender, gemähter Weg auf die improvisierte Skulptur zu, was unter dem gerade seine Blätter entfaltenden Baum ein wenig geheimnisvoll, ein wenig beschirmt und ein wenig strukturierend gewirkt hat, jetzt aber nur noch ein struppiges, trockenes, halb verdecktes Kuddelmuddel ist.

Was anfangen mit knochentrockenen, halbschattigen bis schattigen Standorten? Als Erstes werde ich den Norfolker Beinwell, der einst als Comfrey oder »My little triffids« von der englischen Freundin nach Berlin geschickt wurde, von einigen seiner Wurzeln befreien und sie als Strukturpflanzen in dieser geheimen Gartenecke verteilen.

Dann, wenn im Herbst der Boden doch etwas Wasser abbekommen hat, werde ich zwei, drei Astern setzen und ähnlich viele Storchschnäbel. Die Spiersträucher von der Südseite des Hauses könnten die westliche Abgrenzung ergeben, somit entstünde unter dem Nussbaum ein schattiger, kühler, durch den Atem des Juglons vor Mücken geschützter Ort. Auf die wackelige Skulptur hin könnte ein flaches Bassin führen, dessen Seiten von Moos bewachsen sein würden. Um die Skulptur könnte wiederum Beinwell wachsen, der das Becken zeitweise unsichtbar machen würde. Um Tieren, vor allem Insekten, keine Falle zu stellen, würden genügend Trittsteine am Rande des höchstens fünf Zentimeter hohen Beckens liegen. Zur Auffahrt hin wacht der Beinwellgarten über die Besucher, aus denen er eine Auswahl trifft, und er beschützt die Reisenden. Es wird ein paar Jahre dauern, aber aus dem ehemaligen Rasenparkplatz wird ein Ort der schattigen Geister werden.

Jetzt, da der Pflaumenbaum überreich trägt und entsprechend viele Früchte zu seinen Füßen in Insektenalkohol vergären, müssten die Admirale zu Dutzenden um den Baum fliegen, was sie aber nicht tun; einen einzigen scheuchte ich gestern von einer Pflaume auf. Wahrscheinlich ist es zu früh, sie kommen erst ab September, genauso wie die Kreuzspinnen, die sich überall ums Haus postieren, zur herbstlichen Mast. Aber wenn ein Teil der Natur schon so weit ist, dann sollte der andere doch ebenfalls flexibel genug sein, denkt man sich und ist ein wenig enttäuscht und besorgt, ob nicht etwas anderes dahinterstecken könnte.

Ende August, bevor der Winterweizen eingesät wird, findet auf dem Feld hinter dem Haus die Fuchsjagd statt. Schon bevor man etwas von dem Spektakel sieht, hört man

das Kläffen der Hunde und dann und wann einen Horn-
stoß. Ein Pick-up, ein Dutzend Reiter und Reiterinnen in
roten Oberröcken und weißen, in Reitstiefeln steckenden
Hosen erscheinen, um die Beine der Pferde wuseln die
kleinen Hunde herum. Lange werden Reden gehalten, die
Hörner erschallen dann und wann, es wird gelacht, laut
und nicht immer herzhaft, es ist ein bisschen wie eine
Karnevalssitzung hoch zu Ross. Ich weiß nicht, um was
es bei dieser Fuchsjagd geht, denn kein echter Fuchs wird
zu Tode gehetzt, sondern nur ein in Fuchsaroma getränk-
ter Stoffball, der von einem der Reiter übers Feld gezogen
wird. Alles, was mit der Jagd zu tun hat, erlebt derzeit eine
seltsame Renaissance unter den Vorzeichen von Achtsamkeit, Nähe zur Natur und gesunder Ernährung – mir sind
die alten Erntedankfeste oder die noch älteren Opfer- und
Dankrituale näher, die das schlechte Gewissen eines be-
wussten und reflektierenden Wesens, wie es der Mensch
ist und sein sollte, nicht ausblenden oder wegerklären,
sondern als die tragische Tatsache nehmen, die es für ein
individuell fühlendes »Ich« nur sein kann. Ich lasse die
Reiter allein und baue weiter an meinem lange überfälli-
gen Tomatenhaus.

Der alte Marillenbaum blutet an zehn Stellen. Oder besser: Er hat geblutet, denn die fingerkuppengroßen Harz-
klümpchen sind zwar goldgelb und frisch, aber schon so
hart, dass sie nicht mehr kleben. Man kann leicht mit dem
Fingernagel eine Kerbe eindrücken. Alter Baumschorf ist
hart wie Plastik und brüchig. Auch der alte Kirschbaum,
der im Juni so überreich trug, trägt neue Saftsteine am
Stamm, dazu sind die Spinnennetze an seiner sich perma-
nent langsam aufrollenden Rinde voller Holzstaub. Vielleicht stammt der Saft von den Niederschlägen, die in den

letzten Wochen das Ärgste gelindert haben und die als Saft durch kleine Hitzerisse nach außen gelangen? Aber woher der Staub?

Jedes Mal, wenn ich in unseren Breitengraden Rosmarin im Freien wachsen sehe, habe ich wieder die Bilder des (echten) Tschechow'schen Garten in Jalta vor Augen, in dem ich mit einem Freund eine Handvoll Rosmarinnadeln für Lammkoteletts gepflückt habe. Mittlerweile habe ich mir Rosmarinsamen von frei wachsenden Exemplaren aus England und Berlin mitgenommen, bislang aber kein Glück gehabt, die drei, vier Tage strenger Frost hier haben immer das Ihre getan. Oder ich habe einen Fehler gemacht, denn aus den zwanzig Berliner Jahren erinnere ich Winter, die grimmiger und kälter waren als alles, was die Ostsee zu bieten hat. Neben Tschechow stellt sich bei mir eine weitere Assoziation ein, wenn ich Rosmarin sehe, kaufe und verwende, und zwar der Geruch, der eines Nachmittags in der Nähe von Kuşadası in der Türkei durch die Straße zog, als ein Nachbar seine Rosmarinhecke schnitt. Nie hatte ich die kleinen Büsche, die im Kräuterregal des Supermarkts stehen, mit diesen kraftstrotzenden und vor duftenden Ölen zu bersten scheinenden Pflanzen in Verbindung gebracht.

In jedem Garten gibt es eine herkunftsbewusste Schicht, die oft nur dem bekannt ist, der den Garten über Jahre und Jahrzehnte begleitet, bearbeitet, bestückt, der in ihm experimentiert, der in ihn zurückkehrt, der ihn reflektiert, ihn untersucht, befragt, erfühlt. Manchmal entdeckt man ein »Unkraut«, das in den Jahren zuvor nicht da gewesen oder unseren Blicken entgangen ist; vielleicht haben wir es an unseren Schuhsohlen von einer Reise mitgebracht, vielleicht klebte ein Samen an einem Stein, ein

Erinnerungsstück, das wir dann abgelegt haben. Häufig aber bringen wir bewusst Samen oder Wurzelstücke mit, graben Stecklinge ein und vergessen sie über den Winter oder auch nicht. Was ein Garten ist, das ist eine Sache zwischen Gärtner und Garten; die Schönheit erschließt sich Außenstehenden oft nicht. Es ist wie mit den eigenen Kindern, bei denen man misstrauisch werden sollte, sobald zu viel Lob von außen kommt. Nicht nur sich selbst, auch andere Gärtner kann man gut danach einschätzen und unterscheiden, ob sie selbst Fundgeschichten und Verbindungen beisteuern können, die das rein Botanische, vor allem die gärtnerische Leistungsshow schnell hinter sich lassen. Pflanzen sind Produkte unserer Zuschreibungen und Geschichten, und jeder, der vor einer alten Hortensie stehend nicht über Bewässerungs- und Düngefragen hinauskommt, gleicht dem Reisenden, der sich hauptsächlich auf das Zusammenstellen einer Mängelliste des Urlaubs konzentriert, oder dem Liebenden, der sich immer wieder fragt, ob er glücklich genug ist.

Als ich die Tomaten im unteren Garten gieße, treffe ich den jungen Kater, der nun diese Seite der Straße erkundet. Er maunzt, läuft ein Stück vor, schaut zurück, ruft mich wieder. Ich folge, er führt mich bis zum Waldeingang, weiter in den Wald hinein, dort wo wir das Gras und den Baumschnitt ablegen, weiter zu den Eichen, dann plötzlich ist er verschwunden und taucht erst am Nachmittag wieder auf.

Ein Trupp Männer samt einer Frau der Straßenmeisterei rücken an und mähen einen ganzen Vormittag den Seitenstreifen an der Straße. Die Vehemenz, mit der dieser Streifen öffentlichen Landes rasiert wird, ist erstaunlich; am Nachmittag ist aus einem niedrigen Gestrüppsaum eine Wüste geworden, aus einem lang gezogenen Versteck für Kleintiere und Insekten ein Präsentierteller, aus einer Barriere gegen den Schmutz der Autos eine Geste der Unterwerfung unter die vermeintlichen Erfordernisse eines ungehinderten Verkehrsflusses. Die individuelle Bewegung von eineinhalb Tonnen Stahl, Plastik und Treibstoff verlangt Unterordnung und Bereitschaft zur Hässlichkeit. Die Kinder erkennen den Unterschied sofort, für die autofahrenden Erwachsenen ist es eine kaum wahrnehmbare Farbveränderung. Und dann kommt der Regen, der erste wirklich nässende, eindringende, ernsthafte Regen und der Staub wird wieder zu Erde zusammengedrückt und der Streifen schluckt und saugt und dehnt sich, man kann förmlich spüren, wie er die Muskeln spielen lässt und die Speicher füllt und voller Energie steckt, die auf eine Transformation wartet. Und die Transformation wird anders sein, vielfältiger, denn die Störung der Straßenmeisterei ist eine Einladung an Pflanzen und Tiere, die Platz brauchen, die die Lücke suchen. Pop-up-Populationen wird es hier geben, ein wildes Durcheinander, bis sich alle wieder in ein Gleichgewicht einfinden, das dann aufs Neue gestört werden wird. Man kann es nämlich auch genau so sehen und damit dem romantischen Vorurteil, dem ökobewegten Defaultsetting ein Schnippchen schlagen: Was kaputt macht, baut auch auf; wer eine Schneise der Verwüstung hinterlässt, bereitet gleichermaßen ein Beet; wer zerstört, ermuntert zur Vielfalt, zur Anpassung, zur Entwicklung. Noch ist zu wenig Zeit vergangen, aber auch die großflächigen Verwüstungen auf den Äckern, die scheinbar gekontert werden können von Unkräutern und Katastrophenfolgern, auch diese menschlichen Ansagen werden eine Antwort finden, sei es durch resistente Kräuter oder, in einem höheren Sinn der Evolution, durch eine florale

Neubesetzung der Landschaft, die zum Gelände wird. Versteppte Gebiete rund um das Mittelmeer. Überlassene Abbaulandschaften.

Nach einem so langen Sommer, wie es dieser war, ist der nun einsetzende Regen unerwartet enttäuschend, fast unwirklich. Obwohl ich ihn herbeigesehnt habe, obwohl wir alle gelitten haben unter der Trockenheit, obwohl niemals zuvor das Wasser aus dem Brunnen so kostbar schien und die Wasserstelle, die Pumpe, die feuchte Tiefe so unersetzlich und verletzbar durch nur ein paar Wochen weiterer Trockenheit – trotzdem waren die Trockenheit und die Wärme wie ein Versprechen auf Leichtigkeit und Freiheit, während dieser erste, dringend notwendige Regen alle Schalen schließt. »Packen Sie für einen englischen Sommer!«, sagt der Abgesandte Ihrer Majestät zu Quatermain in »Die Liga der außergewöhnlichen Gentlemen«. Das ist die Botschaft. Ab in die Schneckenhäuser!

Aber dann machten wir uns mit dem Regen wieder bekannt, denn als ich den Sohn abholte, schüttete es und hörte den ganzen Heimweg über nicht auf. Hat man erst einmal den Versuch aufgegeben, trocken zu bleiben, kann man das Element überhaupt erst schätzen, dann prasselt es nicht nur auf einen herunter, es durchnässt einen nicht nur, es umfängt den ganzen Körper, das Wasser schlängelt sich in die Stiefel, es sucht sich einen Weg in den Kragen, es ist ein tausendfingriges, sich anschmiegendes Geheuer. Ein paar Augenblicke lang vereint uns der Regen mit der Welt, alles quietscht und quatscht, es muss keine Rücksicht mehr genommen werden. Und dann kippt die Wahrnehmung, nun spürt man die Kälte und nur noch der Gedanke an die einen erwartende Trockenheit lässt einen aushalten. Das ist der Moment des Rückfalls in die Geschiedenheit.

Der Regen hat einen der vom Hopfen umschlungenen Ahornzweige auf den Grenzweg heruntergebogen und ich ernte die schönen Dolden samt den sie tragenden Lianen, um sie vor dem Schnitt durch die Nachbarn zu bewahren. Abends, als die Große aus Lübeck zurück ist und wir uns in der Küche versammeln, braue ich einen bitteren Tee aus den Blüten, tatsächlich ist der Bittergeschmack von Pils am Grunde. Hopfen soll beruhigen und antibakteriell wirken; man müsste einen Tee mischen, der den typischen Geschmack etwas ausbremst. Die restlichen Dolden trockne ich. Man soll Bücher damit vor Schädlingen bewahren können, wenn man sie in den Regalen hinter die Reihen stellt. Altes Klosterwissen, aber wer muss heute noch Bücher bewahren?

Am Ende ist der Hopfen eine weitere Option, die man nutzen könnte, die man aber auch nur kennen kann. Und schön sind die lindgrünen Blüten so oder so.

SEPTEMBER

Die Sonne geht vor neun Uhr unter, aber es ist warm und dunstig und die Körper der großen Libellen reflektieren das orangefarbene Licht. Zwei mächtige Tiere patrouillieren in dem Luftraum über der Hecke und zwischen Birken und dem Jakob-Lebel-Apfelbaum. Manchmal schießen sie schnell und entschlossen zwischen die Blätter, um Insekten aufzuscheuchen. Die Mitglieder der Edellibellen *(Aeshnidae)* jagend im Flug, man kann sie gut dabei beobachten, denn mit ihren vier Flügeln bleiben sie manchmal abrupt neben einem in Kopfhöhe stehen, drehen sich auf der Stelle, klappen ihren Flügel hin und her und flitzen wieder davon. Sie sind noch bessere Flieger als die Schwalben, die zwanzig Meter über ihnen ebenfalls auf Mücken, Fliegen, Falter und kleinere Libellen Jagd machen. Fantastische 175 Bilder pro Sekunde nehmen ihre großen Augen wahr, und zwar in einem sehr großen Blickwinkel. Das ist neunmal schneller als der Mensch. Wie schwerfällig und leicht berechenbar müssen wir für diese urtümlichen Insekten wirken. Eine Zeit lang streifen zwei der Riesen an der Hecke entlang. Die kleineren Libellen, die Azurjungfern zum Beispiel, die unten am Bach im Frühjahr so zahlreich waren, jagen von Blättern oder Halmen aus. Die ganze Luft ist voller Aktivität, und ich komme mir vor wie ein Wal, der seiner Größe wegen uninteressant für die meisten Teilnehmer an diesem wilden, erregenden, eleganten, tödlichen Reigen ist. Selbst von Fliegen und Mücken werde ich ignoriert, es muss interessantere Nahrung geben. Später ist das Badezimmerfenster übersät von Nachtinsekten und auch solchen, die das Licht vielleicht geweckt hat. Eine Hornisse krabbelt über die Scheibe, hinter der der künstliche Tag lockt, Nachtfalter, langbeinige Mücken und viele lindgrüne zarte Florfliegen, die sich um die Blattläuse und Milben kümmern und deren auf langen, an Blättern befestigten Stielen sitzende Eier wie außerirdische Wohnkokons aussehen. Ich lösche das Licht wie ein müder Gott.

Alle paar Wochen sitzt eine etwa 35-jährige blonde Frau auf einem alten Stamm nahe der Straße im Busch. Sie hat ihr Fahrrad auf dem Gehweg abgestellt und reagiert nicht auf mein Grüßen. Einmal überrasche ich sie dabei, wie sie gerade die Hose hochzieht, ob nach der Toilette oder Masturbation oder ob sie sich gekratzt hat, weiß ich nicht. Ich halte sie für autistisch, verrückt oder sehr selbstbezogen oder desinteressiert. Eben, als ich sie entdeckte, kam die mittlere Tochter den Weg herauf. Wie eine Katze im Gebüsch, die nicht entdeckt werden will, so verharrte die Frau bewegungslos im Wald. Das Gelände ist Eigentum, gehört aber auf unterschiedlichste Art unterschiedlichsten Wesen, Dingen, Prozessen.

Die Luft beherbergt seit dem Monatswechsel ein wärmeres Licht, im emotionalen, nicht im physikalischen Sinn. Der September übernimmt die Feinarbeit an allen Dingen zum Ende hin, es ist ein Monat voll liebevoller Blicke und Zurichtungen, alles wird gereift, aromatisiert und gefärbt, erhält den letzten Schliff. Ein Monat der meisterhaften

Zuwendung, während der August eine Feier war und der Oktober der Heimgang ist. Deshalb vielleicht die Melancholie in der vorvergangenen Woche, die so plötzlich kam, wie sie vom Regen wieder fortgewaschen wurde.

Die mittlere Tochter und ihre Freundin finden im Bach im Hühnerhagen einen kleinen Fisch, nach Luft schnappend auf der Seite liegend. Mit einem Marmeladenglas nehme ich ihn und schütte ihn in einen halbhoch mit Wasser gefüllten Eimer. Kaum habe ich das Glas in das schlammige Bachbett geschoben, wird das Tier lebendig und im Eimer schwimmt es zur Freude der Kinder eifrig herum. Auf der rechten Seite ist es verletzt und das linke Auge öffnet sich nicht vollständig. Wir spekulieren über seine Herkunft, um welchen Fisch es sich handeln und wie er in das flache Bachbett gelangt sein könnte. In der Google-Bildersuche kommt dem kleinen, ganz leicht buckligen Fisch mit einem dunkeltransparenrötlichen Maul ein junger Karpfen am nächsten. Hat ihn vielleicht der Reiher, der immer wieder am Nachbarteich auftaucht und auf die Frösche geht, aus einem anderen Teich mitgebracht und im Flug fallen lassen? Was für ein unwahrscheinlicher Zufall, dass der Fisch durch die Eschen und Erlen etagenweise nach unten in das keinen Meter breite Bachbett fallen sollte. Vielleicht ist er auch in das Überlaufrohr geraten, das eigentlich doch mit einem Filter gesichert ist. Und selbst wenn, warum und wie sollte er dann aus dem kleinen Tümpel auf unserer Seite in den Bach gelangt sein, in dem seit der Trockenheit das Wasser nur noch Millimeter hoch steht? Es gibt keine Lösung, die uns einleuchtet. Die Mädchen und ich tragen den Eimer zur Au und setzen ihn dort aus. Es ist ein warmer Tag, wir bleiben noch eine Stunde, die Kinder plantschen im Wasser, der Fisch bleibt verschwunden.

Es gibt hier Meerforellen, Elritzen und Neunaugen, aber vielleicht auch Karpfen, wer weiß? Ich probiere von den Früchten des Weißdorns, der am Abhang in der Sonne steht. Mehlbeere heißt die Frucht auch deshalb, weil man sie dem Brotteig beigemischt hat, als Mehlzusatz. Die echten Mehlbeeren sind aber eine andere Gattung, *Sorbus*, deren Früchte ebenfalls essbar sind, allerdings weniger gesund und weniger mythenumwoben wie der Weißdorn, dessen Zweige schon im Altertum böse Nachtvögel, die Strigen, davon abgehalten haben, Kindern im Schlaf das Blut auszusaugen. Der Weißdorn wurde später durch den Knoblauch ersetzt und die Strigen, von denen heute niemand mehr spricht, wahrscheinlich durch die Vampire. Immer noch haben Kinder Angst, aber wir Erwachsenen haben die Kenntnisse der Nacht und der Dämonen verloren. Wo die Ängste der Kinder herrühren, wissen wir nie ganz genau, immer aber rationalisieren wir sie durch Erklärungen über Geschichten, die am Abend zuvor erzählt wurden, oder ein Magengrimmen oder Erlebnisse des Tages. Niemals überprüfen wir diese Erklärungen wirklich, wir glauben daran wie früher an eine parallele Welt unterschiedlich aufgelegter Geister.

Am Abhang hinter dem Weißdornbusch finde ich ein von Würmern durchlöchertes Rindenstück, durch das man, gegen die Sonne gehalten, einen Sternenhimmel sieht. Ein paar Schritte hügelaufwärts und ein Dreivierteljahrtausend zurück in der Zeit und ich stünde am Rande eines Palisadenzaunes, der das Dorf am Fuße der bischöflichen Burg umfasste. Heute steht dort eine einzige, offene Hütte, unter deren halbem Dach ein nachdenkliches Liebespaar sitzt und wenige Worte macht. An einem solchen Septembernachmittag, was haben die Menschen damals hier getrieben? Wahrscheinlich Tag für Tag gesammelt, gefischt, die Ernte eingebracht, die Märkte besucht. Betriebsame Zeit hier am Horn, das von der Au umschlungen wird. Barfuß läuft die Tochter nach Hause.

Beim Pilzebetrachten beobachtet mich eine junge Amsel. Gut genährt streckt sie die hell- und dunkelbraun gefleckte Brust heraus. In der Gabel des hinteren der beiden Boskoopbäume im Hühnerhagen fühlt sie sich in Sicherheit und bleibt dort auch, als sich die Katze zu uns gesellt. Pilze, Vogel und Säugetiere verbringen ein paar Momente in den Überresten des Morgennebels. Die beiden Tiere folgen mir auf meinem langsamen Streifzug durch den Garten, die Katze die unteren, die Amsel *(Turdus merula)* die mittleren Stockwerke bespielend. An der überreich tragenden Hofschlehe trennen wir uns, die Katze kommt mit ins Haus, die Amsel bleibt zwischen den dunkelvioletten Kugeln sitzen wie ein fedriger Trabant vor einem dunklen Sternennebel.

Die Pflaumen geben ihren Widerstand auf. Himbeeren sind Individualisten, sie reifen nach und nach, will man wissen, wann sie gewillt sind, gepflückt zu werden, zupft man leicht an der Frucht, gerade stark genug, um die eineinhalb Millimeter großen Fruchtbällchen zu spüren; es gibt immer einen Moment des »Zu-früh« und den des »Zu-spät« und aller Ehrgeiz kann nur auf die Annäherung an diesen Zustand gerichtet sein. Die Kornelkirschen, die bis zum Ende der großen Trockenheit Ende August keinerlei Anstalten machten, reif und locker zu werden, haben sich nun innerhalb einer Woche entschieden; nun geht es ganz schnell und man muss nur sanft die Finger zusammenführen, schon fallen sie mehr, als dass sie gezogen würden. Bei Birnen und Quitten wiegt die Handfläche die Schwere der

Frucht und wenn sie richtig ist, wird sie das schon spüren. Der Garten spricht auf vielerlei Art und Weise mit denen, die sich interessieren; Fühlen, Tasten, Wiegen ist wichtiger oft als Wissen, Messen, Reden. Auch der Augenschein trügt oft, seltener der Geruch. Die Frühherbstluft ist eine offene Wirtshaustür, eine Konditorei. Gegorenes über allem, aber bald auch die Zuckeraromen der Quitten, Birnen und Zwetschgen, die Suppengerüche des Holunders und der Kohl, dessen Gestank früher so penetrant über den Feldern lag, dass man die Fenster schloss. Die zu spät gezogenen Tomaten, deren Sommergeruch ein wenig unerlaubt erscheint – jetzt, da die streng nach Ritus und Henna riechenden Walnüsse schon beginnen zu fallen und die Brombeeren ihre letzten Früchte herauspressen, klein und von schalem Geschmack – und die nun übervoll sind und mit ein wenig Glück Sauce für den ganzen Winter geben –, ohne Glück aber faulen werden wie im letzten, viel nässeren Frühherbst. Alles ist rund und passend und voll von anspielungsreicher Updike'scher Erotik.

Der September verbreitet seinen süßsauren Duft und die Katzen sitzen vor zwei verschiedenen Maulwurfshaufen, als ob sie einen Wettbewerb veranstalteten. Die ältere wühlt in dem Haufen, bis sie den Gang freilegt. Weil ich sie erst am Vortag dabei beobachtet habe, wie sie einen Vogel samt Federn, Krallen und Kopf verspeist hat, blockiere ich den Gang mit einem kleinen Blumentopf und verderbe so das Spiel der Tiere.

Im *Fytamag*, einer neu erschienenen Zeitschrift für botanisches Leben, einen Artikel über Pflanzenliebe, besonders Dendrophilie, Baumliebe, und ganz allgemein Ökosexualität gelesen. Das Interesse für eine radikale Ausweitung der sexuellen Orientierung ist zweifellos da, die beschriebenen Praktiken sind aber allesamt auf den Menschen konzentriert, sei es, dass er sich aktiv mit Formen, Texturen, Gerüchen und so weiter von Pflanzen beschäftigt und daraus Lust gewinnt, sei es, dass er sich in die natürliche Umgebung willentlich und illusionär integriert, sei es, dass er Sexspielzeuge ökologisch unbedenklich herstellt oder manche natürlichen Formen nachahmt, was etwas unernst und gewollt wirkt. Eine Ejakulation in einer Blumenwiese wäre auch nur eine Ejakulation in einer Blumenwiese, es wäre nicht bewiesen, dass dabei auch an die Blumenwiese gedacht wurde. Abgesehen vom eigentlichen Zweck aller Sexualität, der immer auf die Artgenossen abzielt, ist die Überlegung, ob es nicht eine Erotik zwischen Menschen und Nichtmenschen geben kann, aufregend, aber in ihrer letzten Konsequenz auch irritierend, wenn also die Kartoffel in mir ein erotisches Objekt zu sehen imstande wäre.

Früher hätten die Kinder nach dem Schwimmen in der Au nach Gülle gerochen und im Winter seien sie auf den überschwemmten und vereisten Wiesen Schlittschuh gelaufen, erzählt die Mutter eines Kindergartenfreundes des Sohns. Heute ist der Fluss sauber und die Kinder werden von ihren Eltern begleitet. Alles hätte sich verändert, erzählt die Frau, die aussieht wie Ende dreißig. Sie zeigt mit beiden Händen, wie große Forellen im Fluss geschwommen seien. Wahrscheinlich meint sie die Meerforellen, die inzwischen seit Jahren schon wieder angesiedelt werden, von denen ich aber bisher kein einziges Exemplar gesehen habe. Jungfische leben einige Zeit in den Flüssen, in deren Kiesbetten sie geschlüpft sind, dann schwimmen sie ins Meer und kommen erst Jahre später als stattliche Fische zurück, Längen von bis zu einem Meter werden berichtet.

Im Gegensatz zu den atlantischen Lachsen verenden die Tiere auch nicht zwangsläufig nach der Eiablage, sondern stärken sich im Süßwasser und kehren dann in die Ostsee zurück. Die Mutter erzählt weiter von den vielen Rehen und Wildschweinen, die regelmäßig bis zu ihrem Haus kommen und manchmal zu Umwegen zwingen. Solche Unterhaltungen sind wie Übungen zur Wahrnehmung von Schönheit, die von einer Menge Vorbereitung und einigem Wissen abhängt, von Übung sowieso, von Versuch und Irrtum, vom Erstellen einer geeigneten Karte, vor allem von der Kenntnis des Gegenstandes, was immer er auch sei. Die Schönheit ist nie etwas, was einem einfach so widerfährt, das kann der Schrecken sein oder das Erhabene, das einen überfällt und überwältigt und dem man auf irgendeine Art und Weise begegnet und es dann verarbeitet, um dann das Dasein zu spüren, das, was Joyce *epiphany* nennt, Woolf *ecstacy*, Proust die *mémoire involontaire* oder Nietzsche das *Dionysische*; die reine Schönheit aber ist etwas anderes, ihrer gegenwärtig zu werden bedarf Vorbereitung, Training und Zeit. Das ist die Lehre des Landes, der Landschaft, des Geländes: Man muss lernen, dass man aufbauen kann, dass die Erfahrung keine Abstumpfung, sondern ein immer delikateres, feineres Verständnis bringt, mit dem die allmähliche Verringerung der Dosis mit einer immer größeren Wirkung einhergeht, einem Genuss, der jedem Neuankömmling zwangsläufig verborgen bleiben muss, aber für ihn besteht Hoffnung im Gegensatz zu demjenigen, der glaubt, abkürzen zu können, indem er einen Instrukteur bezahlt. Diese Schönheit liegt außerhalb aller Wellnesslogik, der kürzeste Weg zu ihr ist, wie es in den Kalendersprüchen immer heißt, tatsächlich der Umweg. Hinter den Kindern, die auf dem mächtigen, seit Jahrzehnten schon gefallenen Stamm sitzen, der wohl mal eine Eiche war und an dem einst ein Tau hing, an dem ich mich als Kind in den Fluss geschwungen habe, geht die Sonne unter, ihre Körper mit einem Strahlenkranz umgeben. Die Mutter ist schon gegangen, mit Sohn und Walddeko (Eicheln, Weißdornzweige mit den leuchtenden Beeren). Die Tochter schnitzt noch ihren Namen und das Datum in die Rinde, dann ziehen auch wir uns an und verlassen den Fluss, der ebenso zur Trave fließt wie durch die Zeit und seinen Lauf im Sand und in den Erinnerungen gleichermaßen hinterlässt.

Die ersten Äpfel hinterm Carport sind reif. Die Bäume auf der Dorfseite werden vom Bachwald nach Süden gedrängt und teilweise auch erdrückt. Ein alter Zierapfel ist schon gestorben und von uns im letzten Winter abgenommen worden, ein zweiter leidet unter der mächtig wachsenden Buche, die ein Abkömmling des riesigen, über hundertfünfzig Jahre alten Ahnherren ist, der 1985 gefällt wurde, nachdem es eines herabgefallenen Astes wegen einen tödlichen Unfall gegeben hatte. Der Frühapfel, von dem ich nun regelmäßig ernte, hat hellgrüne Früchte, die zur Sonnenseite ein zartes Rot aufweisen. Wie seine Färbung andeutet, ist er empfindlich, aber sein Geschmack ist klar, eine weitende Säure, die den Sommer in den Frühherbst trägt. Ich bereite ein Mus aus ihm, mit wenig Wasser und Zucker, das man gut für Füllungen oder als Beilage verwenden kann, es schmeckt ein wenig nach Bratapfel und Karamell und auf diese Weise hält dieser erste Apfel des Jahres ein wenig länger als seine frischen Früchte, die schnell mehlig werden.
Im Gegensatz zu der geschauten Zartheit ist sein akustisches Impromptu jedes Mal zum Aufschrecken geeignet, wenn mit Getöse ein weiterer Apfel auf das Blechdach des Carports fällt, wo er zwischen Trompetenmooshügeln

liegen bleibt und zu einem kleinen schwarzen Häufchen zusammenschrumpft oder fliegenpilzähnliche Schirme ausbildet, nur nicht in Rot, sondern in Braunweiß.

Vom Nüssesammeln zu erzählen heißt, von den Grünschattierungen zu reden, die sich zu unterschiedlichen Formen auswachsen, den gefiederten der Blätter, den runden der schwellenden Früchte; es heißt, vom Warten zu erzählen, denn die Walnüsse erntet man nicht, man sammelt sie, wie die Kornelkirschen und die Pilze, man sammelt, was einem vor die Füße fällt, weil der Wind den Baum schüttelt oder weil die Sonne die Schalen erwärmt und sie auseinandertreibt oder weil die Eichhörnchen gierig sind und die Früchte herunterreißen oder die Krähen sie abhacken, um sie über den Straßen fallen zu lassen. Walnüsse zu sammeln bedeutet, einen Blick zu entwickeln, der die Früchte entdeckt, im Gras, unter den Büschen, auf dem Sand, zwischen den Steinen, mit der Sonne im Rücken oder im Gegenlicht. Nüssesammeln ist ein Zustand, den nur der Sammler kennt, aber der kennt ihn gut. Es gibt die Pilzesammler, die Beeren- und Früchtesammler, die Kräuter- und Blütensammler. Zu den jeweiligen Reifezeiten beginnen alle diese Menschen, taktisch zu denken, sie schätzen die Bewegungen, die Prozesse, die Temperaturen, die Farben des Geländes ein, sie folgen Erfahrungen und neuen Ideen, Tieren und dem Luftdruck, sie hören auf den Klang, der über einer Landschaft liegt, die bereit ist, sie schnüffeln nach dem Geruch der Reife. Sie sind eins mit den Vögeln, Nagetieren und Insekten, während sie sich ihren Artgenossen eine Zeit lang entfernen.

Die Kornelkirschen müssen – wenn sie es zu Urzeiten schon aus dem Kaukasus in diese Breiten geschafft haben –

zu den Vitaminspendern der Alten gehört haben. Gerade richtig mit Fruchtfleisch versehen, um unkompliziert trocknen zu können, von exquisiter Säure und herber Süße, um das zuckerentwöhnte Urmenschenhirn wieder anzuwerfen. Auch der Walnussbaum musste hierherwandern, aber wanderten nicht schon unsere Ahnen quer durchs Land? Und kaum gibt es einen einfacher anwachsenden Baum als die Walnuss. Oder reden wir auch hier über Zuchterfolge und nicht über die Urform?

An der Au hat das Japanische Springkraut seinen Höhepunkt erreicht; schon ein Blick reicht zur Explosion und die Kinder klettern waghalsige Manöver, um auch die letzten Kapseln zu erreichen. Die Pflanze hat keinen guten Ruf, wie die meisten invasiven Arten, also solche Pflanzen, die es erstens noch nicht seit Jahrhunderten hier gibt und die dazu noch durchsetzungsfähig genug sind, außerhalb eines Gartens zu bestehen und gar noch größere Flächen zu besetzen. Es ist ironisch, dass die Beute von invasiven Europäern in deren Ländern selbst Invasionen betreibt. Auch im Pflanzenreich wird ein identitärer Diskurs geführt, der vor rabiaten Forderungen und tatsächlicher Gewaltausübung nicht zurückschreckt. Und wie meistens beruht die Abwehr oder wenigstens der Abwehrreflex gegenüber den Fremdlingen auf Ignoranz, gepaart mit der Faulheit, tatsächlich hinzusehen. Das Springkraut ist dafür ein gutes Beispiel, denn es tritt zwar mächtig und beeindruckend auf, trotzdem habe ich nicht den Eindruck, dass es sich ungebührlich ausbreitet. Obwohl es doch bis nach Schwartau hinabgetrieben werden müsste, sieht man wenige Horste, wie den an der Brücke, an der wir immer Pause machen. Offenbar braucht es, wie die meisten Pflanzen, ganz bestimmte Bedingungen, die es dort, aber an vielen anderen Stellen nicht findet. In einer abwechslungsreichen Landschaft wie die der Auen stellt *Impatiens glandulifera*, wenigstens dem Augenschein nach, kein flächendeckendes Problem dar und wird über die Zeit weitere Gegner noch finden, die es klein halten und wieder begehrlich machen werden.

Am Lübecker Hafen, zwischen Schwartau und der Eric-Warburg-Klappbrücke steht ein altes einstöckiges Haus, umgeben von niedrigen Apfelbäumen, die sich unter der Last des Obstes beugen. Gleich nebenan ein Gasflaschenhändler und ein Bordell, gegenüber ein Hafenbecken, groß genug für die Skandinavienfähren. Seit eineinhalb Jahren fahre ich diese Strecke einmal in der Woche und mir ist das Haus nie aufgefallen, dunkel der Putz, geduckt der Bau. Die Bäume haben geblüht, aber erst auf die Früchte werde ich aufmerksam, es ist ein Fontane'scher Moment der nachbarschaftlichen Sorge, der hier verlockend naheliegt und deshalb den Blick fordert. Weiter auf meinem Weg ist es wieder besonderer Bewuchs des Geländes, der mich aufmerksam werden lässt. Hinter der Warburgbrücke, bevor es durch die Wolken aus gebranntem Zucker geht, an der Stelle, an der vor fast dreißig Jahren ein Haus von Rechten angezündet wurde, ein Meer aus hohen, vertrauten, aber in dieser Überreife ungewohnten Gräsern, in dessen Mitte das Denkmal steht. Erst die Schweife der Gräser stoppen mich, sodass ich überhaupt die Aufmerksamkeit für Gedenktafel und Ort entwickle. Jeder braucht einen Zeiger, aber jeder hat auch einen, eine Konstellation, die ihn führt.

Die Pflaumenflut, die der eine Baum im Garten über uns ergießt, verarbeite ich in verschiedenen Varianten. So viele Früchte, wie ich es für einen laufenden Haushalt verantworten kann (es muss ja auch noch anderes verstaut werden), friere ich ein. Den Rest konserviere ich durch Kochen: Kompott, Pflaumenmus, Pflaumensoße, jeweils mit Variationen. Ich nutze Rezepte aus alten und neuen Büchern und aus dem Netz. In einem Buch von Odet Schwartz[56] finde ich den Hinweis, die Kerne der Früchte nicht wegzuwerfen, sondern zu knacken oder mit einem Hammer zu zerschlagen und in einem Stoffsäckchen mitzukochen. Nun enthalten viele Obstkerne Blausäure, aber ich vertraue dem Rezept, das aus Syrien stammt. Doch als ich das Säckchen mit den zerstoßenen Kernen gefüllt habe und noch einmal vorsichtshalber daran rieche, schlägt mir der typische Mandelmarzipangeruch entgegen. Im Netz ein Durcheinander an Meinungen. Die Blausäure übersteht die Hitze nur zu einem kleinen Teil. Die hohe Verdünnung macht sie ungefährlich. Ein Nachdruck eines Artikels von 1917 warnt davor, zerstoßene Pflaumenkerne als Mandelersatz beim Backen zu benutzen, es hätte schon Fälle von Vergiftung und Ohnmacht beim Kuchenessen gegeben.

Ich bringe das Säckchen nach draußen, wo die Blausäure vom Regen weggewaschen wird.

Die Walnüsse sind nun auf dem Höhepunkt ihrer Reife. In den nächsten Tagen wird es Nüsse zu regnen anfangen; schon jetzt kann man in den Baum greifen und die offenen Hüllen durch eine leichte Berührung in die Hand fallen lassen. Obwohl ich eigentlich Äpfel pflücken wollte, bleibe ich unter dem Nussbaum stehen, überwältigt von der Fülle. Ich höre immer wieder, wie sich Leute überfordert fühlen von der Masse an Früchten und Gemüse im Herbst, aber für mich ist es das absolute Gegenteil, ein Schlaraffenlandgefühl, ein Zustand von Geborgenheit. Jetzt ist direkt und ohne Interpretation zu spüren, warum das Paradies immer ein Garten ist, keine Wohnung, kein Wald. Es fängt morgens an, wenn ich die Mädchen nach draußen begleite und die erste Handvoll Nüsse mit zurück ins Haus nehme. Es geht den ganzen Tag über weiter, wenn ich für das Mittagessen Tomaten, Kräuter, Karotten, Rote Bete, Zwiebeln, Lauch direkt aus dem Garten hole und eigene Kartoffeln aus dem Keller, wenn ich am Nachmittag die Himbeeren, die sich mit der Wärme der Spätsommersonne vollgesogen haben, aber nicht mehr die Qualität wie im Juli und August haben, pflücke und in die Essigflaschen fülle, und es endet noch lange nicht, wenn ich abends ein oder zwei große Gläser Apfelmus einkoche, Hopfendolden in Papiertüten fülle oder Kamille, Mädchenauge oder Nussschalen zum Trocknen vorbereite. Der Garten gibt reichlich, die Peperoni werden rot, die letzten Zwiebeln liegen auf den Beeten, der Feldsalat treibt die dritten Blattachseln, die Topinambur beginnen zu blühen, der Amarant legt schwer seine roten und orangen und weißen und grünen Fruchtstände über die Beete und überall entdeckt man viel zu groß gewachsene Zucchini. Die ersten Birnen fallen und sind genau richtig für eine Tarte, die Äpfel füllen die Säcke, von denen wir bald die ersten zum Mosten bringen. Das ist alles sehr weit weg von Selbstversorgung, aber es ist eine hundertprozentige Versorgung mit Angenommenheit. Kaum verlasse ich den Schreibtisch und gehe nach draußen, verlasse ich auch die vielen kleinen Sorgen, es ist, als ob ich aus einem dornigen Gestrüpp ins Freie trete und endlich wieder atmen kann. Da stehe ich und betrachte die Bäume, die abgestorbenen Stämme an der Straße und die von Weißfäule überall befallene Kastanie und muss planen, weil andere Wesen da sind. Meine Hände sind braun von den Nussschalen, meine Arme zerkratzt, ich bessere den

Ofen aus, denn die Kälte wird kommen, ich korrespondiere mit der Stadt und Freunden, denn nach den Früchten kommt das Holz, das geschlagen, transportiert, gespalten, aufgeschichtet werden muss, damit es trocknet. Ich rede mit dem Bach, der nach den Regenfällen der letzten drei Wochen endlich wieder fließt. Ich rede mit den Pflanzen des Gemüsebeetes und mit den Bäumen, ich schaue mich um, und manchmal decken Ideen das Bestehende und manchmal deckt das Bestehende das Zukünftige zu. Und immer wieder stoße ich auf Halbvergessenes oder vollkommen aus der täglichen Wahrnehmung Verschwundenes; unmerklich erst, dann aber gewaltig verändern sich die Ecken, die Ränder, in den Beeten greifen die Invasoren aus, während meine Aufmerksamkeit anderswo war, und dann stehe ich davor, sympathisierend mit der Kraft und dem Ungestüm, das überall über sich selbst hinausgreift, in allem immer übertrieben und ausufernd, überflutend oder mickerig, selten im Maß des Gärtners. Jetzt, da alle Welt glaubt, dass in den Wurzeln ein Geistiges sitzt, gehe ich noch ein wenig vorsichtiger über die Wirrnisse unter meinen Füßen, in denen Gedanken hin und her flitzen, Bilder, Gefühle, Pläne, so wie der Raumfahrer in »Solaris« um den Ozean kreist, dessen Materie das Gehirn eines embryonalen Gottes ist.

In der größten Birke ein Gurren, im Nussbaum das Nagen und Keckern der Eichhörnchen, in den Erlen und Eschen Urwaldgeräusch, handtellergroße Libellen zacken über die Wiese, Hornissen patrouillieren übers Gelände, während die Wespen auf einmal verschwunden sind und die Eingänge der Erdlöcher still liegen wie die Schwartauer Nebenstraßen an einem Nachmittag um sechs. Ein paar Admirale am Pflaumenbaum, in jedem Zwischenraum ein

Spinnennetz. Die Fetthennen erröten und das kühle Lila der Astern schmeichelt wie die unerwartete, erneute Aufmerksamkeit eines Menschen, der einem vor langer Zeit sehr wichtig gewesen ist.

Nach drei sehr warmen Tagen lassen die Zinnien die Köpfe hängen und ich schleppe mehrere große Kannen Brunnenwasser zur Auffahrt. Als ich dann für ein paar Minuten an der Pumpe stehen bleibe, höre ich Hämmern vom alten Mirabellenbaum, nur drei Meter von mir entfernt, und kaum habe ich mich umgedreht, entdecke ich auch schon den Buntspecht, der auf den dünnen, dürren Zweigen balanciert, die über die Hecke zum Nachbargrundstück hinüberragen. Mittlerweile weiß ich, dass er (denn der rote Fleck am Hinterkopf weist ihn ganz eindeutig als ein Männchen aus) nicht nach Nahrung sucht, wenn er klopft, schon gar nicht an den dünnen Zweigen, sondern dass er auf diese Weise kommuniziert. Er markiert sein Revier, vielleicht ruft er nach seiner Partnerin, vielleicht möchte er einfach nur quatschen. Die Zeichnung seines Gefieders zum Schwanz hin ist so zackig wie sein Rhythmus, schwarz-weiß. Der Buntspecht singt überhaupt nicht, er schreit fröhlich-unmelodisch. Der Grünspecht gibt wenigstens ein paar Töne von sich, Jünger erinnern sie an spöttisches Gelächter[57], ich höre eher ein Knarren oder Quaken, möglicherweise der Unterschied zwischen dem norddeutschen Akzent zu dem der Vögel des Bodensees. Solange ich still stehen bleibe, kommt er mir bis auf zwei Meter nahe, er trommelt an unterschiedlichen Holzstärken, als ob er unterschiedliche Tonhöhen ausprobieren will. Wie viele einheimische Vögel – Meisen, Eisvögel, Rotkehlchen, Bachstelzen, Eichelhäher sind nur einige – ist er auffällig gemustert und müsste sich in keinem Urwald der Welt verstecken. Das fällt mir aber erst nach und nach auf. Eine Entblindung für das Nahe erlebe ich, die wahrscheinlich bei mir wie bei den meisten mit dem Älterwerden zu tun hat. Es ist weniger die geschwundene Energie, es ist die Ausrichtung der Energie. Die Beobachtung selbst lädt das Beobachtete auf. Gesteigerte Wahrnehmung bedeutet größere Fülle, größere Fülle bedeutet ein anderes Energieniveau. Jetzt fliegt der Buntspecht in die Hofschlehe rechts von mir. Ich drehe meinen Kopf, um ihm zu folgen, und verscheuche ihn damit. Aber überall finde ich seine Spuren, er und seine Kollegen bauen Höhlen, sie konstruieren dazu tatsächlich kleine Werkstätten, in denen sie Nüsse aufknacken oder Fichtenzapfen. In ihren Höhlen schlafen und brüten sie, aber da sie einen hohen Anspruch an ihre Behausung haben, bauen sie mehr Unterschlupfe, als sie brauchen, und machen so den Garten und den Wald erst für Meisen bewohnbar, und auch die Eichhörnchen, die jetzt überall durch ihr Ratschen zu hören, aber nicht zu sehen sind, nutzen Spechthöhlen. Und wohl viele andere Tiere hat man schon in den gemütlichen, mit Holzspänen isolierten Baumwohnungen gefunden, Hohltauben, Sperlingskäuze, Fleder- und Waldmäuse, Bienen und ich nehme stark an, dass auch Wespen oder Hornissen nichts gegen eine solche Höhle hätten. Von Weitem höre ich wieder sein Hämmern.

Während dreizehn Schuljahren hob kein Lehrer einmal den Kopf, um innezuhalten und uns den Wind in den Blättern lauschen zu heißen. Einmal, im Herbst 1983, sollten wir ein schmales Herbarium der Blätter anlegen, die wir in den Herbstferien fanden, aber die Kälte war früh gekommen und die Ausbeute unbefriedigend, sodass wir die Hefte nie betrachteten oder besprachen. Vielleicht ließen wir eine Bohne wachsen? Ich erinnere mich sonst nur noch an den Citronensäurezyklus.

Mit dem Sohn einen Bovist am Busch betrachtet. Die Kombination aus Junge-mit-Stock und diesem riesigen, kugelförmigen Pilz fordert natürlich dazu heraus, auf die Kugel zu schlagen. Wir liebten es früher, auf die trockenen Gebilde zu springen und den Sporenstaub herauszupressen. Der Name Bovist kommt aus dem Frühneuhochdeutschen, lese ich, und ist aus den Wörtern »vohe« für Fähe oder Füchsin und »vist« für Furz, zusammengesetzt. Wie eine Füchsin furzt, weiß ich nicht, das Geräusch eines zerquetschten Bovisten ist aber eher unspektakulär, zumindest dann, wenn er voller Sporen ist. Fände ich noch einen zweiten, würde ich dieses noch nicht vertrocknete Exemplar zur Klärung nutzen, aber so halte ich den Sohn zurück und mich auch. Den Begriff Fähe habe ich übrigens zuerst bei Saša Stanišić gelesen. Dieses alte deutsche Wort kam so über einen Autor, der vom Balkan stammt, zu mir; solche Aktualisierungen durch Irritation und äußere Intervention passieren dauernd und halten lebendig, was man deutsche Kultur nennen mag.

Der Bach, aus dessen Schöpfkuhle ich gestern Mittag noch vier Kannen Schlammwasser für die Tomaten geholt hatte, ist am Spätnachmittag auf einer Länge von dreißig Metern vollständig ausgetrocknet. Ich marschiere mit dem Sohn zusammen den Bachlauf gegen seine Fließrichtung, und irgendwann sind da Pfützen und noch weiter oben ein Rinnsal. Am nächsten Tag führt der Bach wieder in seiner ganzen Länge Wasser, entweder hat es irgendwo nicht weit von hier geregnet – denn es muss ja in seinem Einzugsgebiet geschehen sein – oder es gibt ein Äquivalent zum

Tau, von dem sich die Pflanzen so tapfer ernähren in dieser Dürrezeit. Der Sohn kämpft auf seinem Weg mit Ästen, Schlingpflanzen, Steinen, während ich in die Trockenheit hineinhorche, in die unnatürliche Wärme, die sonst nie bis in die Schlucht vordringt und in der ein unheimliches Summen wie von sehr großen Insekten ist.

Der Bauer lässt das wenige Heu von den Wiesen hinter dem Busch holen und ein paar Minuten lang beobachte ich von Weitem die Ernte. Die zwei mittelgroßen Trecker werden von den jungen Arbeitern in einer Schnelligkeit über die Wiesen gejagt, wie ich sie zuletzt in Ghent bei zwei Aufsitzrasenmähern gesehen habe, die vor meiner Schreibklause den Park mähten. Die Holzveranda war einfach und ich nutzte sie eigentlich nie, höchstens zum Wegdösen eines Katers. Ich setze meinen Weg fort, streune übers Kräuterfeld, das vor Monaten so intensiv nach Kamille duftete und auf dem nach der Mahd schon wieder Kamille schießt, zwischen Disteln und Sauerampfer, aber die Kamille hat nicht mehr die Kraft und ich ärgere mich, die Fülle des Junis nicht gesammelt zu haben. Allerdings stehe ich hier ohne Messer und kann nicht genau sagen, ob ich vor mir die Echte Kamille habe oder Hundskamille, denn durch einen Schnitt durch die Blüte lässt sich das feststellen, findet sich ein Hohlraum, dann ist es die Echte.
Während dieser Überlegungen entdecke ich eine Treckerspur, die die Wiese hinaufführt und der ich bis zum Waldrand folge, wo ich einen neu angebrachten, metallenen Jägerstand entdecke, der, nach dem Verwelkungsgrad der Blätter der abgeschnittenen Äste zu urteilen, höchstens vor einigen Tagen errichtet worden sein kann. Ich betrachte das Feld aus der Perspektive des Hochsitzes. Hier ziehen sehr viele Rehe vorbei, immer wieder störe ich welche im Busch

und es ist mir nicht recht, dass dieses Gelände nun zu einer Gefahr für sie wird. Andererseits haben sie schon viele junge Bäumchen gefressen, vor allem meine neugepflanzten Pfirsichbäume. Dann wiederum gibt es mehr als genug Eschen-, Ulmen-, Ahorn-, Eichen-, Buchen-, Akazien-, Weißdorn-, Haselnuss- und Kirschenschösslinge; der Wald regeneriert sich bislang trotz großen Wildbestands hier vor unserer Haustür problemlos. Die Gegner des Waldes sind wahrscheinlich weniger die Rehe, es sind die Städte und Kommunen, die Auto- und Bahnfahrer, die Landwirte, unsere Art zu essen, zu konsumieren, überhaupt zu leben. Vielleicht würde ich anders reden, wenn eine Horde Wildschweine meinen Gemüsegarten verwüsten würde, aber bislang haben sie das nicht getan, obwohl er nicht eingezäunt ist.

Im Haus lese ich im schleswig-holsteinischen Jagdgesetz nach und erfahre, dass wir natürlich hätten gefragt werden müssen. Es ist wie mit dem Müll, der regelmäßig am Waldrand liegt, auf Kreisgelände zwar, aber eben auch vor unserem Wald und vor den Augen derer, die diesen Weg wahrscheinlich täglich mehrfach hin- und herfahren. Das Dilemma der Allmende, aber hier sind es vielleicht eher noch Gleichgültigkeit, Ignoranz und ein Unvermögen, Schönheit zu erkennen, geschweige denn zu würdigen. Was sollte es einem schon bringen, die Zigarettenkippen und -schachtel mitzunehmen oder das 0,02-Liter-Fläschchen Jägermeister oder das benutzte Taschentuch?

Vom Gesetzestext gerate ich auf die Seiten der Jagdgegner und erfahre, dass die Bejagung des eigenen Grundes mittlerweile nicht mehr erlaubt werden muss, sondern das eigene Gelände aus der allgemeinen Bejagung herausgenommen werden kann, auf Antrag natürlich. Harmoniesüchtig, wie ich bin, werde ich das nicht tun, aber es ist gut zu wissen, dass es ginge.

Sturm zieht übers Feld und treibt die fein geeggte Krume in meterhohen Wolken zur Straße. Unterm Nussbaum liegen die Früchte nun zu Dutzenden. Ich sammle einen halben Korb voll und finde immer wieder eine neue Nuss, ein befriedigendes Spiel, ein wenig wie Ostern. Diese Art der Ernte erzeugt ein noch größeres Gefühl des Beschenktwerdens, als wenn man direkt vom Baum nimmt. Es ist buchstäblich die Situation der gebratenen Täubchen, die einem in den Mund fliegen.

In solchen Momenten ist das Zwiegespräch mit dem Gelände gleichermaßen noch stärker und wird doch übertönt. Für morgen sagt der Wetterbericht einen Temperatursturz um zehn Grad voraus. Heute noch werde ich die Putzschäden im Ofen mit Hitzezement ausbessern, damit er ab morgen betriebsfertig ist. Die letzten warmen Tage sind vorbei.

Für eine Bolognese fehlen mir Mohrrüben, also gehe ich in den unteren Garten und ziehe drei der Pariser Runden heraus, die sofort in großer Intensität zu duften beginnen. Immer liest man, um wie viel besser selbst gezogenes Gemüse und Obst schmeckt, und dann bin ich doch überrascht. Die Früchte und Blätter, die hier wachsen, spielen eine eigene Tonart mit viel Substanz; sie haben ein halbes Jahr mit mir verbracht und destilliert. Es gibt diesen Augenblick direkt nach der Ernte, der überwältigend ist, und es gibt einen anderen, sanfteren, abgemilderten, später, Stunden, Wochen oder Monate, wenn man haltbar gemachtes Obst und Gemüse hervorholt, wenn man an getrockneten Früchten oder Nüssen riecht oder an Blütenblättern, die Spuren des Sommers, der Sonne, der mitteljährlichen Leichtigkeit in Erinnerung rufen.

Zwei befreundete Paare sind zu Zwiebelkuchen und Neuem Wein da und weil tags zuvor die Kälte gekommen ist, habe ich den Ofen angemacht, an den alle nach und nach die Hände legen oder sich mit dem Rücken anlehnen. Irgendwann erzählt J. von seiner Kindheit in Russland und dass er schon auf Öfen geschlafen hat, und seine Frau erinnert sich, dass ihre Mutter sie nach dem Baden immer in Handtücher eingewickelt und auf den Ofen gesetzt hatte und sie nie dessen Wärme vergessen hat.

Auf einem Mangoldblatt sitzt eine grüne Raupe, wahrscheinlich eine Kohleule, ein dunkler Schmetterling *(Mamestra brassicae)*. Die mittlere Tochter trägt die Raupe durchs Haus, lässt sie über ihre Hände laufen wie einen Hamster und setzt sie schließlich wieder in den Garten, wo irgendwo das Schnäuzchen liegt, das die Katze als einzigen Rest von einer dicken großen Maus heute Morgen übrig gelassen hat. Mit großer Gelassenheit ignorieren die Tiere alle unsere Versuche, sie zu vermenschlichen.

Die englische Freundin schreibt, dass sie in ihrer Waldschule (»Forest school«), die sie nach vielen Anläufen der Berufsfindung – Fotografin, Leiterin eines Surferfilmfestivals, Kuchenbäckerin mit eigenem Café, Schriftstellerin – vor zwei Jahren zusammen mit vier anderen Frauen aus Norwich auf ihrem eigenen Land eröffnet hat, beabsichtigt, im kommenden Jahr Gallustinte herzustellen. Dazu wird sie die Galläpfel der Eichengallwespe sammeln und mit Eisensulfat und *Gummi arabicum* mischen. Das Ergebnis, so alles glückt, wird eine dokumentechte Tinte sein. Mit dieser Tinte möchte sie dann endlich wieder handschriftliche Briefe verfassen. Einen Monat zuvor hatte ich sie seit sechs Jahren zum ersten Mal wieder besucht. Von London aus fährt man zwei Stunden nach Nordosten, dann geht es mit dem Auto noch einmal etwa zehn Kilometer über Land bis nach Wheatfen, das in den Broads liegt, einer Sumpflandschaft, die sich bis zur Nordsee erstreckt. In einem solchen Land ist der junge Prinz Eisenherz aufgewachsen. Die Freundin lebt mit Mann und ihren zwei Kindern in einem Haus, das ursprünglich einmal zwei Fischerhütten waren und in dem ihre Großeltern ihr ganzes Leben lang wohnten. Hier sind ihre Mutter und ihre Tante geboren, hier schrieb ihr Großvater seine Kolumnen, die in mehreren britischen Tageszeitungen erschienen – über seine alltäglichen Beobachtungen im Garten und in den Sümpfen. Überall leben Geschichten in den Räumen, das spürt man, einige davon kenne selbst ich, zum Beispiel die Invasion durch die aus Südamerika stammende Biberratte oder Nutria, die über 65 Zentimeter groß werden kann und der die Großmutter der Freundin in den Nachkriegsjahren mit Fallen nachstellte und als Kaninchengulasch auf den Tisch brachte. Eine Familie besteht aus den Geschichten, die sie produziert, genauso wie aus den fassbaren Dingen, den Menschen, den Häusern, dem Land, den Werken. Über die Jahrzehnte kauften ihre Großeltern so viel Sumpfland auf, dass der National Trust es vor einigen Jahren im Ganzen übernehmen und es zu einem eigenen Naturschutzgebiet umwandeln konnte, nachdem die Großmutter es noch lange Jahre nach dem Tod ihres Mannes mit dessen Karabiner aus dem Ersten Weltkrieg gegen etwaige Kaufinteressenten verteidigt hatte.

Vor sechs Jahren, als sie endgültig beschlossen hatten, aufs Land zu ziehen, war ich dabei, als sie die alten offenen Kamine in den Zimmern abrissen. Mit Hammer und Meißel brachen wir die Mauersteine von den Wänden und schütteten das Mauerwerk als Drainage in Gräben rund ums Haus. Später installierten sie eine Zentralheizung, die von zwei Öfen, einem großen Ofen im Wohnzimmer und einem Kochherd in der Küche, mit Wasser gespeist wird. Das Haus ist, wie alle englischen Häuser, in denen ich bisher gewesen bin, nicht oder nur sehr wenig isoliert. Es schadet nichts, einen dicken Pullover anzuziehen oder die Jacke anzubehalten. Die dreizehnjährige Tochter lag mit ihrem iPhone auf dem breiten Ofen im Wohnzimmer. Am späten Nachmittag begann die Magie der Öfen. Kalt war es, aber kaum brannten die Feuer, erwärmten sich zuerst die Seelen. Dann auch die Körper.

In einem Dreivierteljahr werde ich einen Brief erhalten, mit Gallustinte geschrieben, mit Schilderungen eines wunderbaren chaotischen Familienalltags.

OKTOBER

Im Riesebusch ein Keimling auf einem gefallenen und schon mit Humus bedeckten Baum. Noch steht er gerade, ein Winzling auf einem Giganten in der Attacke. In den Verfall hinein gehen die Wurzeln nach festem Grund. Die modernde Unterlage ist ihm Nahrung und Grenze, Anschub und Form, aber eine verschwindende. So zeigt er Hunderte Jahre später noch das Muster der Mutter, die verwinkelten Fundamente, wenn von ihr selbst kein Stäubchen mehr übrig ist. Die Gestalt trägt er als Zeichen und als die Form, die den frühen Kampf bezeugt.

Vielleicht hat ihn dieser strukturelle Nachteil lebenslang geschwächt, sodass er vor der Zeit vom Sturm gebrochen wird, von Pilzen infiziert, der Pflege anheimfällt. Vielleicht aber hat ihn die zusätzliche tägliche Anstrengung stärker gemacht. Vielleicht hat er Beispiel geben können, seine Verwachsenheit ein Merkmal, das ihn zu einem Ort machte, einer Wegmarke, einem Denkpunkt.

Die Farben wandern von den Bäumen auf den Boden. Unterm Birnbaum das Braunschwarz seiner Blätter, unterm Walnussbaum ein fröhliches Gelb, glimmend rotgelber Teppich unter der alten Kirsche, hellgelbes Gestöber der Birken. In den Himmeln ein Flimmern der Verzweigungen, wie die Mündungsgebiete großer Flüsse. Der Sommer ist die aquarellistische Jahreszeit, der Winter zeichnet; dazwischen die Unentschiedenen.

Der Kater folgt uns über Straße, Wald und Wiesen fast ganz bis zur Au, wo ihn zwei Hunde am Weiterwandern hindern. Schon zuvor musste er eine unsichtbare, aber für ihn ganz reale Grenze überwinden. Mitten auf der Wiese blieb er stehen, als ob er an eine Wand gestoßen wäre. Die mittlere Tochter ruft ihn, worauf er widerstrebend unbekanntes, fremdes, anderen Wesen unterstehendes Terrain betritt. Als er die Hunde wahrnimmt, ist es endgültig aus. Er verschwindet im Schlehendickicht, von wo aus er, für uns unerreichbar, laut und klagend miaut. Auch die Tochter, die sonst eine Zauberin an den Tieren ist, kann ihn nicht dazu überreden, sein Versteck zu verlassen, und so beschließen wir schließlich, dass er uns sicher folgen wird, wenn wir uns erst mal ein wenig von ihm entfernt haben. Aber das tut er nicht. Ich umrunde den Knick und versuche, von der Feldseite an ihn heranzukommen. Ein paarmal höre ich ihn rufen, dann nicht mehr. Vielleicht ist er nun doch den anderen hinterher? Langsam dämmert es. Die Tage sind immer noch warm, der Sommer zieht sich weit in den Herbst hinein. Ich hole die anderen am Buschrand ein. Der Kater ist nicht bei ihnen. Jetzt kommen die Erinnerungen an den toten Bruder hoch, also kehren wir zum Knick zurück, klettern mit Mühe ins Innere der etwa zehn Meter breiten Hege zwischen Wiese und Feld. Obwohl ich nie gehört habe, dass hier bei uns eine echte Hege zu Schutz- und Verteidigungszwecken je existiert hätte, ist es trotzdem ein an manchen Stellen komplett undurchdringliches Gestrüpp – Gebück und Gedörn. Bei den echten Hegen hätte man die Äste der Bäume immer wieder nach unten gebogen, sodass sie ineinandergewachsen wären und zusammen mit den Dornsträuchern zu ihren Füßen eine lebende Barrikade gebildet hätten. Uns aber reicht schon der normale Knick. Meter für Meter quälen wir uns durchs Unterholz, möglichst fern von den dornigen Schlehenschösslingen, und halten immer wieder inne, um nach dem Kater zu lauschen. Endlich vernehmen wir sein klagendes Miauen, das nicht lauter ist als das Rascheln der Amseln, die wie schwarze Fäuste durchs Unterholz wischen. Er erkennt uns, aber wir sind in fremdem Gebiet, das merkt man ihm ganz deutlich an. Als er nah genug ist, nimmt die Tochter ihn auf den Arm und wir klettern die Knickanhöhe zurück hinauf aufs Feld, laufen geradewegs über die gemähte Stoppeldecke hin zur Straße. Vielleicht ist es nur Einbildung, aber irgendwann überschreiten wir die Grenze zum Bekannten und das Tier entspannt sich. Am Abend lese ich über die Knicks in unserer Gegend, deren Name tatsächlich vom Knicken der Schösslinge herstammt. Um ein für das Vieh, aber auch für Fremde undurchdringliches Hindernis zu erhalten, knickte man das junge Holz ab und flocht es ineinander. Größere Büsche oder Bäume schnitt man ab und ließ das Holz im Knick liegen. Meist schüttete man zusätzlich einen Wall auf, dazu nahm man auch die Findlinge und alle anderen Steine, die beim Pflügen störten. Die so entstandenen Wallhecken unterpflanzte man mit stachligen Gewächsen (dem Gedörn) wie Weißdorn, Schlehen, Brombeeren und erhielt so sehr schwer zu durchdringende Grenzen zwischen den Feldern und Wiesen. Diese Landschaftselemente, von denen es in Schleswig-Holstein geschätzt eine Länge von 45.000 Kilometern gibt, scheinen auf den ersten Blick schon immer da gewesen zu sein, als ob die Bauern ihre Felder aus dem Wald herausgeschnitten hätten, tatsächlich ist es aber gerade andersherum. Erst die Aufteilung der zuvor gemeinschaftlich bewirtschafteten Flächen im 18. Jahrhundert zur besseren Nutzung der Acker- und Weideflächen machte die Anlage der Knicks notwendig, vor allem, um das Vieh der Nachbarn daran zu hindern, auf die Felder der anderen zu gelangen. Heute stehen die Knicks unter Schutz und werden hier und da sogar neu angelegt, vor allem nun als Mittel gegen Bodenerosion oder auch Schneeverwehungen. Der Kapitalismus ist also eine Wurzel dieses oft letzten »natürlichen« Lebensraums in unserer Agrarlandschaft, den Oasen in den Felderwüsten, in denen viele Tausend Arten leben. Wie sich Experimente gesellschaftspolitischer Natur direkt in die Landschaft einschreiben, kann man nicht weit von hier studieren, wenn man nach Mecklenburg fährt, wo die meisten Knicks den Bedürfnissen der Landwirtschaftlichen Produktionsgenossenschaften weichen mussten, so wie im Westen in glücklicherweise etwas geringerem Ausmaß den Flurbereinigungen.

In einem Monat vielleicht werde ich die Knicks auf der Suche nach Schlehen abwandern, dann, wenn der erste Frost über sie hinweggegangen ist. Die Großmutter liebte diese Beutezüge, die sie oft mit ihrem jüngsten Bruder unternahm, hinein in die Möglichkeiten.

Hier und da sind nun die faserigen Bälle in den Wildrosen zu sehen, in denen die Larven der Rosengallwespe *(Diplolepis rosae)* ins nächste Frühjahr hineinschlafen. Lange habe ich die Wucherung für eine Art Rosenkrebs gehalten, waren Gallen für mich doch immer an die Kugelform gebunden. Jetzt stelle ich mir die Kammern vor, in denen die verpuppten Larven liegen, vielleicht selbst schon wieder Zuhause einer natürlich auch diese Wespenart befallenden parasitären anderen Wespe. Weil es in unseren Breiten aus irgendeinem Grund kaum Männchen gibt, pflanzt sich dieses Tier meist parthenogenetisch fort, also aus unbefruchteten Eizellen, eine Fähigkeit, die den höheren Säugetieren bislang nicht offensteht, an der aber natürlich geforscht wird.

Wie heiß es ist! Wie der Sommer seit Mai nicht zu Ende gehen will! Wie sich alle verzaubern lassen von der Leichtigkeit der Witterung. Ist es nicht wunderbar? Ist das Leben nicht leichter so? Aber das Wasser muss irgendwoher kommen. Die Kälte muss kommen, um den Schlaf und die Erholung zu bringen. Der ewige Sommer ist eine Schlaflosigkeit. Die Schlaflosigkeit ist immer Zeichen der Krise.

Während wir den letzten Grasschnitt von der Wiese einholen, sehen wir ein abgestelltes Fahrrad. Ich laufe den oberen Waldweg ab und tatsächlich entdecke ich die Verrückte, die aber wohl nur ein wenig wunderlich zu sein scheint, weil es wunderlich ist, sich in der Nähe des Dorfes als Erwachsener in den Wald zu setzen und eine Birne zu essen. Wir unterhalten uns über die kranken Eschen, sie erfährt von mir ein paar Details über das Gelände, die sie nicht verscheuchen sollen, aber unseren Besitz bekunden. Später habe ich ein Gefühl, als hätte ich das Gelände geschrumpft. Wo gibt es noch freie Wälder?

Die Frau hält mitten im Satz inne, große Körper hinter der Hecke haben ihre Aufmerksamkeit auf sich gezogen. Könnten es Wildschweine sein? Wir hasten zur Waschküchentür hinaus und zur Hecke. Wenige Meter vor uns passiert eine Herde Ziegen das Gelände, läuft die Grenze zum Feld entlang zur Straße, überquert diese und zwingt so ein halbes Dutzend Autos zum Halt. Dann marschiert die Herde Richtung Dorf, angeführt, wie wir jetzt erst richtig erkennen können, von einem großen Bock und einer größeren Ziege, denen drei kleinere Tiere folgen. Eine Familie auf der Flucht? Wenig später biegen sie in ein Baugrundstück ein, über dessen Gelände sie auf die Felder gelangen und in den Wald. Später erfahren wir, dass die Ziegen, die von einem uns entfernt bekannten Züchter am anderen Ende des Dorfes stammen, schon öfter ausgebüxt waren und immer wieder heimkehren.

Die Wacholderdrossel, die gegen die Scheibe geflogen ist und sofort tot war, ist nun unterlegt von einem Gewimmel. Ein Bild wie von Gottfried Benn, glückliche Jugend der Maden. Leben mit dem Tod im Blick. Sieht man dabei zu, dann könnte man meinen, dass Konservierung kein Teil des natürlichen Lebens, desto mehr der menschlichen Kultur ist, zumindest der Impuls dazu, etwas »an sich« zu bewahren und nicht zu einem Zweck.

Das Dunkel wächst um die Sterne über den Obstbäumen, aber ihrerseits streuen diese mit zunehmender Finsternis umso kräftiger weitere, nicht mehr einzeln, sondern nur noch als Nebel erkennbare Wolken von Licht. Sterne und Sternwolken spiegeln sich in den Tautropfen der übrig gebliebenen Blätter, von denen manches die leichte ferne Last doch nicht tragen kann und knackend und raschelnd zu Boden fällt. Hälftig strahlt der Mond, während rund fünfzig Kilometer entfernt ein Mensch, den ich so lange kenne, wie ich lebe, auf den Tod wartet.

Die Kettensäge, die in den letzten Tagen nicht starten wollte, funktioniert bei der Vorführung des Defekts beim

Händler natürlich einwandfrei. Wir werden über das korrekte Starten der Maschine belehrt, nämlich dass man sie im kalten Zustand im maximalen Choke einmal startet, auf das Ploppen hört, dann in den nächsten Choke schaltet, wo sie beim abermaligen Zug starten sollte, worauf man in den Normallauf gehen kann. Solche Belehrungen mag man normalerweise nicht, aber so lustig und lebendig tuckert der Motor, so gut ist das Gefühl, etwas Sinnvolles gelernt zu haben, dass wir gerne darüber hinwegsehen. Die Jahre in der Stadt haben oft in einer Sphäre vollkommener Folgenlosigkeit in einem ganz realen Sinn stattgefunden. Habe ich etwas hergestellt, das jemand nutzen kann, ein Werkzeug, etwas, worauf man sitzen kann, wovon man essen kann, was einen vor Regen und Kälte schützt? Ich habe vielleicht Irritationen produziert, auch Schönheit, wenn ich Glück hatte. Vielleicht Wissen, das wiederum Wissen produziert. Außerhalb meines Milieus aber werden ganz außergewöhnliche Dinge gemacht.

Die kranke Kastanie neben den Schuppen hat die gleichen Probleme wie ein geschwächter Mensch. Wo die Motte sie nicht umbringt, da lädt ihr geschwächtes Immunsystem zur Attacke durch verschiedene Bakterien ein, die sie weiter Kraft kosten und die Angriffsstellen vergrößern, indem die Rinde großflächig abplatzt, was wiederum ein Signal für die Pilze ist, die sich von da an durch den Stamm arbeiten. Fingertief kann ich an den Stellen, an denen die Weißfäule aktiv ist, bohren, und natürlich werden diese Löcher wiederum Eingangstore für andere Invasoren sein. Ich sammele ihre Früchte und verstreue sie in der Landschaft. In ihren Genen bereitet sich möglicherweise schon der Gegenschlag vor.

271

Unablässig knurren jetzt die Kettensägen in der Nachbarschaft. Auch wir beginnen mit einem ersten Einschlag, es trifft vor allem umgestürzte Eschen, die sich in Nachbarbäumen verfangen haben und diese zur Straße drücken. Manche sind schon seit Jahren tot und ihr Holz splittert bei der kleinsten Bewegung. Wurzelnekrosen nehmen den Bäumen allen Halt, ein zehn Meter hoher Stamm stürzt ansatzlos um, als ich einen anderen bewege. Überall suchen Siebenpunkt-Marienkäfer *(Coccinella septempunctata)* nach einem Winterquartier, oft in Gruppen. Sie klettern über die Meterstücke, die ich über die Straße in den Hühnerhagen trage. Sie kommen mir andauernd in die Quere. Im Frühsommer sind sie auch oft zusammen, was nachvollziehbar ist, aber warum jetzt? Ist es ihnen zu einsam? Folgen sie den anderen, um ihre Chance auf einen Spalt im Baum, auf einen Haufen Blätter, auf eine Ritze im Mauerwerk zu verbessern? Wispern sie in Winternächten miteinander?

Sturm und Regen streifen die Nüsse in Massen vom Baum. Dicht an dicht liegen sie auf der Auffahrt und auf dem Rasenviereck dahinter. Beim Aufsammeln das bekannte Gefühl, beschenkt zu werden und davon überfordert zu sein. Der Wind bohrt da die Landschaft auf und verdeckt sie dort, er pfeift im Kamin, er trommelt auf die Straße und den Sand, er streicht ein Konzert über den Saiten der Gräser und reibt rauschend auf den Flächen der Blätter wie über die Wellen der Ostsee. Er kommt von Westen, voller Nachrichten des Ozeans, des riesigen Kontinentes dahinter, er biegt dazu einen Wolkenquirl aus Norden ein, der nasse Luft heranwälzt, weiß von Schneeflächen und Eisbergen. Die Spinnen sind verschwunden, nur wenige Gänse zeigen sich in dünnen Zügen und werfen ihren spöttischen Vorwurf übers Land. Jetzt suchen nicht nur die Marienkäfer nach Unterschlupf, alle bauen, graben, polstern, sammeln Vorräte. Das Land macht sich winterbereit. Noch habe ich die Gladiolen und Dahlien nicht hereingeholt; sie stehen perplex und erschreckt zwischen den winterharten Pflanzen, die sich vorbereiten. Niemand hat ihnen gesagt, was jetzt kommt, niemand hat ihnen gezeigt, was zu tun ist, wie man sich auszustatten hat. Wunderschön sind sie und wirken nun noch künstlicher als im Sommer schon, wie Gäste eines Festes, die man in ihrer Festtagskleidung im Regen stehen lässt.

Immer noch habe ich die Berliner Himbeeren nicht aus dem Küchenbeet verpflanzt, wo aus den drei mitgebrachten Exemplaren seit dem Herbst 2016 schon zehn weitere Ruten gewachsen sind. Erst muss ich den neuen Standort vorbereiten und warte auf Regen, um weniger Mühe beim Umgraben zu haben. Mein Zögern wird aber belohnt durch einen Laubfrosch *(Hyla arborea)*, der sich an einem schönen sonnigen Nachmittag weit oben auf einem Blatt aufwärmt und sich auch nicht durch mich oder die herbeigerufenen Kinder stören lässt. Wie ein Schmuckstein wirkt er mit seiner glänzenden grünen Haut, ein willkommener Bote aus den Tiefen des Geländes, der eine tröstliche Botschaft überbringt, ihm selbst nicht bewusst, der im Moment anderes im Sinn hat, ein Winterquartier zu suchen, beispielsweise. Am Abend lese ich auf Wikipedia über das Tier einen längeren Artikel, von dem mir zwei Dinge in Erinnerung bleiben, nämlich einmal die Vorliebe der jungen Frösche, in Gruppen unterwegs zu sein, was ich wirklich gerne einmal sehen würde, und dann die Fähigkeit der Tiere, ihre Farbe je nach Untergrund zu verändern. Die Farbe der Froschhaut richtet sich also nach der Haptik des Untergrunds. Raue Baumrinde zieht eine andere Farbe nach sich als ein glattes Blatt. Der Garten ist ein vielfältig gestimmter Code, der Anweisungen auf vielerlei Art gibt. Diese haptisch erfolgende Art kannte ich noch nicht, aber sie liegt nahe bei Wesen, die eher spüren als sehen, oder solchen, die die Auswahl gleich ganz dem Gelände überlassen und dazu mehrere Möglichkeiten bereithalten, wie zum Beispiel die große Pappel im Hühnerhagen, die dem Wind gestattet, ihr grünes Haupt mit Silber zu durchweben, die Blätter der Bäume sowieso, die auf Kälte und Licht mit neuen Mischungsverhältnissen der Farben reagieren, oder die Netze der Tierspuren, die sich an den immer neuen Hindernissen der Vegetation und unserer oder der Nachbarn Bautätigkeit ausrichten. Denkt man über den Garten oder das Gärtnern nach, dann herrscht die Ansicht bestimmt vor, dass – so mühsam es sich im Einzelfall auch gestalten mag – der Gärtner den Garten formt und nicht umgekehrt. Doch wäre es nicht eine lohnende Aufgabe herauszufinden, inwieweit der Garten, die Pflanzen, die Tiere und der Boden, die Topografie, die Bebauung und auch die überkommenen und aktuellen Gebräuche des Landes und nicht zuletzt die sehr lokalen Mythen und Geschichten den Gärtner und die Gärtnerin beeinflussen? Dass dem so ist, beweist, wie ich finde, nicht zuletzt der überall zu beobachtende Versuch, sich vollkommen von den Zumutungen des eigenen Stück Landes loszumachen, indem man Gabionen aufstellt, die einmal für Befestigungen in unzugänglichem alpinem Gelände gedacht waren und dann als neues Gestaltungselement zum Ersatz von Hecken in die Baumärkte Eingang fanden. Kombiniert mit grobem, einen halben Meter hoch aufgeschüttetem Schotter oder großflächigen Stein- oder Betonplatten ergibt sich die perfekte Steinwüste, in der, bis auf ein paar Moose und Flechten, die unaufwendig mit den handelsüblichen Giften oder extra dafür entwickelten mechanischen Apparaten beseitigt werden können, bestimmt nichts mehr wächst. Durch diese Vorgartenwüsten kann der Bewohner unbeeindruckt und unbelästigt zu seinem ebenfalls von allem lebendorganischen Durcheinander unbehelligten Auto schreiten und in sein von Kunstlicht erhelltes Büro fahren, wo er in einer unbeobachteten Sekunde vielleicht einen Urlaub nach Südostasien bucht, nicht zuletzt der wilden, überbordenden Natur wegen. Die Verwüstungen der Vorgärten werden möglicherweise nicht für immer hingenommen werden. Verliert das Paradigma der Ordnung an Kraft zugunsten der Verpflichtung des bewohnten Landes, dann werden die Gartenbesitzer sich neuen Zwängen unterwerfen dürfen. So ein Garten ist zu viel Arbeit, diese seltsamste aller Ausreden, wird dann das sein, was es ist: die Anstiftung zu einem Verbrechen. Es wird gerichtliche Auflagen geben: Wie viele hohle Königskerzenhalme haben sie? Haben sie Wilde Möhren gesät? Haben sie die Kurse zur Totholzpflege belegt?

Es ist noch nicht so lange her, dass sich nur wenige ein Stück Land ausschließlich zum Genuss leisten konnten. Wer Land hatte, der musste es nutzen, die Bauerngärten, die heute vor allem als Schmuckgärten begriffen werden, und die Klostergärten, deren Strenge ebenso wie ihre gleichzeitig verspielte Vielfältigkeit heute so anziehend sind, waren ebenso Nutzgärten, allerdings mit einem kleinen Teil bewusst angelegter, keinem direkten Nutzen dienender ästhetischer Schönheit, einer Erinnerung daran, was ein Garten im allgemeinen Bewusstsein einmal war, ein Paradies nämlich, so wie im Persischen heute noch das Wort für Garten Paradies ist. Aber nicht für alle, vielleicht noch nicht einmal für viele ist das Paradies der Ort ihrer Wahl. Es ist mit Arbeit verbunden, solange man die Arbeit erkennt. Ein Garten kann nur zum Paradies sich zurückverwandeln, wenn man die Erkenntnis der Arbeit verlernt, wenn man die Scham verlernt, wenn man also wieder nackt ist, ohne nackt zu sein. Ein Paradies kann ein Garten nur für einen selbst sein, dann aber kann man es in einem beliebigen Stück Gelände finden. Alle anderen müssen mit viel weniger vorliebnehmen, sie müssen vergleichen, sie müssen kontrollieren, sie müssen dem nachjagen, was gerade Trend ist. Seinen Garten in eine Steinwüste zu verwandeln, ist möglicherweise nicht nur dem Antrieb, nie wieder den Rasen mähen zu müssen, geschuldet, sondern vielleicht auch der tief sitzenden Angst, dass man der Welt entnommen wird, lässt man sich zu tief auf ihn ein. Eine unnötige Angst, ganz sicher, aber eine, die wohl existiert. Selbstvergessen wandert der Paradiesbewohner durch Schönheit – vor diesem Verlust des Selbstbewusstseins scheuen viele, vielleicht mit Recht, zurück.

Der Laubfrosch blieb bis zum Abend, dann löste er sich in den Schatten auf.

Unversehens tritt das große Ereignis vor einem Jahr in meine Erinnerung. Das Wochenende über war ich mit der mittleren Tochter allein im Haus, als sie plötzlich die Treppe herunterkommt und mir erklärt, dass die Katze sich so seltsam benehme und dass ich lieber hochkommen solle. Kaum stehe ich vor dem Tier, das sich mit den Vorderpfoten auf den Teppich stützt, als wollte es aufstehen, mit dem schweren Hinterleib aber keinerlei Anstalten zu ebendieser Bewegung macht, fängt der Geburtsvorgang auch schon an. Wir hatten ihr in den Tagen zuvor eine Höhle in der Abseite aus einem Wäschekorb und alten Handtüchern bereitet, in der sie sich auch eingerichtet hatte. Allein, im

Moment selbst sucht die Katze die Nähe der kleinen Tochter, des Menschen, der sie vielleicht am meisten mag, sie drückt und herzt, bis es uns anderen fast schon unheimlich wird. Aber das Tier schätzt es wohl richtig ein. Ich knie mich neben die Tochter, die aufgeregt und ohne jede Scheu (worauf ich stolz bin) beobachtet, wie der erste schwarze kleine Kopf erscheint. Die Katze ist ruhig, ich schaue ihr ins Gesicht, es sieht aus wie immer. Das erste ihrer Kinder ist ein schleimiges Stückchen Fell, kleiner als meine Hand, es sieht eher wie eine kleine Ratte denn wie eine Katze aus. Die Mutter beugt sich vor und leckt es ab. Dann erscheint der zweite Kopf. Die Tochter springt auf und will die Kamera aus dem Erdgeschoss holen. Sie ist noch nicht am Treppenabsatz angekommen, da steht die Katze mit einem Ruck auf, ein Kind zur Hälfte zwischen ihren Beinen, das andere noch an der Nabelschnur hängend hinterherschleifend, und folgt der Tochter, die die Situation gar nicht mitbekommen hat und sich erst umdreht, als ich sie darauf aufmerksam mache. Da kommt sie zurück und bleibt bei dem Tier, bis auch das zweite und dann das dritte Kind geboren und sauber geleckt ist. Dann beißt die Katze die Nabelschnüre durch, nimmt das erste der Katzenbabys am Genick und bringt es in die Höhle, drei Meter vom Flur entfernt. Die zwei anderen liegen mit geschlossenen Augen dicht beieinander. Die Katzenmutter kehrt zurück, holt das nächste, nun liegt eines noch da, klein und hilflos. Dann sind alle verstaut, und endlich kann die Tochter die Kamera holen. Ein weiteres Kätzchen taucht auf. Wir vermelden die Neuigkeit nach Berlin, wo der Rest der Familie weilt. Am nächsten Tag entdecken wir, dass es noch ein fünftes Geschwisterchen gibt. Namen werden vergeben. Wenn die Mutter nicht da ist, weil sie frisst oder aufs Klo geht, liegen die Kätzchen ineinandergerollt auf einem großen Haufen im Wäschekorb. Ich weiß nichts über Katzenkinder. Die Mutter weiß alles. Sie säugt sie. Sie säubert sie. Sie leckt ihren Kot ab. Sie bekommt Durchfall. Als der Rest der Familie aus Berlin zurückkehrt, reibt der Jüngste alle fünf Babys samt der Katzenmutter mit Duschgel ein. Als die Schandtat entdeckt wird, ruft die Frau den Tierarzt an, ob es möglich sei, die Tiere abzuwaschen, ohne dass die Mutter ihren Mutterinstinkt verliert. So hilflos sind wir. Fasst man einen aus dem Nest gefallenen Vogel mit bloßen Händen an, so heißt es oft, kommt die Mutter nicht mehr zurück. Dass das nicht in jedem Fall so ist, wissen wir seit diesem Sommer. Solche Dinge muss man erfahren, am besten über Generationen hinweg, man muss Vergleiche anstellen können. Wir bilden eine Kette. Die Töchter reichen die Kätzchen zur Frau, die sie mit lauwarmem Wasser abspült und mir gibt, der sie mit einem Handtuch vorsichtig trocken rubbelt und sie dann wieder in die Höhle legt. Auch die Katze wird vom Duschgel gesäubert, was sie nur widerwillig zulässt. Während der Sohn noch ausgeschimpft wird, trägt die Mutter alle ihre Kinder in die Bibliothek, wo sie sie unter meinem Lesesessel ablegt. An diesem Platz verbleibt das Quintett wieder eng ineinander verschlungen die nächsten zwei Wochen, ohne den Platz einmal zu verlassen. Später, als sie begannen, die Wohnung zu erkunden, kehrten sie noch bis Weihnachten immer wieder hierhin zurück, und erst kurz bevor wir drei von ihnen abgaben, haben sie sich auch andere Schlafplätze gesucht.

Die Peperonipflanzen stehen jetzt, am Monatsende, an verschiedenen Stellen im Haus. Einige bei nicht mehr als zwölf Grad Celsius, vier in der Waschküche, die auch selten wärmer wird, dafür aber bis etwa acht Grad abkühlt, und eine habe ich in der Bibliothek, in der es manchmal, wenn ich den Ofen überheize, bis zu 25 Grad warm werden kann. Man wird sehen, ob sie im nächsten Jahr wieder blühen und Früchte tragen werden, es ist alles ein Experiment.

Dem Holzmachen im Busch sind auch zwei Ulmen zum Opfer gefallen, ein jüngerer, gesunder Baum, der ungünstig wuchs und in wenigen Jahren auf die Straße gegangen wäre, und ein weiterer, dessen Krone schon dürr war, der aber an seinem Stamm noch einen kräftigen, durchsafteten Gürtel hatte, von dem aus einige Äste durch die kahle Krone ragten. Erst nachdem wir den Baum abgenommen und zerkleinert haben, sehen wir die ganze erstaunliche Konstruktion seines Lebens im Sterben, den elastischen, duftenden Ring um das tote, zerlöcherte Holz, aus dem große Pilzfruchtkörper ragen, wie Zunderschwämme sehen sie aus, allerdings sind sie nicht hart, wie es schon die jungen Exemplare von *Fomes fomentarius* sind, sie lassen sich eindellen und brechen ab, als ich den Baum absäge, was Unsinn ist, weil das Holz sowieso nicht als Brennholz taugt. Aber wenn die Säge einmal läuft und man beobachtet wird, übernimmt ein überkommenes Ordnungsdiktat das Kommando, auch Gier nach Brennholz ist dabei. Wie meistens verliert die Schönheit, zu der es Mut braucht. Später, als ich das Holz im Hühnerhagen auf 30-Zentimeter-Stücke säge, sortiere ich den Ulmenstamm aus und stapele ihn zu einer kleinen Mauer am alten Zaun zwischen Mirabelle und Hofschlehengestrüpp. Vielleicht nutzen Wespen und Bienen und andere Insekten auch hier die vielen Löcher und Gänge im Holz. Andere tote Bäume, vor allem Eschen, lasse ich stehen. Sie sind bis auf zehn, zwölf Meter Höhe mit Efeu bewachsen, der genau jetzt blüht und eine letzte Futterquelle ist, dazu ein Winterversteck für Spinnen, Käfer, Wespen, Asseln. Daran denke ich gerne, dass ich solche Refugien erkenne und mich zurückhalte, während in der Nachbarschaft aufgeräumt wird, das Laub in Plastiksäcken oder eigens dafür zur Verfügung gestellten Mülltonnen abtransportiert wird, anstatt in einer geschützten Ecke einem Igel und unendlich vielen kleineren Tieren als Winterquartier zu dienen. Aber die Rücksicht hat immer Grenzen. Keines der Lebewesen, an die ich auf so menschliche Art und Weise denke, in die ich mich hineinfühlen will, ohne natürlich die geringste Ahnung davon zu haben, wie ein Eichhörnchen über seine Baumhöhle denkt, von was eine Natter träumt während ihres unruhigen Starreschlafs, den sie bei Temperaturschwankungen immer wieder unterbrechen muss, um in tiefere oder höhere Lagen zu kriechen, was Asseln in ihren Herden unter lockeren Rinden und unter Steinen glauben – keines dieser Wesen würde sich solche Gedanken machen, wenn es um seinen Vorteil ginge, es würde alles aus dem Weg räumen, was es kann, um zu überleben, und ganz so bin ich am Ende auch, es ist nur die Zwischenzone, die Freiheit von Not, die die Entscheidung für die Unordnung ermöglicht. Aber immerhin gibt es diese Entscheidung.

In der Dämmerung trete ich auf dem Weg zum Holzstall auf eine Maus. Einen Moment lang denke ich an einen faulen Apfel, aber das Knacken des Schädels ist unverkennbar. Im Licht der Taschenlampe entdecke ich direkt neben dem platt getretenen Tier eine weitere tote Maus. Beide trage ich hinter den Carport, wo ein kleiner Friedhof aus Mäusen und Vögeln entsteht. Ein kleiner Skeletthügel. In der Morgenandacht erinnert eine evangelische Pfarrerin an Albert Schweitzer und an seine Vorstellung, Leben zu sein inmitten von Leben, das leben will. Voneinander leben will. Die Katzen laufen gänzlich teilnahmslos an den von ihnen grausam getöteten Tieren vorüber. Wenn sie sie nicht gerade auffressen, scheint ihnen vollkommen klar zu sein, dass das entscheidende Moment aus den kleinen Körpern gewichen ist, dass der Körper zwar wichtig, aber nicht alles ist.

Ende Oktober drücken die Früchte der Tomaten die schlaff werdenden Stängel zu Boden. Immer noch nehmen manche eine blasse Röte an, aber die meisten von ihnen müssen jetzt nachreifen, entweder am Fenster oder in einer Packpapiertüte in Dunkelheit – beides funktioniert erstaunlicherweise, Licht scheint nicht relevant, nicht fördernd und nicht störend zu wirken. Diese Jahreszeit ist die Zeit des häuslichen Zaubers. Eine Schüssel mit grünen Chilis verwandelt sich in rote Pracht, die Tomaten spielen mit gelben, grünen, weißen und roten Tönen. Die späte Fruchtbarkeit erlaubt sogar, noch ein paar Gläser mit Spaghettisauce einzukochen und dabei abzuschweifen, zu Alexandra Spofford möglicherweise, einer der drei Hexen von Eastwick in John Updikes gleichnamigem Roman, die die Flut der Tomaten als etwas »Panisches« erlebt, »diese Fruchtbarkeit, etwas Schrilles: wie Kinder, die um jeden Preis Aufmerksamkeit erregen und gefallen wollen. Und sie waren ja tatsächlich ein wenig menschlich, diese Tomatenpflanzen, mehr als alle anderen Pflanzen, sie waren so eifrig, so empfindlich, der Fäulnis so nah.«[58]

Auf Drängen der Blindenlobby sollen Elektrofahrzeuge nun mit Soundmodulen ausgestattet werden, die einen Verbrennungsmotor simulieren. Man muss weit in den Westen fahren, um in den Hügeln der Holsteinischen

Schweiz Gebiete von vorübergehender Abwesenheit von Motorengeräusch zu finden, wie ich auf den Fahrradtouren mit den Kindern festgestellt habe. Hier und da kann es für ein paar Minuten gelingen, plötzlich den eigenen Körper zu hören, den der durchschnittliche Geräuschpegel eines Herbsttages nicht übertönt, wohl aber jedes vorbeirauschende Auto.

Auf dem Feld fliegen die Krähen Loopings. Der Winterweizen ist schon eine Handbreit aufgegangen und die Möwen, die seit der Aussaat von der Küste herübergekommen sind, haben sich schon wieder davongemacht. Sie hatten es sowieso nicht leicht, wurden von den Krähen unablässig attackiert, verfolgt, gestört, verspottet. Jetzt haben die großen Tiere, die den Horizont nächtlich sprenkeln, freie Bahn, lassen sich mitten im Flug absacken und fangen sich kurz über dem Boden wieder auf. Spielen sie? Imponieren sie? Feiern sie? Der Sturm, der immer wieder in den Schwarm fährt, zwingt sie in Deckung, dann sind sie wieder da. Zu dem einen Schwarm, der sich in unserer Gegend aufhält, gesellen sich manchmal andere, sie kommen von weither übers Feld, in dessen Mitte ein Baum steht, den die Tiere als Treffpunkt auserkoren haben. Aus der Entfernung kann ich nicht sagen, ob es eine Linde ist oder eine Esche, aber man kann die tintenschwarzen Punkte sehen, wie sie seine Äste besetzen, und man kann ihr Krächzen weit über die Wellen des Feldes hören. Ganz eindeutig begreifen sie sich als die Herrscher des Geländes.

NOVEMBER

Auf dem Weg zum Fahrradschuppen glitzert etwas im Efeubusch am Haus. Beim genaueren Hinsehen entdecke ich erst eine, am Ende ein gutes Dutzend von mit Raureif überzogenen Wespen. Nicht nur Wespen, auch Fliegen unterschiedlicher Größe, eine Hornissenschwebfliege, mückengroße Tiere, manche unter einem so starken Kristallmantel, dass sie nicht erkennbar sind. Ich hauche eines der Tiere an, um zu sehen, ob noch Leben darin ist, aber es bewegt sich nicht. Später, als die Sonne den Busch aufgewärmt hat, sind alle wieder beweglich und emsig um die letzte Pollenquelle bemüht. Überall blüht nun der Efeu, der sich im Hühnerhagen und im Busch manchmal zehn oder fünfzehn Meter an den Eschen emporwindet und dort einen verkehrten Frühling feiert, während seine Stützbäume schon die gefiederten Blätter abgeworfen haben. Hier in der Gegend gibt es auch manche Wälle oder Findlingsmauern, die von der Pflanze horizontal und kugelig aufschäumend überwuchert werden; die Blüten riechen nach klarem, festem Honig, die ausgewachsene Pflanze mutet fröhlich und hell an, kein Vergleich zu ihrer üblichen düsteren Existenz als Bodendecker. Auf der Berliner Datsche spielte der Efeu ebendiese Rolle: anspruchsloses Grün, das jährlich zurückgeschnitten wurde und nie seine Schönheit und Kraft zeigen durfte.

Frost ist nicht in Sicht, aber die Zwiebeln von *Gladiolus callianthus* nehme ich am ersten November trotzdem aus dem Boden. Mit ihr (einem Ein-Euro-Laden-Kauf) habe ich keinerlei Erfahrung, also halte ich mich daran, was ich lese, und ich lese, dass die Zwiebeln der Stern- oder Abessinischen Gladiole bei zwölf bis achtzehn Grad überwintern sollen, sie also im Flur gelagert werden können. Als ich die Lanzen aus den Beeten nehme, fallen weiße Kügelchen herunter auf die dunkle Erde, wie große Schneckeneier, doch es sind die Brutzwiebeln, die ich später am Abend am Schreibtisch in eine extra Schachtel sortiere und eine stille Freude an ihrem makellosen Weiß habe, das so voller Verheißungen ist. Keine Ahnung, wo ich eine solche Menge an Zwiebeln, so sie denn in den kommenden Jahren ausreifen sollten, setzen könnte, aber das ist nicht wichtig. Die schiere Menge und ihre Erscheinung sind bedeutend.

Zwei Tage später ist die erste Kälte mit Raureif über die Gräser gekommen, aber die Abessinierin an der Auffahrt blüht unverdrossen. Trotzdem nehme ich die übrig gebliebenen *Callianthus* heraus und auch die normalen Gladiolen, die aus Süddeutschland stammen. Im Gegensatz zu den Sterngladiolen, die die weiße Farbe in den Zwiebeln wiederholen, sind diese Gladiolenzwiebeln leuchtend hellrosa und haben wenige Brutzwiebeln. In Berlin haben die kleinen Zwiebeln auch die Winter draußen in der Erde überstanden und sind mir immer wieder beim Umgraben in die Quere gekommen. Kaum ist diese Erinnerung da, steht der Beschluss schon fest, ein kleines Versuchsbeet anzulegen mit einer Reihe *Callianthus* und einer Reihe Standardgladiolen. Allerdings wird genau das sicherlich schon lange versucht und möglicherweise haben die heutigen Sorten schon eine höhere Kältetoleranz entwickelt. Oder die Blumen verändern sich durch die Kälte? Auf jeden Fall denke ich schon jetzt daran, nächstes Jahr einheimische Gladiolen, Siegwurze zum Beispiel, *Gladiolus palustris* für die ganz feuchten Ecken oder *Gladiolus imbricatus*, zu bestellen und zusammen mit den hiesigen Gräsern stehen zu lassen, am besten am Rande des Wassergrabens im Hühnerhagen, den ich im Winter zu einem kleinen Tümpel verbreitern will, denn wie alle Gladiolen brauchen auch die einheimischen viel Wasser. Kaum beginnt der Spätherbst, beginnen die Gartenträume. Der größte Teil meines Gartens besteht tatsächlich in meinem Kopf, und keiner, der diese Bilder nicht kennt, kann das Gelände so sehen wie ich, kann es so schätzen wie ich. Sehr selten passiert mir der Vergleich, meistens sind andere Gärten Anregung oder Freude darüber, wie man es auch machen kann.

Beim Verstecken der Hinweise für die Geburtstags-Schnitzeljagd scheuche ich an der Auwiese fünf Rehe auf, die eine lange Viertelminute vor mir übers Gras zum Fluss laufen. Ich entdecke die abgebrochenen Kastanienäste im Weidendschungel mit anderen Augen; was, wenn die Hauskastanie ebenfalls tief unten im Stamm brechen würde? Und ich betrete den Eichenwald nahe des Pariner Weges, durch den ich weiter hangaufwärts so oft schon gelaufen bin, an einem anderen Ort und entdecke ein Findlingslager und eine von Kindern gebaute Hütte inmitten der großen Felsbrocken. Später, als die Kinder dabei sind, sind solche Beobachtungen in der dauernden Hektik schwierig, man muss dirigieren, hinweisen, mäßigen, nur manchmal ist ein ruhiger Blick möglich. Aber ohne die Kinder wären mir diese Einblicke verwehrt geblieben.

Beim Aufräumen ums Haus nehme ich eine der Konservendosen hoch, die ich im Frühjahr mit Lehm vollgestopft und mit halbzentimeterbreiten Löchern versehen hatte. Über das Jahr vergaß ich das Experiment zwar nicht, aber die wenigen Male, die ich die Löcher beobachtete, waren enttäuschend genug, dass ich mein Insektenhotel als Fehlschlag einstufte. Gestern nun war ich kurz davor, die Dosen wegzuräumen, als aus einem Loch eine kleine Wespe herauskrabbelte oder eine wespenähnlich geformte Fliege, mich empört anstarrte und in einem der anderen Löcher wieder verschwand. Ich sah genauer hin und entdeckte weiter hinten im Gang kreisrunde Maurerarbeiten rund um das Portal. Eine bewohnte Wohnung! In anderen Löchern entdeckte ich weitere Spuren, Verengungen oder Bruchreste, möglicherweise war hier jemand geschlüpft. Und dann waren da noch die üblichen Verdächtigen, zwei kleine Asseln, Tiere, die überall sind, aber immerhin! Ich stellte die Dose zurück. Vieles, das allermeiste, geschieht unabhängig von mir, und das ist ein gutes Gefühl.

Die Nebelzeit hat begonnen, die Atmosphäre kleidet sich um. Zwei Tage schon liegt das Feld unter einer weißen Schicht mit sehr hoher Albedo, ein Vorgeschmack auf das, was alltäglich sein wird, wenn als letztes Mittel die Technik zum Zug kommen wird.

Die Gegenblüte, das Gegengrün. Zieht sich die Kraft aus Teilen der Pflanzen zurück, entmischt sich ehemals Vermischtes, dann geht diese Trennung oft mit großer Schönheit oder tiefer Wirkung einher. Dieser Effekt geht weit über die Färbung des Laubes hinaus; beinahe alles, was verfällt, durchläuft Stadien unterschiedlicher Attraktivität, bis es entweder ganz aufgegangen ist in etwas anderem oder noch eine lange Zeit in neuer Form weiterbesteht. In den Dingen der Natur ist für den Menschen wahrnehm-, entschlüssel- und aufnehmbare Schönheit hoch komprimiert, so wie in den vom Menschen hergestellten Dingen ein Übermaß an Kultur ist und in seinen Kommunikationen ein Übermaß an Anforderungen. In jedem Fall ist es am Betrachter, am Betroffenen, am Kommunikator, wie er mit dem Anspruch umgeht. Im Gelände fällt mir leicht, was vielen schwerfällt, nämlich den Zerfall als Stoffwechsel mit ästhetisch lohnendem Überschuss zu betrachten, so wie die Dinge, die der Mensch hergestellt und in denen er so viel von sich komprimiert hat, Teile dieser Geschichte preisgeben und mich damit unterhalten und in Beziehung setzen. Anstrengender sind die Kommunikationen, vielleicht, weil für einen richtigen Umgang noch nicht genügend Zeit zum Üben war.

Den Wert gestorbener Beziehungen zu schätzen, ist vielleicht eine Kunst, die schleunigst erlernt werden sollte in einer Zeit, in der neue Beziehungen leicht einzugehen sind, bestehende Beziehungen aber unter permanentem Druck stehen, sich zu beweisen. Möglicherweise wachsen Freundschaften wie die Blätter, schnell und frisch und flexibel, bereit, sich der Sonne zuzuwenden; und vielleicht sterben sie ähnlich prächtig am Ende, hat man nur einen Blick dafür. Wer würde dem grünen Blattwerk angesichts eines feuerroten Ahorns nachtrauern? Wer vermisst das junge Holz angesichts der vielgestaltigen Narben des toten Astes? Natürlich drücken die Schuld und die Erfahrung und die Enttäuschung und der Verlust, aber immerhin ist etwas da, wo vorher nichts da war, und alles, was wächst, muss einmal vergehen, sich verwandeln. Nicht die Verwandlung oder der Verlust ist das Problem, sondern die Erinnerung an das, was gewesen sein soll. Aber so, wie man angesichts herbstlichen Laubes nicht an das vergangene Frühjahr denkt, oder das kommende, so sollte man angesichts der sterbenden Freundschaft die ihr eigenen Züge von Schönheit nicht aus den Augen verlieren.

Die Dinge sind verschieden. Allein die Befriedigung, die ein einfaches, gutes Werkzeug schenkt, ist mit kaum etwas anderem zu vergleichen. Bei der Onlinesuche nach Fällkeilen dringt die Winterluft in die Erinnerung, der Geruch des Holzes und des Waldbodens. Die Sicht während eines monochromen Morgens. Bei der Waldarbeit bin ich zwar wie bei allen anderen speziellen Beschäftigungen weitgehend frei von der Versuchung, mich perfekt und aktuell auszustatten, so wie es viele Menschen gerne tun, sei es fürs Radfahren (wo eine Freundin das passende Akronym schon geprägt hat: *Middle aged men in Lycra, Mamil*), Skifahren oder auch die Gartenarbeit, aber bestimmte Dinge sind ein Muss oder müssen vorhanden sein und funktionieren. Ein Baum, der die Säge einklemmt, während er noch aufrecht steht, ist ein Albtraum. Eine Kette, die nur noch feinen Staub produziert und nicht mehr durchs Holz zieht, muss geschärft oder gewechselt werden. Stahlkappenstiefel müssen, aus eigener Erfahrung, absolut sein, genauso spezielle Sägeschutzhosen und natürlich Ohr- und Augenschutz. Neben dem Ersatz der Keile werde ich dieses Jahr einen Helm besorgen, auch wenn ich während dreißig Jahren im Holz nie Angst um meinen Kopf hatte.

Heute endlich die Walnussernte gewogen. Mit Schale fast zwanzig Kilo Nüsse. Vollständig ausgewachsene Bäume kommen in guten Jahren auf sicher noch einmal so viel Frucht, aber es ist doch sehr beeindruckend.

Wieder befeuert der Wassergraben im Hühnerhagen meine Fantasie und kurz entschlossen hebe ich vor dem Mittagessen einen Schubkarren voll nassem Schlamm aus. Schnell stoße ich auf Schutt und Hausmüll, zwischen Spaten, dem speziellen Hühnerhagenschilf und wässrigem Schlamm blitzt Glas und ich greife zu, bevor das Fundstück wieder versinkt: ein drei Zentimeter hohes Fläschchen mit Männerparfüm, vielleicht Irisch Moos? Der ganze Schutt, auf den man überall stößt, treibt meine Fantasie weiter an: War das hier alles einmal Sumpfland? Ein Teich? Nach und nach soll hier wieder offenes Gewässer entstehen, erst werde ich den Graben von der großen Weide bis zum kleinen Tümpel auf einen drei viertel Meter Breite vertiefen, in dem flaches Wasser möglichst auch im Sommer stehen kann, Nachschub vom Tümpel, der wiederum aus dem See des Nachbarn und dem Entwässerungsbach gespeist wird, ist vorhanden, der Grundwasserspiegel ist nicht weit weg, Wasser kommt auch von oben, vom Feld her, es muss also nicht sehr tief gegraben werden. Rechts und links des Grabens will ich bis auf die jetzige Tiefe heruntergehen, in etwa dreißig Zentimeter breiten Streifen, damit hätte ich Plätze für Wasserdost, Sumpfgladiolen oder Blutweiderich. Den Teich selbst möchte ich bei Niedrigwasser im Winter um dreißig bis fünfzig Zentimeter vertiefen und um einen ungefähr achtzig Zentimeter breiten, unregelmäßig verlaufenden Ring vergrößern, um das Zuwachsen der Wasserfläche zu verhindern und mehr Sonne in die Mitte zu bekommen. Zu diesem Zweck werde ich im Winter die unteren Äste der Weide und die Kronen der Hofschlehen stutzen, dann liegt der Teich sonniger. Halbschatten- und Schattenbereiche wird es nach wie vor reichlich geben, aber zumindest zur Mittagszeit sollen auch die Sonnenliebhaber etwas abbekommen. Diese einigermaßen bescheidenen Ziele sollten erreichbar sein. Ich habe mir drei Beobachtungsplätze ausgeguckt, die ich ein wenig freihalten werde, der Rest darf ruhig zuwuchern, allein schon, um Teichpflanzen und -tiere vom Übermut der Kinder ein wenig abzuschirmen. Allerdings scheinen sich weder die Libellen noch die Krebschen noch die Käfer und auch nicht die Pflanzen vom Damm- und Hüttenbau der Kinder und ihrer Freunde beeindruckt zu zeigen; vielmehr scheint es mir, dass das Durcheinander an Baumaterialien und auch die kleineren Zerstörungen durch alle möglichen Aktivitäten eher neue Refugien schaffen, denn die wichtigste Eigenschaft, die man für einen tierfreundlichen Garten haben muss, bringen die Kinder im Übermaß mit: Vergesslichkeit und Schlamperei!

Das Gelände systematisch durchgehen nach vergessenen Orten und Konstellationen! Wo ist etwas vergessen worden, wo hat man immer wieder darüber hinweggesehen? Wer hat sich eingenistet, wer lebt dort jetzt? Die Bestandsaufnahme eines Verbundes winziger Biotope, die sich, im Dahl'schen Sinne, im Schatten menschlicher Aufmerksamkeit bilden konnten. »Im Schatten menschlicher Aufmerksamkeit« könnte man so eine Sammlung auch nennen. Die Vogelnester auf den aufgehängten Kinderfahrrädern, die eigentlich schon seit einem Jahr auf den Flohmarkt hätten gebracht werden sollen; die ungeputzten Fensterrahmen, in deren Ecken kleine Kokons von Winterquartieren zeugen; vernachlässigte Obstbäume, in deren ausgefaulten Astlöchern feinkrümelige Erde von Aktivitäten unbekannter Bewohner künden; die vergessenen Königskerzenstängel, in denen Bienen überwintern; das Wespennest hinter der nie benutzten, überzähligen Schaufel. Garten denkt man gerne planwirtschaftlich und wird durch die

Welle individueller Initiativen überrascht. Es ist wie mit den begehrenden und liebenden Blicken, die man lange nicht kommen sieht. So wenig ist uns bewusst, so vieles begibt sich ohne eigenes Zutun. Das Gelände wird untersucht, analysiert, gewogen und bewertet. Hilflose Versuche, wie zum Beispiel das Aufstellen eines Insektenhotels, das oft für sehr wenige und meistens nicht einmal für die wirklich gefährdeten Spezies einen Unterschlupf bietet, werden möglicherweise in den Wipfeln, aus den Spalten, im Sommerluftstrom nachsichtig kommentiert.

Die Zeit der Mücken ist vorbei und bald werde ich auch die Wannen und Eimer aufräumen, in denen den Sommer über das Wasser stand und mit denen ich vergeblich Wasserkäfer anzulocken versucht habe. Zu Kinderzeiten hat es kaum ein paar Tage gedauert, bis die eleganten Schwimmer eingetroffen sind und sich einrichteten. Mückenlarven gibt es nach wie vor in Mengen, aber weniger Mücken als früher eben doch. Ich werde kaum gestochen, die Kinder noch eher, aber es ist kein Vergleich zu der Plage, die ich erinnere. Dasselbe gilt für Fliegen, für alle Insekten, die mir einfallen. Immun scheinen nur die Wespen *(Vespula germanica)* und die Ameisen zu sein, die überall sind. Und von den nichtinsektoiden Krabbeltieren natürlich die Asseln und ihre Jäger, die Zitterspinnen.

Andere werden kommen und ihre Plätze einnehmen. Die Tigermücke soll in Süddeutschland und bis hoch ins Rhein-Main-Gebiet gesichtet worden sein, sie hat stabile Bestände in der Türkei und in Südspanien und ihre Eier reisen unter anderem in Altreifen, die man aus Asien nach Europa importiert, um hier geschreddert zu werden für Granulat für Sportplatzbeläge oder sogenannten Flüsterasphalt. Auch in Bambuspflanzen, in deren Gießwasser und mit manchen lebenden Exemplaren, reisen die Erreger für Dengue-, Zika- und Gelbfieber. Soll man dann auf die Wasserkäferlockung verzichten? Im vergangenen Sommer hätte das vielleicht eine Wirkung gehabt, so wenig Regen fiel, aber in eher durchschnittlichen norddeutschen Sommern gibt es genügend Pfützen, vergessene Behältnisse irgendwo, Müll, in dem sich ausreichend Wasser für eine neue Mückenpopulation sammeln kann. Und wenn keine größeren Wasserdepots verfügbar sind, so begnügen sich manche Mückenarten mit Astlöchern oder Brackwasser. Straaß und Lieckfeld[59] berichten von den Eiern der Mücken *Aedes vexans*, was lästiger Quälgeist bedeutet, oder *Ochlerotatus stictitus* (stechender Tunichtgut), deren Eier jahrelange Trockenperioden in Sand überstehen und bei wiedereinsetzender Feuchtigkeit zu Massenvermehrungen führen können. Bis die Wissenschaft ein verlässliches Mittel gegen den Mückenangriff gefunden hat, wird man die Plagegeister ertragen müssen. Wenig kann man gegen den Geruchssinn der Tiere tun. Butter-, Fett- und Milchsäure, Ammoniak und verschiedene Eiweißbruchstücke schwitzen und scheiden wir andauernd aus. Man möchte sich gar nicht vorstellen, wie eine Welt stinken würde, hätte man den Geruchssinn einer einheimischen *Aedes*-Mücke, es wäre wohl ein wenig so wie die Erlebnisse Gullivers im Boudoir der Riesinnen.

Man kann gegen die Wanderer kaum etwas unternehmen, man kann sich ihnen anpassen, man kann sie zur Anpassung bringen, ein Vorgang, der schon jetzt passiert, durch Kommunikation der Gene und den Tanz der Phänotypen. Was man wohl weiß, ist, dass gestresste Menschen eher zum Ziel werden, das Hormon Corticosteron zieht die Tiere an, vielleicht auch, würde ich spekulieren, weil Stress Bluthochdruck unterstützt, welcher wiederum der Mücke die Arbeit erleichtert.

Garten und Land begleiten mich. Teil meiner selbst sind sie, so wie es meine Kultur ist, mein Geschlecht, meine Sprache, meine Launen, Begierden, die stimmungsverändernden Bakterien und Pilze unter und über meiner Haut. Landschaft ist, Landschaft wirkt, selbst wenn man sich kurzzeitig aus ihr entfernt und in die Stadt eintaucht, so wie ich es an diesen letzten Tagen im November in London tue, wo ich meine Schwester besuche. Das norddeutsche Stück Land (das ich als sich ständig wandelndes, integrierendes Gelände begreife, das aber gleichzeitig, kaum dass ich mich's versehe, als Landschaft auf mich antwortet) ist meine Wirklichkeit, die mich unterscheidet von anderen Menschen, so wie mich meine Geschichte, mein gesammeltes Erleben und Erbe, von ihnen unterscheidet.

Städte sind attraktiv oder abstoßend, weil sie ganz direkt auf den Menschen wirken, der ihnen begegnet, durch sie hindurchgeht, -spaziert, hastet, der durch sie angeregt oder unter Stress gesetzt wird. Städte werden von Menschen gemacht, das ist so offensichtlich, dass es ein wenig dauert, bis der Städter all die anderen Einflüsse wahrnimmt, die lebenden und die nichtlebendigen Gestalter, die Füchse, die den Müll verteilen, die Vögel, die in den Ritzen der Häuser nisten und deren Kot den Stein auffrisst, das Wasser, das in die U-Bahn-Schächte drückt, die Löwenzähne, die den Asphalt mit einem Druck von 15 Bar durchstoßen, der Staub, der vom Wind durch die Straßen getragen die Häuser abschmirgelt und die Straßen auffüllt, der Regen, der Schnee, das Eis, die Mikroben und die Viren, jederzeit bereit, allem ein Ende zu machen. Und die Frühlingswärme der Cafés, die Sommerluft der Festivals und der Winterschatten der Depression. Alles hier ist für den Augenblick zur Stadtlandschaft erstarrtes Gelände.

Landschaften: Schon im Wort steckt das ganze Geheimnis: Sie sind geschaffen, vom menschlichen Blick und seinem Verstand konstruiertes Gelände. Unabhängig von seiner Gestaltung aber arbeitet das Gelände weiter. Und so wirken Landschaften auf oft unerwartete Weise auf ihn zurück, wenn er es zulässt. Das aber ist vielleicht der Unterschied: Zuzulassen, dass die Landschaft etwas mit einem macht, dafür braucht es Zeit. Das geht nicht an einem Wochenende. Nan Shepherd[60] wanderte jahrzehntelang in den immer selben Bergen und je mehr sie erfuhr, desto weniger wusste sie. Landschaften – so ist es wenigstens in meinem Fall – werden Teil des Selbst, so wie Menschen oder Straßen oder Wohnungen oder Häuser Teil von einem Selbst werden können. Die Landschaft trägt man mit sich, wie die Kindheit, und im besten Fall drängt sie einen dazu, die Landschaften der anderen kennenlernen zu wollen.

Wenn Freunde fragten, warum wir uns entschieden haben, raus aufs Land zu ziehen, dann hatten wir immer eine unverfängliche Liste an guten Gründen parat. Vor allem bezahlbarer Raum, einen Garten, weniger Stress, einfach dadurch, dass wir doppelt so viel Platz haben würden, die finanzielle Seite war nicht zu vernachlässigen. Hätten wir im selben Viertel neu mieten wollen, hätten sich unsere Ausgaben locker verdoppelt. Wir sagten, dass wir hofften, dass die Kopfschmerzen der Großen besser würden, wegen denen wir in Berlin eine wahre Odyssee von Arzt zu Arzt, Krankenhaus zu Krankenhaus hinter uns hatten. Wir sagten, dass es uns als Familie guttun würde, dass wir Tiere haben wollten, Katzen, Hühner, vielleicht sogar Ziegen. Unter der Hand gaben wir zu, wenigstens ich, dass die Stadt für mich zunehmend einer argwöhnisch beäugten Geliebten glich, zu der ich mich heimlich schleichen musste. Saß ich mal im Café, dann spürte ich den Vorwurf, dass doch so viel anderes zu tun wäre. Spazierte ich während des Einkaufs etwas ausführlicher am Kanal, sah ich einen Buchladen zu lange durch oder traf ich einen Freund, dann musste ich das klandestin unternehmen. Die Stadt war mir auf einmal verboten. Ich lebte in einem Verbot. Ich atmete ihre Luft so verstohlen, wie ich im »Morena« ein kleines Glas Bier trank, ich, der ich früher täglich dort gewesen war, ich ging nicht mehr ins Kino, ich, der früher zwei Filme hintereinander sah und mit federndem Schritt danach nach Hause ging, um zwei Uhr morgens, egal, welchen Film ich gesehen hatte. Ich sagte: Wir ziehen aufs Land, um uns die Stadt zurückzuholen. Nicht die Stadt der Spielplätze, der Vorräume, in denen Eltern darauf warten, dass ihre Kinder aus irgendeinem Kurs kommen, nachdem sie zuvor schon acht Stunden in Schule oder Kita verbracht haben, die Vorräume, in denen meist ein Glas Merlot zu bekommen war und beispielhafte Elternerzählungen. Nicht die Stadt der Sorge wollten wir zurück, die Stadt der Begleitung zu den Freunden und von den Freunden zurück, auch wenn dann und wann ein Gespräch am Küchentisch dabei heraussprang. Nicht die Stadt der Verwahrung und der Organisation, nicht die Stadt der amputierten Kindheit, in der man keine Kinder auf den Straßen sah.

Wir wollten die Stadt zurück, die erwachsene Stadt. Die Stadt, die uns überraschen und erregen, verstören und versöhnen würde. Wir wollten wieder eine Trennung der Welten, eine Welt der Erwachsenengeheimnisse und eine Welt der Kindergeheimnisse.

Und ein bisschen ist davon wahr geworden.

Mein Vater und ich begehen die Ränder der Klamm mit der Vertreterin des Grünflächenamtes, um wenigstens ansatzweise die Grenzen zu klären und die Zuständigkeiten von Kreis, Stadt und uns selbst. An der äußersten südöstlichen Ecke des Wäldchens, dort, wo ein Weg (unser Weg!) in die Wiesen führt, die einem der drei früheren Großbauern des Dorfes gehören (von denen einer mein Urgroßvater war), bleiben wir stehen. Von hier geht der Blick weit über sanft abfallendes Gelände, das zweimal im Jahr geschnitten wird, einmal Ende Juni, Anfang Juli und dann noch einmal im Herbst, ein Winterschnitt. Zweimal die Woche jogge ich über diese Wiesen, folge den Spuren des Treckers, die schon im Frühsommer im hohen Gras verschwinden, in dem die Zecken auf Beute lauern. Jede zweite Woche mindestens finde ich eines der Tierchen, wenn ich am Fluss eine Pause mache und meine Beine absuche. Man entkommt ihnen nicht, sie sind auf der Wiese, im Garten, an den Lichtungen. Ich beruhige mich damit, dass ich die Tiere fast immer finde, bevor sie sich festgesaugt haben. Aber gleichzeitig wird dieser dauernde parasitäre Kontakt mich verändern.

Von der oberen Terrasse aus sind die Graugänse und Rehe gut zu beobachten. In überschaubaren Gruppen weiden sie auf dem Feld, an den Seiten die Wachtposten aufgestellt. Bei Reichholf habe ich gelesen, dass Gänse und Rehe eine ganz neuartige Symbiose bilden, indem sie nämlich zusammen den keimenden Winterweizen abweiden und die Rehe dabei vom besseren Sehsinn der Vögel, die Gänse von der Witterung des Wildes profitieren und so besser gegen den Nachfolger der Wölfe, den Jäger mit seiner Flinte, geschützt sind.[61] Aber bei uns tun sich die beiden Tiergruppen nicht zusammen. Sind die Gänse da, ist von den Rehen nichts zu sehen, und umgekehrt. Vielleicht brauchen unsere Gänse und unsere Rehe noch etwas Zeit oder sie wissen, dass hier nicht gejagt wird, wenigstens habe ich hier noch nie einen Jäger gesehen.

Die Diskussion um die anderen Jäger, die Wölfe, hat aber natürlich auch hier schon längst begonnen, und zwar mit den üblichen Argumenten. Es gibt viel Wild, Rehe wie Wildschweine, und die Monokulturen, die Maiswüsten, die unendlichen Felder bieten Rückzugsgebiete, in die der Jäger erst nach der Ernte vordringen kann. In Berlin wurde zu unserer Zeit dazu aufgerufen, Brandenburger Wildfleisch zu essen – wann gab es einen solchen Aufruf schon einmal in der Geschichte? Wie verhalten sich angesichts einer solchen Schwemme die Argumente der Jagdlobby gegen den Wolf? Kommt aber der Wolf, dann wird eine andere Symbiose zu beobachten sein, nämlich die zwischen dem großen Jäger und den Raben, die ihn zu verendeten Tieren locken, damit er ihnen helfe, die Körper aufzubrechen und verwertbar zu machen.

Den Wäldern wachsen ihre Hüter zu, je älter und vielfältiger sie werden. Hier bei uns herrschte einst der Leschi über den Wald, und obwohl er eine Gestalt aus den Erzählungen der Slawen ist, ist er hier und dort auch nach ihrer Vertreibung geblieben und kommt vielleicht mit ihrer Rückkehr ganz wieder her. Der Leschi ist groß wie der größte Baum des Waldes, und bestimmt wohnt er gerne in den Buchenwäldern dieser Gegend, nicht nur in den Fichtenwäldern seiner russischen Heimat, woher auch die meisten Geschichten über ihn stammen. Er wandert auch außerhalb seiner Territorien, legt sich aber weder mit den Menschen noch mit seinen Verwandten, den Haus- und

Feldgeistern, an. In seinem Gebiet jedoch treibt er mit Eindringlingen gerne Schabernack, führt sie in die Irre, bläst Nebel, flicht Ranken, verschiebt Perspektiven. Ist man sich seiner Anwesenheit allerdings bewusst, dann kann man ihm leicht entgehen, die üblichen Maßnahmen, die früher jedes Kind kannte, helfen.

In anderen Teilen der Welt ist es gefährlicher, so gibt es unter den japanischen Gruselgestalten einen Vampirbaum, den Jubokko, der von einem normalen Baum auf den ersten Blick nicht zu unterscheiden ist, allerhöchstens könnte man durch die unter ihm liegenden Knochen gewarnt sein, die aber meistens schon von Moos überwachsen sind, denn trotz seiner Gefährlichkeit beschränkt seine baumtypische Ortsgebundenheit die Zahl der Opfer. Kommt man einem Jubokko aber zu nahe, dann greifen Wurzeln und Äste nach einem, und kaum ist man gepackt, wachsen spitze Triebe in den Körper und saugen ihn aus. Soweit man weiß, ist der Jubokko in der Lage, sehr lange von Licht und Wasser zu leben wie ein ganz normaler Baum und geduldig auf sein Opfer zu warten. Geschmack an Menschenblut hat er gefunden, weil über seinen Wurzeln einmal Blut vergossen wurde. Warum der Jubokko in Japan existiert, nicht aber im blutigsten Kontinent überhaupt, in Europa, weiß man nicht, aber es mag sein, dass die hiesigen Baumwesen lange von den alten, den Wäldern verhafteten Göttern kontrolliert und auf diese Weise eher zu Wegen und Kanälen, zu Stützen der Welt, zu Wächtern über die Zugänge wurden.

Über der Pariner Straße eine eiserne Wolke, von kupfernen Adern durchzogen, als ich auf dem Weg zum Bahnhof bin.

Gewalttätige Böen aus dem Osten. Aufsteigende Warmluft über der Nordsee saugt das Land leer, üblicherweise ist es umgekehrt. Gemeinhin muss man um die Buschbäume keine Angst haben, sie fallen, wenn sie fallen, in die Schlucht und nicht auf die Straße. Bei dieser Wetterlage nicht. Das Bedürfnis vieler Einzelner auf automobile Bewegung macht aus einer unüblichen eine möglicherweise üble Situation. Während die abgestorbenen Bäume auf der Feldseite stehen bleiben können, einige Jahre noch als Stütze für wuchernde Efeupaläste dienen und dann zusammenbrechen (was den Efeu aus der Vertikalen in die Horizontale zwingt, aber nicht umbringt), sind die Straßenbäume potenzielle Gefahr und permanente Beunruhigung. Der Schriftverkehr mit den zuständigen Behörden ist die Erforschung eines Labyrinthes sich einander widersprechender Aussagen und Informationen. Diese zweihundert Meter Buschrand sind mehrfach codiert und übercodiert. Im Verständnis des Stadtamtes ist der Kreis, aus Kreissicht die Stadt zuständig, es gelten Zuständigkeits-, Beobachtungs-, Versicherungsregeln, jedes Sprechen arbeitet an einem Palimpsest, das dicker und dicker wird. Manchmal erlischt die ungeklärte Verantwortung, indem die Frage, also der Baum, verschwindet. Ein Schlag aus Westen meist, ein Luftwirbel, gezeugt von äsenden Elchen, knackenden Pfützen, sternklaren Nächten, fällt das morsche Holz. Stürzt es dann in die richtige Richtung, endet eine kaum begonnene Geschichte. Fällt es falsch herum, dann wird das Palimpsest mächtig und gebiert Streit und Verluste.

In der Frühe fegen Regenschauer über die Felder. Dort erhebt sich später ein riesiger Regenbogen, ein komplettes Rund, am südwestlichen Teil verschwenderisch auf die abziehenden dunklen Wolkengebirge aufgetragen, im

Nordwesten sanft und blass, aber selbst im Sonnengewitter der feuchten Luft gut zu erkennen. Weiße Tupfen tanzen wie Ascheflöckchen um den Ursprung des Bogens, das sind die wiedergekehrten Möwen. Ich bleibe an der Pumpe, bis die Farben vom Ostwind aus der Luft gewaschen sind und einzig eine Ahnung prismatischer Poesie zurücklassen.

Geländetauglich sein, das kennt man nur noch bei den Dingen. Ein Auto ist geländetauglich, geländegängig, es ist dem Gelände gewachsen. Die Outdoorläden bieten an, was fürs Gelände taugt, dabei unterliegt alles Einstufungen. Offensichtlich gibt es nicht das eine Gelände, sondern viele, offenbar lebt der Mensch gewöhnlich nicht im Gelände, sondern er begegnet ihm, wie er einem Fremden begegnet, der ihm gefährlich werden kann, der aber auch unterhaltsam ist, interessant, nicht langweilig. Ans Gelände denken in unserer Zeit heißt, sich zu rüsten. An Schutz zu denken, an Isolierungen. Ans Gelände denken in unserer Zeit heißt, auch schon an das danach kommende Gelände zu denken. Wir entkommen uns nicht mehr, wir leben damit, Wände einzuziehen zwischen dem Außen, das wir nicht kennen, und dem Innen, das wir zu kennen glauben, selbst wenn wir glauben, es nicht zu kennen. So auch gegenüber den Menschen. So auch in der Liebe. Wir möchten gerne glauben, dass wir glaubten, in der Liebe sei das Leben, aber wir glauben ja nicht einmal mehr, dass das Leben im Acker ist oder im Wald oder in den Tieren und Pflanzen, wir haben überhaupt kein Verhältnis mehr zu alldem und möchten ausgerechnet in der Liebe das Leben finden. Wir panzern uns, machen uns geländegängig, den Körper, seine Prothesen, die Seele. Aber ins Gelände gehen heißt, das Gelände in sich hineinzulassen.

Aus der Stadt mit dem Sohn kommend, werde ich von Frau und großer Tochter über ein schwarzes Auto informiert, das am Busch gehalten habe und aus dem zwei ebenfalls schwarz gekleidete Männer ausgestiegen und in den Hühnerhagen gegangen seien. Die große Tochter hatte die Männer in Pippi-Langstrumpf-Manier vom Dach aus beobachtet und erst später von ihnen erzählt. Das Grundstück läuft Richtung Straße ohne Zaun aus, und immer wieder betreten Passanten das Land in der Annahme, dass es sich um öffentliches Gelände handelt. Im Hühnerhagen kommt dazu, dass das Wasseramt sich immer wieder zur Kontrolle des Baches einfindet und nie um Erlaubnis für das Betreten des Grundstückes fragt.

Später am Nachmittag räume ich die Auffahrt von herabgefallenen Walnuss-, Buchen-, Kastanien-, Eichen- und Obstbaumblättern frei und fahre fünf Schubkarren voll an die Straßengrenze. Obwohl ich einerseits für freies Wegerecht bin, habe ich auf dem eigenen Gelände andere Menschen nicht so gerne. Beinahe hätte ich »natürlich« geschrieben, aber natürlich ist daran eigentlich nichts. Gegen Tiere habe ich nichts, auch nicht gegen Rehe oder Wildschweine, gegen die die Nachbarn allergisch sind, aber Menschen bringen immer Folgeprobleme mit sich oder Wertungen, Verhaltensweisen, die sie nicht gut verträglich machen. Verrückte und Kinder ausgenommen.

Neben dem Laub denke ich über andere Hinweise nach. Eine Art unauffällige Hege? Ich könnte einfach einjährige Holunderzweige von dem Busch schneiden, der sowieso schon dort steht, und sie so stecken, dass es in ein paar Jahren ein dichtes Buschwerk ergibt, das vielleicht noch zu durchdringen wäre, allerdings wesentlich beschwerlicher, und das man mit ein paar Brombeeren anreichern könnte und Schlehen, dazu immer wieder Äste und Laub ...

Solcher Art Gedanken hegt der Mensch auf dem Lande und will doch nur das Gleiche wie der Städter, eine eigene Sphäre. Das Gelände zeigt so die Anpassungsfähigkeit des Menschen an den verfügbaren Raum. Man nimmt beliebig viel Raum selbstverständlich ein, weil man weiß, dass irgendwo schon eine Grenze bestehen wird. Wie muss das gewesen sein, als nomadisierende Kleingruppen nicht von solch einer Grenze ausgehen konnten?

Abends kündige ich an, eine Bank im Busch aufzustellen für diejenigen, die sich dort ausruhen wollen, und die Frau regt ein selbst gestaltetes Schild an, auf dem wir den Busch beschreiben könnten, eine Art Waldordnung. Es ist eine eigentümliche Sache mit dem Eigentum. Eine Erweiterung des Körpers über die eigene Sache. Was an deren Rändern geschieht, fühlt der Körper wie eine direkte Berührung.

Früh morgens, während ich die Katzen rauslasse, fällt mir zum ersten Mal in diesem Herbst überm Südwesthorizont der Orion auf. Mit ihm begann – und endete mehr oder weniger auch schon wieder – meine Begeisterung für die tätige Astronomie. Es war einfach meistens zu kalt und auch zu anstrengend, ein klares Bild mit einem in der Hand gehaltenen Fernglas zu bekommen. Das Ergebnis war mau im Vergleich zu den Abbildungen in den Büchern, und so gab ich die abendlichen Beobachtungsminuten bald wieder auf. Aber in diesem Moment an der Waschküchentür erinnere ich mich gut an den Zehnjährigen mit den hochfliegenden Plänen und Gedanken und es gefällt mir, dass es das elegante Sternbild ist, das die Verbindung herstellt. Der Tunnel zu einem früheren Ich transportiert neben der Erinnerung auch ein ganz direktes Gefühl von Möglichkeiten, das wieder einmal zu fühlen guttut.

DEZEMBER

Mit den letzten fallenden Blättern rückt der Horizont näher und die unmittelbare Umgebung wirkt klarer, aber auch kleiner. Auf der östlichen Seite ist der Busch dürr und kahl und scheint weniger breit als im Sommer, wenn die Kronen der Bäume voll beladen sind. Auf der Westseite sehe ich durch den Knick am Hause des Nachbarn hindurch übers Feld bis an dessen Ende. In den Spiersträuchern fällt der Zaunkönig hinab wie ein vom Wind bewegtes Blatt; erst als er wieder aufsteigt, bemerke ich meinen Irrtum. Die Bäume, die Büsche, die Felder, Wälder, die gesamte Landschaft hat ihre Kleider abgelegt und das Leben erscheint nun sporadischer und außergewöhnlicher. Nun ist die Gestalt des Geländes gut zu sehen, die Stämme und Steine und Hügel und die sanfte Schwingung der Wiesen. Was im Sommer unter Blatt, Blüte, Glitzern versteckt ist, zeigt sich nun klarer und klarer; der Frühwinter ist ein Entschälungs-, Entfärbungsprozess, eine fortwährende Ent-Täuschung. Nur wenige Tage genügen und die Blätter haben den Blick auf die roten, gelben, grünen Tupfen der Äpfel frei gemacht, und auch die Gitter der Äste sind nun sichtbar, graugrünbraun im Dezember, wenn der Regen sie mit empfindlichen Tropfen behängt, die in naher Ferne kleine, harte Kugeln sein werden. Ist im Sommer die Sonne die

Herrscherin, sind es jetzt Wind und Wasser und Kälte, die die Stängel der Stauden braun färben, sie abknicken und die Samenstände mit Schimmelflechten behängen. In den Hecken hocken die kugeligen Amseln, durch die Büsche rund ums Haus jagen kleine Banden von Kohl- und Blaumeisen und räubern das Totholz durch, dass die Späne spritzen. Das Wasser steigt, tief im Schlamm überwintern vielleicht ein paar Larven der Eintagsfliege, die »Geflügelten eines Tages«. Und im Brennholz sitzen Wespen und Asseln und erwachen manchmal rechtzeitig, bevor das Scheit im Ofen landet. Für viele der Bewohner des Geländes geht die Zeit nun langsamer, ein überraschter Igel braucht Stunden, bevor er sich berappelt, die Säfte der Bäume sind tief im Innern vor der Kälte geschützt, nur manche Pilze und Insekten überdauern die Kälte mithilfe von Frostschutzmitteln. Ganz anders die Vögel und Mäuse, die Rehe und die anderen Wild- und Waldtiere, die nun viel mehr Energie verbrauchen müssen, um sich warm zu halten, und für die jeder Schutz durch Büsche und Äste und für den Winter zusammengestellte und mit Planen überdachte Gartenmöbel willkommen ist.

Im Busch und im Hühnerhagen sind hoch oben in den kahlen Ästen der Bäume die Vogelnester sichtbar. Seit Tagen haben wir Sturm, die Körbchen aus verflochtenen Zweigen schwanken ein, zwei, manchmal drei Meter in der Luft. Ihre Erbauer treiben einige Stockwerke weiter unten über die Lagen der gefallenen Äpfel, die Blätter, die überall kleine Leckerbissen verbergen. Der Dezember ist noch mild und die Amseln, Meisen, Zaunkönige, Rotkehlchen, Spechte mästen sich. Gerne sehe ich sie auf den Asthaufen sitzen, die ich ihnen übers Jahr weg angerichtet habe. Die Spuren der Fruchtbarkeit zehren sich über den Winter auf, sie verwischen, werden transparent über den wartenden Keimen.

Die Wohlstandsratten im Kompost verbrauchen unseren Abfall so schnell, wie wir ihn anliefern. Nicht schneller und nicht langsamer. Ein, zwei Gänge an die Oberfläche zähle ich, dann schütte ich neuen Abfall darauf, Nachschub für die Bewohner des Paradieses. Wie werden ihre Nachkommen sein, ihre Enkel und Urenkel? Sie werden wissen, wo das Futter herkommt – von oben. Sie werden genug haben, dort nicht wegmüssen. Sie werden ihren Teil der Welt gegen Zuwanderer beschützen.

Die gelben Blüten des Winterjasmins vor dem Waschküchenfenster erinnern an einen Diebstahl. Mitte der Vierzigerjahre des 19. Jahrhunderts reiste der Schotte Robert Fortune durch China, erlernte die Sprache und kleidete sich der Landessitte entsprechend, um unbehelligt von den strengen chinesischen Reise- und Ausfuhrgesetzen Pflanzen sammeln zu können. Bei dieser Unternehmung schaffte er es, eine beeindruckende Anzahl an Samen und Ablegern außer Landes zu schmuggeln, darunter eben jenen Winterjasmin *(Jasminum nudiflorum)*, das Tränende Herz *(Dicentra* oder *Lamprocapnos spectabilis)*, Mahonien, Forsythien, Rhododendren und Koniferen wie die Sicheltanne *(Cryptomeria japonica)* und die Scheinzypressen *(Chamaecyparis)*.

Andere Pflanzen kamen durch Entdeckungen und Eroberungen zu uns, aus Südamerika neben Mais, Tomaten, Bohnen auch *Solanum tuberosum*, ein Nachtschattengewächs, dessen Früchte äußerlich an Trüffeln erinnerten, weswegen sie in Italien *tartuficoli* genannt wurden. Etwas später wurden davon im deutschen Sprachraum Bezeichnungen wie Tartoffeln, Tartuffeln oder ähnliche Varianten abgeleitet und schließlich die uns heute bekannte Kartoffel. Näher an dem Ort, wo die Knollen heranwachsen, sind die französischen *pommes de terre* und die österreichischen Erdäpfel.

Mit wieder anderen Pflanzen wurde gehandelt und manche gelangten als blinde Passagiere zusammen mit anderer Fracht hierher. Ginge man heute durch einen Garten und stellte ihn sich ohne die Pflanzen fremder Herkunft vor, er wäre braun, grau und grün – und nie hätte Benn dichten können: »Nimm die Forsythien tief in dich hinein ...«[62]

Nach eineinhalb Jahren auf dem Land weiß ich, dass wir nicht auf dem Land wohnen, nur weil Land um uns ist und nicht Stadt, schon allein deshalb, weil die Stadt ja nicht weit ist, so wie in der Stadt das Land nicht weit ist. Land ist so menschlich, so voller Technik und Vorhaltungen, voller Gestell; allerdings versucht man, die gegenteilige Illusion zu erzeugen, während in den Städten so getan wird, als könnte man ländlich leben, mitten in der Stadt. Und tatsächlich, man kann ein bisschen das eine tun, aber man wird immer auch das andere tun, es sei denn, man zieht, wie Hejlskov mitten in einen schwedischen Wald.[63]

Aber auch dann ist die Technik um einen und das technische und soziale Denken. Vielleicht geht es eher um Inseln eigenständigen Lebens. Eine Insel hier ist der Kachelofen. Er steht auf der einen Seite, am anderen Ende des Spektrums. Er kann niemals per Smartphone aktiviert werden. Ist man länger als zehn Stunden außer Haus, dann ist es kalt. Man muss anheizen und warten. Man kann sich vor die Ofenklappe setzen, doch bis der Raum warm ist, dauert es eineinhalb bis zwei Stunden. Aber man sieht das Feuer. Man spürt seine Wärme und man spürt, dass es den Menschen vom Tier unterscheidet, dass es einem Sicherheit geben könnte, dass es zum Essenmachen taugen würde. Man sieht dieses Feuer, das verholzte Sonne ist, vollkommen nachhaltig, dessen Asche auf die Beete kann, ein guter Dünger (es sei denn, man heizt es mit Zeitungspapier an). Dieses Feuer in diesem Ofen hat keinen einzigen Tag lang seinen Zauber verloren. Jeden Tag aufs Neue ist es eine mächtige Tat, es zu entfachen, und es wärmt die Nacht hindurch, bis die Kinder aus dem Haus gehen. Und die Wärme stammt oft von Bäumen, an die ich mich noch erinnere: die große Lerche, die dem Haus zu nahe kam, die alte, abgestorbene Konifere, die toten Wildapfelbäume, die Eschen, die in den Hecken in wenigen Jahren zu menschendicken Stämmen herangewachsen waren, der 25 Meter hohe Kirschbaum im Wald, den Kinder so lange mit kleinen Beilen und Sägen bearbeitet hatten, dass er wie von Bibern angenagt aussah, sodass wir ihn fällen mussten, die Ahorne, die die Wiese erobern wollten. Ich halte ein Scheit in Händen, weich ist es oder hart, makellos oder schon voller Myzel eines Pilzes, die Wärme kommt aus dem Holz, das voller Figuren ist, Geschichten, voll anderen Lebens.

Ich möchte nicht in eine warme Wohnung kommen, ich möchte die Wohnung wärmen. Ganz direkt, nicht über eine App, die einen Ofen anspringen lässt, der Gas verfeuert aus Sibirien und so abhängig ist von Pipelines, Panzern und Staatsverträgen.

An dieser Stelle könnte man Thoreau zitieren, irgendeine Stelle, aber das muss gar nicht sein. Es reicht vollkommen, zu wissen, dass man im Winter nur mit Holz heizen kann, das man im Jahr zuvor geschlagen hat und das unter 20 Prozent Restfeuchte hat. Es reicht, zu wissen, dass man mit möglichst großer Hitze anfeuern muss. Dass ein Feuer Geduld verlangt. Es reicht, ruhig zu werden.

Im letzten Jahr unternahmen um diese Zeit die fünf Kätzchen immer wieder Ausflüge von ihrem Stützpunkt unter dem Bibliothekssessel in das restliche Haus. Wenn ich Feuer machte, musste ich aufpassen, dass ich mich nicht auf eines der kleinen Wesen hockte oder dass eines von ihnen mit der Schnauze an die heiße Ofenklappe kam. Sie rutschten auf dem Parkett aus, der in der Mitte der Treppe angebrachte Teppich war ihnen eine Kletterhilfe, doch höher als fünf, sechs Stufen gelangte keines der Geschwister. Erst Mitte Dezember schafften sie es ins erste Stockwerk. An Weihnachten, im Alter von neun Wochen, hatten sie sämtliche Ecken des Hauses erobert und wären auch in den Garten gegangen, wenn wir sie denn gelassen hätten. Als ich Dickens' Weihnachtsgeschichte vorlas, erklomm Sven den Sessel, in dem die Frau saß, und nahm auf ihrem Schoß Platz. Schon verblasste die Erinnerung an die völlige Hilflosigkeit des Anfangs. Noch waren sie zu fünft, noch waren alle am Leben, aber bald würden sie auseinandergehen, größer werden und nicht alle würden alt werden. Aber der wuselige Haufen hat etwas an der Chemie des Hauses verändert. Zum ersten Mal in meinem Leben und in dem meiner Schwester feierten wir Weihnachten nicht bei den Eltern, sondern die Eltern und die Schwester kamen ins norddeutsche Haus. Die Rituale blieben die gleichen, der Baum wurde aufgestellt, das Weihnachtszimmer geschmückt, das Essen vorbereitet, die Bescherung fand statt, vieles wie immer, manches anders. So gingen wir, anstatt in die Kirche, an den leeren Niendorfer Strand, wo die Kinder Drachen steigen ließen. Aber es war doch eine Konstanz, und in einem ruhigen Moment stellte der Großvater ebendies fest. Es war wie ein Vermächtnis: die Tradition lebte fort. Und dann, am Neujahrstag, wurden die ersten beiden Kätzchen abgeholt.

Es kommt ein Freund zu Besuch, der zwei Tage Berlin mit Warnemünde getauscht hat, um sich inmitten partnerschaftlicher Wirren konzentrieren zu können. Weil er mich kennt, weiß er, dass er mit einer Handvoll schwarzer runder Steine nichts falsch machen kann, dazu ein Buch über den »Süßwasserfisch als Nährstoffquelle und Umweltindikator«, vormals im Besitz der VEB Fischwirtschaft Bezirk Rostock (aus dem ich zum Beispiel über das Ausmaß der Verwurmung der Ostseebevölkerung durch verschiedene Fischparasiten aufgeklärt werde, die erst durch den Verlust der Ostseeküste ostwärts der Odermündung keine wesentliche Rolle mehr spielte).

Nachdem der Freund nach Berlin zurückgekehrt ist, lege ich die Steine in ein großes bauchiges Gurkenglas, platziere das zu einem samtgoldenen Gelb getrockneten Mistelzweigchen darauf und stelle es als japanisch angehauchte Dekoration auf den Silvestertisch.

Zum Jahreswechsel gehört das Aufräumen, wenigstens die Idee vom Aufräumen. Vielleicht auch eher die Idee der Wiederbegegnung. Schon liegt die sommerliche Europareise Monate zurück, die Notizen sind unvollständig und die Erinnerungen, wo sie sich nicht auflösen, ballen sich zu unwahrscheinlichen Anekdoten. Aber die gesammelten Artefakte des Jahres sind noch da, die Steine, die gepressten Pflanzen, die Krebse, Muscheln, das Schwemmholz, das abgeschmirgelte Glas, stumpf, wenn es trocken ist, ein glitzernder Edelstein, wenn es im Wasser liegt. Bruchstücke, Tickets, Samenkörner, Kräuter, deren Aroma vom Staub besänftigt wird. Teile von Insektennestern, -höhlen, -eiern. Vogel- und Mausskelette. Das Gewöll vom Grundstück der Bekannten aus Mulsun bei Stade. Die türkischen Straßenrandfunde. Der abgerissene Schwamm vom Strand in Marina di Pisa. Solche Sammlungen von unterwegs gibt es häufiger, als man denkt, meist ungeordnet und schnell wieder aufgelöst, manchmal einem langfristigen Plan folgend. So berichtet Macfarlane von der außergewöhnlichen Reliquienbibliothek von Miguel Ángel Blanco, der aus den Fundstücken einer jeden Wanderung, die er in den zurückliegenden fünfundzwanzig Jahren unternommen hat, ein Buch herstellt, eine Art Kasten, in dem er Steine, Blätter, Federn, Tierhäute, Holzstücke zusammen mit Notizen dieser Wanderung einschließt. Blanco nennt die mittlerweile mehr als 1.100 Bücher seine Bibliothek des Waldes, La Biblioteca del Bosque.[64] Aber auch die ungeordneten, zufällig aufgefundenen Sammlungen scheinen immer irgendetwas zu erzählen, als ob die schlichte Handlung des Aufhebens das Aufgehobene in einen anderen Stand versetzte. Mein Urgroßvater vererbte unter anderem ein Säckchen mit schönen Ostseesteinen – die sich dem Verstreuen widersetzen. Am Carport fand ich einen Haufen kleiner Hühnergötter und muss sie dort belassen, und in den getrockneten Rosenblättern des Vorjahres sitzt noch eine Ahnung des frischen, zurückhaltenden, an Aprikose und Seife erinnernden Duftes jenes Junis, als wäre er nicht vergangen, sondern existierte noch.

Es ist eine einfache Rezeptur, der man zur Herstellung dieser leichten, heiteren Endjahresmelancholie folgen muss. Es braucht nur ein kindliches Bedürfnis, querbeet zu sammeln, was einem ins Auge fällt, dann einen Ort, an dem die Fundstücke monatelang Patina annehmen können, und dann eine Stunde zusammen mit den Dingen, nicht unbedingt alleine, aber es funktioniert auch ohne einen anderen Menschen. Man nimmt eine Feuerbohne in die Hand, beispielsweise, die man im Spätsommer aus einer trockenen, hellbeigen Schote gepult hat, und betrachtet ihr weiß-lila-schwarzes Muster, ein Aquarell, bei dem das Schwarz in der anderen Farbe in immer anderen Mustern aufgeht, in denen man schnell Figuren erkennt, ein Reh, einen Pandabären, ein Gespenst, eine Landschaft. Die Muster sind so vielfältig wie menschliche Fingerabdrücke, und gleich könnte man sich eine Vergrößerung vorstellen, die die Bohnenform herausnimmt und einen zweidimensionalen Ausschnitt als Druck herstellt. Andere Fundstücke, leicht bearbeitete wie gepresste Blätter vielleicht, könnten ebenso als Kunst verwendet werden, geheimnisvolle Karten oder Bilder, aus großer Höhe aufgenommen. Die Gänge einer Miniermotte in einem Beinwellblatt – erkennt man darin nicht einen Fluss, der sich durch einen riesigen Wald schlängelt?

Diese Bestandsaufnahme am Ende des Jahres ist immer auch Archäologie, nämlich die Freilegung möglicher Bedeutungen, Zuschreibungen und Verbindungen, die in unserem westlichen Alltag zwischen Rationalität und Esoterik verloren gehen. Das kindlich-genaue Hinschauen, Zuschreiben und Interpretieren sind Akte der Souveränität.

Ein altes Programm: die Anverwandlung der Gegend, die Vermenschlichung der Welt. Vom unbekannten Grauen, von den Riesen, den unmenschlichen Kräften, von den Göttern zu dem Gott, dem Sohn, der Wissenschaft, der Technik, schließlich zum Sprechen mit Bäumen, zur Vorstellung, in den Wäldern lebten einfach nur sehr alte Menschen mit riesigen Wurzelgehirnen im Boden. Haraways[65] Vision des geteilten Erbgutes scheint mir nur eine radikale Form der Anverwandlung von Sprache und Code. Aufgesogen im menschlichen Genom lebte so der Monarchfalter, so wie seit Jahrmillionen Mitochondrien, gefangen in den

Zellen, Energie liefern. Nicht die Tatsache der Inkorporation ist der Punkt, sondern dass immer eine menschliche Erzählung herauskommt, eine menschliche Sorge, ein menschlicher Spleen. Nie wird der Mensch mit Pflanzen sprechen, so wie er nicht mit Tieren spricht, sondern durch diese hindurch mit sich selbst. Nichts interessiert ihn, außer sich selbst, er ist ein theologisches Wesen.

Was mag aus der kleinen Schlange des Frühsommers geworden sein? Gut möglich, dass sie überlebt hat, größer geworden ist, ein paar Kröten geschluckt und verdaut und sich einen Unterschlupf gesucht hat. Man sagt, dass Schlangen sich mit Artgenossen zusammentun, große Knäuel bilden, sich so gegen die Kälte schützen. Sie bewegen sich mit den steigenden und fallenden Temperaturen, wechseln die Lage. Deshalb weiß ich ein paar Plätze, die ihr gefallen könnten, Orte, an denen Steine, Äste und Laub in der Art geschichtet sind, wie ihr Instinkt es ihr eingibt. Dort wird sie warten, Schlangenschlaf und Schlangenträume, während wir drinnen das Holz der Vorjahre verbrennen. Ich erinnere mich an ihre Augen, die alles erwarteten und ruhig blieben. Irgendwo in ihr ist ein Muster, die Kinder, ich, der Tag, die Angst, die Überraschung, das Verschwinden im Kräutergestrüpp. Irgendwo in dieser langen, kühlen Schlangennacht, in ihren Visionen des Wartens auf die kommende Wärme sind auch wir enthalten, ein kurzes Spiegelbild eines ungewöhnlichen Nachmittages, die Irritation ihrer Instinkte, die Bestätigung unserer Existenz als Menschen.

ANMERKUNGEN

1   Horkheimer, Max und Theodor W. Adorno (1997): *Dialektik der Aufklärung. Philosophische Fragmente*, Fischer, S. 198.

2   Weisman, Alan (2007): *Die Welt ohne uns. Reise über eine unbevölkerte Erde*, Piper.

3   Hejlskov, Andrea (2017): *Wir hier draußen. Eine Familie zieht in den Wald*, mairisch Verlag.

4   Dahl, Jürgen (1987): *Neue Nachrichten aus dem Garten. Praktisches, Nachdenkliches und Widersetzliches aus einem Garten für alle Gärten*, Klett-Cotta, S. 7.

5   Nossack, Hans Erich (1976): *Der Untergang*, Suhrkamp, S. 52 f.

6   Werner, Florian (2015): *Schnecken. Ein Portrait*, hrsg. von Judith Schalansky, Matthes & Seitz.

7   Arendt, Helena (2009): *Werkstatt Pflanzenfarben. Natürliche Malfarben selbst herstellen und anwenden*, AT Verlag.

8   Tesson, Sylvain (2014): *In den Wäldern Sibiriens. Tagebuch aus der Einsamkeit*, Albrecht Knaus Verlag.

9   Perutz, Leo (1992): *St. Petri-Schnee*, dtv.

10 Jünger, Ernst (1970): *Annäherungen. Drogen und Rausch*, Klett-Cotta.

11 Wasson, R. Gordon; Albert Hofmann und Carl A. P. Ruck (1996): *Der Weg nach Eleusis*, Suhrkamp.

12 Soentgen, Jens (2015): *Wie man mit dem Feuer philosophiert. Chemie und Alchemie für Furchtlose*, Peter Hammer Verlag.

13 Grill, Andrea (2016): *Schmetterlinge. Ein Portrait*, hrsg. von Judith Schalansky, Matthes & Seitz.

14 Mabey, Richard (2010): *Weeds. The Story of Outlaw Plants*, Profile Books.

15 Updike, John (2007): *Landleben*, Rowohlt.

16 De Bok, Pauline (2018): *Beute. Mein Jahr auf der Jagd*, C. H. Beck.

17 Wohlleben, Peter (2017): *Das geheime Netzwerk der Natur. Wie Bäume Wolken machen und Regenwürmer Wildschweine steuern*, Ludwig, S. 10ff.

18 Knausgård, Karl Ove (2013): *Sterben*, btb, S. 7ff.

19 Mancuso, Stefano und Alessandra Viola (2015): *Die Intelligenz der Pflanzen*, Kunstmann.

20 Wagner, Jan (2014): *Regentonnenvariationen*, Hanser.

21 Härtling, Peter (1996): *Hölderlin. Ein Roman*, dtv.

22 Berthold, Peter (2018): »Viele Vögel sind nicht mehr da«: https://chrismon.evangelisch.de/artikel/2018/38330/vogelexperte-peter-berthold-sagt-was-man-gegen-das-vogelsterben-tun-kann – zuletzt abgerufen am 6. Oktober 2020.

23 Arendt, Helena, a.a.O.

24 Dahl, Jürgen (1989): *Nachrichten aus dem Garten. Praktisches, Nachdenkliches und Widersetzliches aus einem Garten für alle Gärten*, dtv.

25 Zitiert nach: Neugebauer, Wiebke (2016): *Von Böcklin bis Kandinsky: Kunsttechnologische Forschungen zur Temperamalerei in München zwischen 1850 und 1914*, BoD.

26 Tolstoj, Leo N. (1996): *Anna Karenina*, Insel Verlag.

27 Buchheim, Lothar-Günther (1985): *Das Boot*, dtv, S. 527.

28 Rätsch, Christian (2010): *Pilze und Menschen. Gebrauch, Wirkung und Bedeutung der Pilze in der Kultur*, AT Verlag.

29 Allegro, John Marco (1971): *Der Geheimkult des heiligen Pilzes. Rauschgift als Ursprung unserer Religionen*, Molden.

30 Heinrich, Clark, (1998): *Die Magie der Pilze. Psychoaktive Pflanzen in Mythos, Alchemie und Religion*, München, Diedrichs.

31 Gottfried Benn (1995): »Wenn etwas leicht«, in: *Gedichte*, Fischer, S. 317.

32 Greiner, Karin und Edith Schowalter (2015): *77 Pflanzen-Sensationen*, DVA.

33 Reichholf, Josef (2007): *Stadtnatur. Eine neue Heimat für Tiere und Pflanzen*, oekom verlag.

34 Nettelbeck, Petra & Uwe, Hrsg. (1988): *Aus dem Blaubuch von August Strindberg*, Greno.

35 Lewis-Stempel, John (2017): *Ein Stück Land. Mein Leben mit Pflanzen und Tieren*, DuMont.

36 Penn, Helen (1996): *Englische Gärtnerinnen*, DuMont Reiseverlag.

37 Grober, Ulrich (2016): *Der leise Atem der Zukunft. Vom Aufstieg nachhaltiger Werte in Zeiten der Krise*, oekom verlag.

38 Speer, Andreas (2009): »Im Verborgenen des Geistes: ›abditum mentis‹ bei Augustinus und Meister Eckhart«, in: Markus Pfeifer, Smail Rapic, *Das Selbst und sein Anderes*, Festschrift für Klaus Erich Kaehler, Verlag Karl Alber.

39 Wagner, Jan, a. a. O.

40   Krausch, Heinz-Dieter (2003): »*Kaiserkron und Päonien-rot ...*«. *Entdeckung und Einführung unserer Gartenblumen*, Dölling und Galitz Verlag.

41   Coccia, Emanuele (2018): *Die Wurzeln der Welt: Eine Philosophie der Pflanzen*, Hanser.

42   Shepherd, Nan (2017) *Der lebende Berg*, Matthes & Seitz.

43   Barbour, Julian (2000): *The End of Time. The Next Revolution in Our Understanding of the Universe*, W&N.

44   Von Keyserling, Eduard (1998): *Schwüle Tage*, Aufbau Taschenbuch Verlag.

45   Heine, Heinrich (1968): *Morphine*, in: Werke. Erster Band, Gedichte, Insel Verlag, S. 298.

46   De Quincey, Thomas (2008): *Bekenntnisse eines englischen Opiumessers*, Sphinx.

47   Lewis-Stempel, John, a. a. O.

48   Gaul, Leonore (1941): *Jäpkes Insel*, Verlag Heinrich Ellermann.

49   Brandstetter, Johann und Josef H. Reichholf (2016): *Symbiosen. Das erstaunliche Miteinander in der Natur*, Matthes & Seitz.

50   Strindberg, August, a .a. O.

51   Torbjørn Ekelund (2014): *Im Wald. Kleine Fluchten für das ganze Jahr*, Malik, S. 124.

52   Raffles, Hugh (2013): *Insektopädie*, Matthes & Seitz.

53   Dörfler, Ernst Paul (2015): *Liebeslust und Ehefrust der Vögel*, Saxophon Verlag.

54   Burnie, David (2007): *Mediterrane Wildpflanzen. Über 500 Pflanzenarten des Mittelmeerraumes*, Dorling Kindersley.

55   Lewis-Stempel a. a. O.

56 Schwartz, Oded (1996): *Selbstgemachte Köstlichkeiten. Einlegen, Einkochen, Trocknen, Räuchern, Kandieren und mehr*, coventgarden/Dorling Kindersley.

57 Jünger, Ernst (1997): *Das abenteuerliche Herz. Zweite Fassung. Figuren und Capriccios*, dtv.

58 Updike, John (1990): *Die Hexen von Eastwick*, Rowohlt.

59 Straaß, Veronika; Claus-Peter Lieckfeld; Oliver Meckes und Nicole Ottawa (2018): *Wandlungskünstler. Die geheime Erfolgsgeschichte der Insekten*, Dölling und Galitz.

60 Shepherd, Nan, a. a. O.

61 Reichholf, a. a. O.

62 Benn, Gottfried, a. a. O., S. 471.

63 Hejlskov, Andrea, a. a. O.

64 Macfarlane, Robert (2012): *Old Ways*, Penguin Books.

65 Haraway, Donna (2018): *Unruhig bleiben. Die Verwandtschaft der Arten im Chthuluzän*, Campus Verlag.